本书获评2022年科普中国创作出版扶持计划（选题类）

见“微”知“塑”：

揭秘你身边看不见的微塑料世界

曾永平 等◎著

科 学 出 版 社
北 京

内 容 简 介

本书以国内外近年来微塑料研究的相关成果为基础，通过深入、细致的归纳和总结，采用通俗易懂的语言，系统地介绍了环境塑料和微塑料的来龙去脉、污染现状和健康风险，重点介绍了塑料的产生背景、塑料对环境的影响、塑料如何转化成微塑料、微塑料对生物体特别是人体的危害性以及塑料的管理与控制问题。

本书可供对环境科学研究感兴趣的高年级中学生和大学生参阅，以提升学生们对科学研究的兴趣和环境保护的意识；也可作为与环保相关的企、事业单位初级研究员的参考书，用于帮助他们了解微塑料研究的进展和环境保护的意义。

图书在版编目（CIP）数据

见"微"知"塑"：揭秘你身边看不见的微塑料世界 / 曾永平等著. 北京 ：科学出版社，2024. 11. -- ISBN 978-7-03-079686-8

Ⅰ. X705-49

中国国家版本馆 CIP 数据核字第 2024W4C099 号

责任编辑：郭勇斌 彭婧煜 张 熹 / 责任校对：任云峰
责任印制：徐晓晨 / 封面设计：义和文创

科学出版社出版
北京东黄城根北街 16 号
邮政编码：100717
http://www.sciencep.com
北京建宏印刷有限公司印刷
科学出版社发行 各地新华书店经销
*
2024 年 11 月第 一 版 开本：720×1000 1/16
2024 年 11 月第一次印刷 印张：14
字数：282 000

定价：98.00 元

（如有印装质量问题，我社负责调换）

本书编委会

主　编：曾永平［华南理工大学/南方海洋科学与工程广东省实验室（珠海）］

副主编：（按姓氏拼音排序）

邱宇平（同济大学）

施华宏（华东师范大学）

徐向荣（广西大学）

汪　磊（南开大学）

王菊英（国家海洋环境监测中心）

编　委：（按姓氏拼音排序）

陈　超（上海大学）

陈启晴（华东师范大学）

陈钦冬（北京大学深圳研究生院）

何德富（华东师范大学）

霍　城（国家海洋环境监测中心）

江瑞芬（暨南大学）

鞠茂伟（国家海洋环境监测中心）

李恒翔（中国科学院南海海洋研究所）

李慧珍（暨南大学）

李小伟（上海大学）

刘春光（南开大学）

马旖旎（海南大学）
马永正（天津大学）
麦　磊（暨南大学）
欧桦瑟（暨南大学）
戚瑞敏（南方科技大学）
唐圆圆（南方科技大学）
王大力（暨南大学）
徐明恺（中国科学院沈阳应用生态研究所）
徐期勇（北京大学深圳研究生院）
游　静（暨南大学）
张　超（北京大学深圳研究生院）
张俊杰（南开大学）
张　群（山东第二医科大学）
赵建亮（华南师范大学）
赵雅萍（华东师范大学）
朱小山（海南大学）

前　言

非常荣幸能够向广大读者呈现我们关于微塑料的科普书《见“微”知“塑”：揭秘你身边看不见的微塑料世界》。在此书之前，我们已出版了一本专业书籍《环境微塑料概论》。与之相比，我们这本书在写作角度和写作风格上有很大差异，我们收集并更新了近年来行业发展的前沿成果，力图采用更“科普化”的写法来综合介绍环境微塑料的“前世今生”及其与生态环境和人体健康的关系。

本书的目标是向广大非专业读者介绍环境微塑料的基本知识，运用通俗易懂的语言来描绘我们身边看不见的微塑料世界，与大家一同体验微塑料的“奇妙之旅”。

塑料自100年前发明以来，已悄然渗透到我们生活的每一个角落，无处不在；由于价格低廉、用途多样、耐用性强而被广泛用于社会经济活动和人类生活的方方面面，小到塑料包装袋、外卖餐盒，大到汽车、建筑材料等。但大众对塑料的环境危害缺乏足够的认知，导致大量的塑料垃圾被随意丢弃而进入环境中。未得到恰当处理的塑料垃圾在自然环境中受机械磨损、光照降解、化学与生物反应等作用，碎裂成微小的塑料碎片；其中，直径小于5mm的塑料碎片被称为“微塑料”。这些微塑料广泛分布于环境介质中，并且难以自然降解，滞留时间可长达百年，更糟糕的是，微塑料已被证明对海洋和陆地生态系统具有较大的负面作用。诸多研究证明，微塑料已成为地球生态系统中一个不容忽视的安全隐患，对生态环境和人类健康都将造成潜在且深远的危害。

虽然科学界在环境微塑料方面做了大量的研究工作，但公众对塑料和微塑料的了解仍然相当有限。因此，我们衷心希望通过这本书，带领广大读者了解那些身边看不见的微塑料世界，进一步激发公众对塑料和微塑料污染的关注，切实提升环保意识，进而从源头上有效遏制塑料污染问题。“十四五”是塑料全过程治理的关键阶段，也是践行习近平生态文明思想的重要时期。做好微塑料科普工作，管控好微塑料污染，将对实现美丽中国的建设目标产生积极的推动作用。

本书共有13章。第1章概述塑料在日常生活中的应用以及对生活的影响（由同济大学邱宇平、王嫣格、侯元璋、罗长健和于颖撰写）；第2章解释了微塑料是如何产生的以及微塑料的来源与释放（由华东师范大学赵雅萍、何德富、曹潇慕、梁雨晴、高紫葳、桑林凤、刘俊来和许欢撰写）；第 3 章描述了环境微塑料的分离、纯化、分析、鉴定与识别的各种方法（由天津大学马永正、刘洪涛，北京大学深圳研究生院徐期勇、陈钦冬、张超和暨南大学麦磊撰写）；第 4 章介绍了自然水体中微塑料的分布及微塑料如何通过河流进入海洋的（由海南大学朱小山、孙业皎、杨芷，南方科技大学唐圆圆、戚瑞敏，国家海洋环境监测中心王菊英、霍城，暨南大学麦磊和华南理工大学曾永平撰写）；第 5 章介绍了与人们生产生活息息相关的生活用水中的微塑料赋存现状（由上海大学李小伟、杨兴峰、牛诗雨和陈超撰写）；第 6 章讲述了土壤中微塑料的来源及其对土壤生物的影响（由南方科技大学唐圆圆、戚瑞敏，海南大学马旖旎、蓝丹华和北京大学深圳研究生院徐期勇撰写）；第 7 章介绍了存在于大气中的微塑料及其通过大气循环进行长距离迁移的过程（由南开大学汪磊、刘春光和赵旭撰写）；第 8 章介绍了人们日常饮食中通过哪些方式摄入了多少微塑料（由广西大学徐向荣和中国科学院南海海洋研究所李恒翔、许婷婷撰写）；第 9 章从微观角度解释了微塑料表面附着的生物膜的形成机理和微生物群落结构及其对微塑料行为的影响（由华南师范大学赵建亮、张海燕、梁湘宁和天津大学马永正、张笑寒撰写）；第 10 章介绍了微塑料对生物的毒性效应及其在食物链的传递对生态系统的影响（由暨南大学王大力、江瑞芬、韩晓丰、余静、李慧珍和游静撰写）；第 11 章阐述了微塑料的人体暴露途径、致毒机制及其健康风险（由华东师范大学施华宏、陈启晴，山东第二医科大学张群，南开大学汪磊、张抒意、张俊杰和中国科学院沈阳应用生态研究所徐明恺、张致淳撰写）；第 12 章介绍了目前主要的微塑料管理与控制措施（由暨南大学欧桦瑟、廖芷安琪和谭宗奕撰写）；第 13 章进一步总结了通过立法和宣传减少微塑料污染的有效办法（由国家海洋环境监测中心王菊英和鞠茂伟撰写）。

本书主要以参与撰写单位近年来微塑料研究的相关成果为基础，同时参考和总结国内外已报道的其他相关研究成果。我们衷心希望，本书能让广大读者见“微”知“塑”，更加深入地了解我们身边看不见的微塑料世界，提高公众对微塑料的认识，同时也能激发读者们对微塑料科学研究的兴趣和关注。由于作者水平有限，书中难免有疏漏之处，敬请广大读者批评指正。最后，感谢科学出版社为本书顺利出版提供的支持。

曾永平

2024 年 9 月

目　录

第1章

塑料改变生活

1.1 塑料无天然

远古先民很早就学会利用毛、棉、丝、麻和橡胶等天然（高分子）材料[1]。相比之下，人工高分子材料的历史短暂，仅开始于十九世纪中叶。现代意义上的塑料，均为人工合成的高分子材料，或是在天然高分子材料基础上改性的新材料。从字面含义上剖析，塑料意为可塑形的材料。从世界上第一个塑料产品诞生算起，塑料工业已然走过了一百五十多个春秋。纵观塑料的发展历程，大致可以划分为三个阶段。

1.1.1 天然高分子加工改造阶段

1869年，美国人约翰·韦斯理·海厄特（John Wesley Hyatt）将火棉（硝化纤维素）溶于酒精，再加入樟脑进行蒸发，得到一种可塑性强的物质。该物质受热会变软，冷却会变硬，在热压下可成型，被称为“赛璐珞”[2]，这便是塑料的雏形。1872年，海厄特建立了第一个生产赛璐珞的工厂，开创了近代塑料工业的先河。赛璐珞被用于制作台球、乒乓球、儿童玩具、纽扣、直尺和衬衫衣领等[3-4]。针对赛璐珞易引发火灾的安全隐患，1903年，德国人艾兴格林在海厄特研究的基础上进行了技术改进与创新，发明了不易燃烧的醋酸纤维素材料及注射成型方法。1905年，德国拜耳公司开始规模化工业生产这种改进型赛璐珞。

1.1.2 合成树脂阶段

1909年，美国科学家列奥·亨德里克·贝克兰（Leo Hendrik Baekeland）把两种小分子甲醛和苯酚放在一起加热反应，生成了新物质——贝克兰塑料（或称酚醛树脂）[5]。第一步利用缩合反应先将甲醛和苯酚合成为线型聚合度较低的有机物，第二步采用高温处理将第一步生成的低聚物合成为高聚物。最终的产物性质稳定，具有绝缘、耐磨、耐腐蚀、不可燃、刚性好、变形小和在一定范围内耐热等优点，应用于电器、机械、仪表和汽车等领域。酚醛树脂是世界上第一种完全由人工合成的塑料，它的生产是塑料工业发展的里程碑。1940 年，《时代》周刊将贝克兰称为“塑料之父”。在这一历史时期，酚醛树脂塑料已是主要的塑料类型，约占全球塑料总产量的 2/3。1945 年，全美塑料年产量已超 40 万 t，到 1979 年甚至超过了钢的年产量[6]。

20 世纪 20 年代开始的塑料工业迅猛发展，源于化学理论上的重大突破。1922 年，化学家赫尔曼·施陶丁格（Hermann Staudinger）提出了高分子是由长链大分子构成的观点，这几乎颠覆了传统胶体化学的理论基础[7]。胶体论者认为高分子溶液的黏度和分子量没有直接的联系，而施陶丁格则认为只要能够测定高分子溶液的黏度就可以将其换算成分子量，得到了分子量就可以判定该物质是大分子物质还是小分子物质。由于缺乏相关的理论和实验支撑，当时的学术界并不认可其学术观点，但施陶丁格并没有选择退让与放弃，经过大量的实验，他终于构建了黏度和分子量之间的定量关系，这就是耳熟能详的施陶丁格方程。1932 年施陶丁格系统地总结了自己的高分子化学理论，出版了划时代的巨著《高分子有机化合物》，代表着高分子科学的正式诞生。他提出的高分子链是由结构相同的重复单元以共价键连接而成的理论和不熔型热固性树脂的交联网状结构理论，使得高分子材料合成领域有了明确的方向。为此，他本人获得了 1953 年的诺贝尔化学奖[8]。几乎在同一时期，在杜邦公司工作的美国化学家华莱士·休姆·卡罗瑟斯（Wallace Hume Carothers）针对性地研究了缩合聚合反应。他使用当时比较成熟的酯化、酰胺化等缩合方法，合成出了多种新型高分子物质。他的研究成果再次佐证了施陶丁格的理论，即有机高分子化合物确实是由共价键连接而成的分子[9]。同时他发现，当达到一定的聚合度时，此类产物能纺成丝状，再经过冷拉后可得到具有很高抗拉强度的柔韧纤维。上述发现使得其 1936 年当选美国科学院院士。施陶丁格和卡罗瑟斯的理论及相关研究成果是高分子科学起步萌芽时期的关键性突破，为高分子化学和塑料工业的发展夯实了基础。

化学与高分子科学理论和研究的进步推动了塑料技术的发展，但真正的飞跃还要依赖塑料产业的发展。在此背景下，一种无色树脂——脲醛树脂诞生了。它是 1924 年由英国的氰氨公司研制，并于 1928 年投产的产品。同期发展的另一种塑料更广为人知。1930 年，德国的法本公司依托本体聚合法对聚苯乙烯塑料实现了工业生产[10]。在此基础上逐渐形成了以苯乙烯单体为基础，混合其他单体物的共聚苯乙烯类树脂，大大推广了此类树脂的应用，至今都是广泛使用的塑料制品之一。同样是使用本体聚合法，1931 年美国的罗姆-哈斯公司生产出了聚甲基丙烯酸甲酯，它还有一个耳熟能详的名字——有机玻璃。其甫一问世，便取代了赛璐珞塑料，用于制作飞机座舱罩和挡风玻璃。1926 年，美国人瓦尔多 • 赛蒙（Waldo Semon）意外地得到了一种增塑型聚氯乙烯，它具有柔软、富有弹性、易于加工的特点。德国法本公司于 1931 年使用乳液法生产出了此类聚氯乙烯。时隔十年，美国又开发出悬浮法工业生产聚氯乙烯的技术。从那时起，聚氯乙烯就成为了不可或缺的塑料品种之一[11]。1933 年，英国的卜内门化学工业公司发明了高压法或高压气相本体法将乙烯与苯甲醛制备为聚乙烯，并于 1939 年实现了工业化。1953 年，联邦德国的卡尔 • 瓦尔德马 • 齐格勒（Karl Waldemar Ziegler）发现乙烯在特定催化剂存在下能够以较低压力聚合成聚乙烯，并于 1955 年投入工业化生产。与此同时，美国菲利普斯石油公司以氧化铬-硅铝胶为催化剂，在中压条件下聚合乙烯形成高密度聚乙烯，并在 1957 年实现了工业化生产[12]。1957 年，意大利的蒙特卡提尼公司率先实现了聚丙烯的工业生产，从此聚丙烯进入了大发展时期，目前聚丙烯的产量已超过聚乙烯和聚氯乙烯，在五大通用塑料中位列第一[13]。

从 20 世纪 40 年代中期以来，除上述列举的合成树脂外，还有聚酯类、环氧树脂、聚氨酯、有机硅树脂和氟树脂等材料陆续实现了从实验室制备到工业化生产[14]。塑料的全球产量也从 1904 年的约 1×10^5 t，大幅增加至 1944 年的 6×10^5 t，1956 年甚至达到了 3.4×10^6 t。与此同时，塑料的生产原料也从煤为主转向以石油为主。科学家仍不断致力于改造和合成新型聚合物，陆续发明了酚醛树脂、聚氯乙烯和聚甲基丙烯酸甲酯等塑料，这为之后塑料工业的发展奠定了重要的前期基础。

1.1.3　快速发展阶段

1958～1973 年，塑料工业得到了飞速发展，1970 年，世界塑料总产量达到 3×10^7 t，较 1956 年增长了近 8 倍[15]。聚苯乙烯、聚氯乙烯、聚乙烯等聚烯烃塑料生产持续发展，巩固了其作为世界上产量最大塑料系列的地位。同时，一些新型聚烯烃材料如雨后春笋般涌现[3]，具体描述如下。

（1）从单一品种发展出多系列品种。例如，在聚氯乙烯基础上发展出氯化聚氯乙烯、氯乙烯-偏二氯乙烯共聚物、氯乙烯-醋酸乙烯共聚物及共聚或接枝共聚改性过后的增强抗冲击能力的聚氯乙烯等[10]。

（2）一系列多品种和高性能的工程塑料新种类得以出现，如聚碳酸酯、聚甲醛、聚苯醚和聚酰亚胺等[16]。

（3）塑料性能增强、塑料复合制备及共混制备等新技术的出现，使得这一时期生产出的塑料具有更优异的性能和更广的应用范围。

20 世纪 70 年代末，塑料总产量为 6.36×10^7 t；1983 年总产量达 7.2×10^7 t[17]。目前，塑料工业已经成为全球工业链中的重要组成部分，人类已非常依赖塑料制品，并且很难找到塑料的合适替代品。

如今，塑料产品已经深入到我们生活中的方方面面，从工业生产到衣食住行，到处可见塑料制品。而塑料引发的“白色污染”已成为全人类高度重视的环境问题[18]。2004 年，英国普利茅斯大学的理查德·查尔斯·汤普森（Richard Charles Thompson）等人，在《科学》上刊文，首次提出了粒径小于 5 mm 的“微塑料”概念，强调了化学性质稳定的微塑料能在自然环境中存在上千年之久[19]。对比一般的大尺寸塑料，微塑料具有更小的尺寸、更复杂的形态和更远的传播路径，对生态环境影响深远。

塑料无天然，这一人类自己生产出来的高分子材料，不是大自然的馈赠，人类要竭尽全力来防止塑料滥用，规避微塑料带来的环境风险，以保护地球这一人类唯一赖以生存的家园。

1.2 塑料“百家姓”

与人类有百家姓一样，塑料也有属于它们的百家姓。塑料的“姓氏”主要是依据其单体来命名的。单体（monomer）是同种或异种聚合的小分子的统称，单体分子量一般只有几十，最多几百。不同单体聚合，形成各类合成树脂（synthetic resin）[20]。合成树脂是塑料的主要成分，约占塑料总质量的 40%～100%[21]。大部分塑料都需要在合成树脂的基础上，加入填充剂、增塑剂、稳定剂、润滑剂、着色剂、抗氧剂和抗静电剂等塑料助剂，以改善塑料性能，满足生产生活的需要。添加的塑料助剂虽然一定程度上可以改善其性能，但合成树脂对塑料的基本性质和性能起到决定性的作用，因此塑料的命名大多体现合成树脂的“某某”单体名称，如聚某某。

构成塑料的合成树脂和塑料助剂种类众多，生产成型方式复杂，这导致了塑料种类繁多。通过不同加工方式聚合，同一种单体能得到不同性能的合成树脂，而这些树脂添加不同塑料助剂后，依据不同加工方法成型又会得到不同性能的塑料。例如，聚氯乙烯，根据分子聚合方法就可分为 13 种型号[22]，因此，塑料家族成员数不胜数。目前大规模生产的塑料有二十余种，少量生产和使用的有数百余种[23]，理论上的塑料类型细分甚至可达数千种。

1.2.1　塑料的分类

从 1909 年的酚醛树脂工业化开始，到 2022 年在国家标准 GB/T 1844.1—2022 中出现的一百多种合成树脂，塑料家族的数量持续攀升。表 1.1 列出了主要的合成树脂品种、英文名称及简称。塑料的分类依据包括使用特性、热行为、成型方式和树脂结构及树脂分子的有序状态等，较为常见的分类方式是按使用特性、热行为、成型方式。

表 1.1　主要合成树脂品种、英文全称及简称

合成树脂品种	英文全称	简称
聚苯乙烯	polystyrene	PS
聚氯乙烯	poly（vinyl chloride）	PVC
低密度聚乙烯	polyethylene，low density	PE-LD
丙烯腈-丁二烯-苯乙烯	acrylonitrile-butadiene-styrene	ABS
聚丙烯	polypropylene	PP
高密度聚乙烯	polyethylene，high density	PE-HD
聚甲基丙烯酸甲酯	poly（methyl methacrylate）	PMMA
聚酰胺	polyamide	PA
不饱和聚酯	unsaturated polyester	UP
聚四氟乙烯	poly tetrafluoroethylene	PTFE
聚对苯二甲酸乙二酯	poly（ethylene terephthalate）	PET
聚碳酸酯	polycarbonate	PC
聚砜	polysulfone	PSU
聚醚醚酮	polyetheretherketone	PEEK
酚醛树脂	phenol-formaldehyde resin	PF

1. 常用分类方式

1）按使用特性

按照使用特性可分为通用塑料、工程塑料和特种塑料[21-22, 24]。通用塑料是指产量大、用途广、易加工、价格低的塑料，占塑料总数的 90%以上[25]，包括聚乙烯（PE）、聚丙烯（PP）、聚氯乙烯（PVC）、聚苯乙烯（PS）、聚对苯二甲酸乙二酯（PET）、丙烯腈-丁二烯-苯乙烯（ABS）等。工程塑料一般指可作为结构材料，使用温度范围较宽、机械性好的一类塑料。主要有聚碳酸酯（PC）、聚甲醛（POM）

等。特种塑料一般是指能应用于航空航天等领域的塑料，如尼龙类塑料、聚砜（PSU）和氟塑料等。

2）按热行为

塑料按热行为可分为热塑性塑料和热固性塑料。热塑性塑料是指可在一定温度范围内反复受热软化冷却硬化，树脂化学结构不发生变化的塑料[26]。常见的有聚乙烯（PE）、聚丙烯（PP）、聚氯乙烯（PVC）、聚苯乙烯（PS）、聚碳酸酯（PC），丙烯腈-丁二烯-苯乙烯（ABS）、聚对苯二甲酸乙二酯（PET）等。热塑性对实现塑料的可再生利用、减少环境污染具有重要作用。热固性塑料是指受热后不再软化，强热只能使其分解的塑料。主要有酚醛塑料、环氧树脂、氨基塑料、不饱和聚酯（UP）等。

3）按成型方式

塑料加工过程中常采用的成型方法有挤出、注射、压缩、传递、旋转、压延、吹塑、层压、发泡成型和热成型等[27]。据此可分为膜压塑料、层压塑料和吹塑塑料等[28]。

2. 常用塑料介绍

在生活中我们往往会在塑料包装上发现一个被三个箭头包围的数字标识，注意，这些数字并不代表安全等级，而是一种塑料回收标志。这套标识是由美国塑料工业协会（Society of the Plastic Industry，现已更名为 Plastic Industry Association）于 1988 年制定的，在各国得到广泛应用，中国也于 1996 年制定了几乎完全相同的塑料回收标准，并于 2008 年修订为 GB/T 16288—2008。人类生产生活中常接触的塑料大致分为六类。表 1.2 总结六类塑料的名称、回收标识及使用特性。

表 1.2　塑料回收标识及使用特性

塑料名称	回收标识	使用特性
聚对苯二甲酸乙二酯（PET）	01 PET	可制成涤纶、矿泉水瓶、碳酸饮料瓶等。耐热至 70℃，加热易变形并释放有害物质，不可重复使用
高密度聚乙烯（PE-HD）	02 PE-HD	清洁产品及沐浴产品，清洗干净后可重复利用，否则易滋生细菌
聚氯乙烯（PVC）	03 PVC	常用于雨衣和塑料管材，遇热易分解出 HCl，久置变脆，不可重复使用

续表

塑料名称	回收标识	使用特性
低密度聚乙烯（PE-LD）	04 PE-LD	保鲜膜、塑料膜等，不耐高温，易被油脂溶出有毒物质
聚丙烯（PP）	05 PP	微波炉餐盒，耐 100℃以上高温，是国际公认的食品容器安全材质。可重复使用
聚苯乙烯（PS）	06 PS	外卖盒等，耐热至 70℃，高温产生有毒物质，不耐强酸强碱，长期使用会变黄发脆，不可重复使用

1.2.2　塑料的基本性能

材料的性能直接影响材料的使用。塑料作为“可塑之材”，性能各有差异，但是“变数中自有定数”，塑料具有以下几项基本特性[21, 29]。

（1）质轻、比强度高。比强度是材料的抗拉强度与材料表观密度之比。塑料密度在 0.8～2.3 g/cm^3，与木材相近，但比强度远高于木材，接近甚至超过钢材。

（2）热导率小，热膨胀率大，耐热性差，易燃烧。

（3）耐腐蚀，化学稳定性好。大多数塑料对酸、碱、盐和油脂等有较好的耐腐蚀性，但容易老化。其中，聚四氟乙烯的耐化学腐蚀性极强，甚至可耐王水等强电解质腐蚀液，被称为“塑料王”。

（4）优异的电绝缘性能。塑料有极小的介电损耗和优良的耐电弧特性，其电绝缘性能可与陶瓷媲美。

（5）成型加工性能优良。塑料有良好的可模塑性、挤压性和延展性。

1.3　塑料大家庭

2020 年全球范围内的塑料制品产量达到 3.67 亿 t[30]。这些塑料中约有 50%使用寿命很短，废弃前只使用过一次，例如，包装、农用薄膜和一次性消费品等；约 20%～25%的长寿命塑料被使用于如管道、电缆涂层和结构材料等的基础设施中；其余的塑料则应用于中等使用寿命的耐用消费品中，例如，电子产品、家具、车辆等[31]。

据统计，作为包装使用的塑料在其全部应用中占比最高，超过了 40%；其次是在建筑与施工中的应用，占比 20%左右[20, 32]；而其他的应用则包括了消费产品、交通运输、电气/电子产品、工业机械、纺织品、农业、医疗卫生事业，以及航天工程等各种领域。根据预测，到 2060 年所有应用中塑料使用量都将增加，其中用于汽车生产的塑料用量增幅将会最大[33]。如果按照聚合物类型进行划分，聚乙烯（PE）、聚丙烯（PP）、聚氯乙烯（PVC）、聚对苯二甲酸乙二酯（PET）这四种热塑性塑料约占总塑料产量的 68%。PE 在所有塑料的应用中占比最高（约30%），其余依次为 PP（约 19%）、PVC（约 10%）、PET（约 9%）、聚氨酯（PU，约 7%）、聚苯乙烯（PS，约 6%），而其他类型的塑料总计占据了近 1/5 的塑料应用总量[10, 34]。

1.3.1 聚乙烯塑料

聚乙烯（PE）塑料是目前全球应用最广泛的塑料，通过吹塑制成的 PE 容器是其典型应用。小到数毫升至数百毫升的洗涤剂瓶和牛奶盒，大到数升至数百升的周转箱和塑料桶，PE 容器在收集、运输和储存各种非氧化性物品的过程中发挥了重要作用[10]。此外，PE 的耐腐蚀性能和电绝缘性能良好，吸水性低，还被广泛用于制作管道、高频电线等[35]。PE 分子结构式如图 1.1 所示。

$$-\!\!\left[\mathrm{CH_2}-\mathrm{CH_2}\right]\!\!-_n$$

图 1.1　PE 分子结构式

根据聚合物的平均密度，可以将 PE 分为高密度聚乙烯（PE-HD，0.94～0.96 g/cm^3）和低密度聚乙烯（PE-LD，0.91～0.925 g/cm^3）[36]。PE-HD 通常具有更高的结晶度和强度，适用于生产硬质包装。除了用于制造日用品及工业用的各种大小中空容器外，PE-HD 还能够被用来生产各种管道[37]、建筑材料[38]、大型玩具、家居用品[30]，甚至可用于制造绳缆和渔网等工具[39]，以及通过 3D 打印制造医疗植入物[40]。相比之下，PE-LD 的结晶度较低（50%～70%）[35]，具有更好的柔软性，用于食品的包装袋和保鲜膜，以及纸张、纺织品和其他塑料的保护涂层[41]。

1.3.2 聚丙烯塑料

聚丙烯（PP）塑料具有优异的机械强度和耐化学性，密度在 0.90 g/cm^3 左右，是最轻质的塑料[42]。由于 PP 的晶体熔化温度为 176℃，它比 PE-HD（137℃）和 PE-LD（110℃）更加耐热[43]。填充型 PP 容器的使用温度范围可以达到-30～140℃，这使得它更适合用于存放高温物品或作为自行加热食品的包装和储存工具，如微波炉加热的容器[44-45]。此外，PP 具有突出的抗弯曲疲劳性，在大量扭曲或弯曲后依旧能保持原有形状，因此用于制成活动铰链是其 PP 独特的应用之一，例如，常见的翻盖瓶上的铰链[46]。PP 分子结构式如图 1.2 所示。

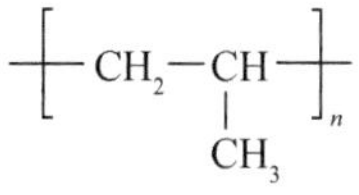

$$\left[\!-CH_2-\underset{\displaystyle CH_3}{\underset{|}{CH}}-\!\right]_n$$

图 1.2　PP 分子结构式

PP 在众多领域中均有广泛的应用，包括 PP 薄膜可以用于食品包装、农用地膜、建筑中使用的土工膜，甚至生产货币；PP 纤维则主要应用于装饰、服装等领域；硬质的 PP 塑料可以制作用于运输和储存的板条箱、吹塑瓶、容器的盖子、食品工业中使用的容器；在建筑行业中 PP 可用于制作窗框、门框、供水管网、电缆绝缘材料和混凝土添加剂等。PP 还用于家庭用品（如碗、水壶、地毯、垫子等）、个人物品（如梳子、吹风机、文具等）、医疗或实验室用品（如处方瓶、口罩、器械零件等）、交通运输用品（如航空航天、航海及汽车的零配件等）。诸如玩具、家用电子产品、编织袋、绳索、渔具等产品中同样使用了 PP 塑料[10, 30, 42, 47]。

1.3.3　聚氯乙烯塑料

聚氯乙烯（PVC）塑料的制作过程中通常需要掺入增塑剂和含有重金属的稳定剂，存在浸出风险[48-49]，这在一定程度上限制了 PVC 在医药、食品包装中的应用。因此，PVC 塑料的使用主要集中在建筑业和工业。PVC 分子结构式如图 1.3 所示。

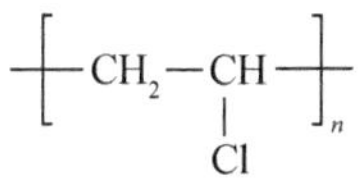

$$\left[\!-CH_2-\underset{\displaystyle Cl}{\underset{|}{CH}}-\!\right]_n$$

图 1.3　PVC 分子结构式

PVC 管材由于成本低、耐化学性、易于连接等特点，被制成管道广泛用于市政和工业领域，几乎完全取代了铸铁管道[50]。在建筑业中，PVC 制成窗框、地板和墙壁覆盖物等[51]。此外，PVC 膜还可用作塑料大棚和地膜，或做成雨衣、胶带和工业包装等；PVC 纤维织物可用于制作工作服、毛毯、渔网和防护用品等；其他应用还包括生活中常见的信用卡、玩具、车把手、鞋垫和人造革等，医疗器材中的血袋和导管等，以及钢绳、电线和电缆的外包裹材料[30, 52-54]。

1.3.4　聚对苯二甲酸乙二酯塑料

聚对苯二甲酸乙二酯（PET）具有质量轻、强度高、透明度高等特征，同时兼具柔韧性，可以模制成任何形状。PET 被广泛用于生产塑料瓶包装，例如，装水、饮料、清洁剂等的塑料瓶及塑料罐等。与玻璃瓶相比，PET 瓶具有耐用性和抗破损性，能够在装瓶、运输和使用过程中减少伤害和损失[55]。PET 薄膜同样能够作为食品、药品的包装袋，此外还能作为保护膜、隔热材料及绝缘材料等使用。在电子电器及汽车制造中，PET 可作为外壳、开关、阀门、零件、连接器等使用。此外，PET 还能用来制造胶片、磁带、X 射线片等，以及 3D 打印材料[52，55-56]。PET 分子结构式如图 1.4 所示。

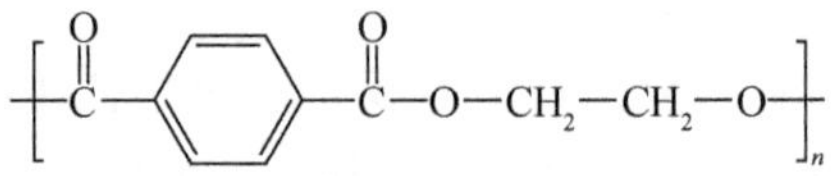

$$\left[-\overset{\overset{O}{\|}}{C}-C_6H_4-\overset{\overset{O}{\|}}{C}-O-CH_2-CH_2-O- \right]_n$$

图 1.4 PET 分子结构式

虽然 PET 塑料瓶的使用十分广泛，但是它并不是 PET 最主要的应用形式。PET 最大的应用是生产纤维及纺织品[58]。由于 PET 是聚酯纤维（俗称“涤纶”）的主要成分，因此通常会把聚酯纤维与 PET 纤维划等号。PET 纤维具有很高的抗变形能力，因而赋予织物优异的抗皱性能。PET 纤维经常与其他纤维（如棉花、羊毛等）混合纺织，用于制造各种运动服、工作服、地毯、枕头等生活用品，以及绳索、传送带、安全带、消防软管等工业产品，是一种非常重要的合成纤维[59-60]。

1.3.5 聚苯乙烯塑料

通用级聚苯乙烯（PS）具有优良的透光性能，被用于制作灯罩、仪表镜片、包装外壳等。硬质 PS 塑料被广泛用于日用品生产，例如，CD 盒、儿童玩具、文具、家具把手等。PS 具有良好的绝缘性，因此也被用于各种电器的零配件等[53]。此外，PS 还用于生产培养皿、微孔板等实验室容器，因此，它们在生物医学、药物研究和科学中发挥着重要作用[61]。PS 分子结构式如图 1.5 所示。

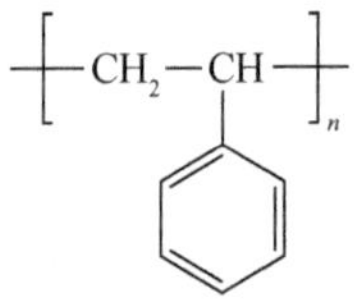

$$\left[-CH_2-\underset{\underset{C_6H_5}{|}}{CH}- \right]_n$$

图 1.5 PS 分子结构式

PS 还有一种更广为人知的应用形式——发泡聚苯乙烯（EPS），这种材料具有密度小、耐冲击、减振、隔热等特点。生活中常见的泡沫塑料大多由 PS 制成，例如，一次性餐盒、杯子等消费品，以及在运输过程中作为保护各种电子产品、贵重设备、易碎物品的固定及防震包装等[10]，PS 还能够用于制造摩托车头盔和汽车儿童座椅以提供安全保障[62]。

1.3.6 聚氨酯塑料

聚氨酯全名为聚氨基甲酸酯，英文简称 PU（或 PUR）。与其他常见的聚合物如 PE 和 PS 相比，聚氨酯由多种原材料生产。聚氨酯最常见的应用是生产泡沫制品，包括硬质和软质泡沫，PU 泡沫的消费占据了整个聚合物泡沫市场的一半以上[63]。PU 泡沫主要应用于冰箱、冰柜、冷库、冷链运输、管道、外墙、热水器等需要保温的设施及设备，以及家具中的仿木材料、枕头、座椅、床垫和沙发中的制作等。得益于良好的弹性，PU 在很多领域也有广泛应用。例如，PU 纤维（又称“氨纶”）是弹力服装和高档面料不可缺少的重要纤维成分，而 PU 弹性体则被用于制造海绵、软管、垫圈和鞋底等。PU 的其他应用还包括涂料、黏合剂、绝缘材料、吸音材料、防震包装、医疗用品等[30, 63-64]。PU 分子结构式如图 1.6 所示。

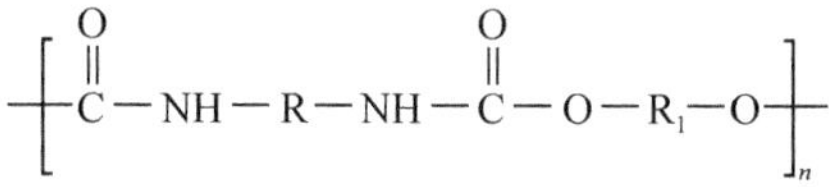

$$\left[\overset{\displaystyle O}{\overset{\|}{C}} - NH - R - NH - \overset{\displaystyle O}{\overset{\|}{C}} - O - R_1 - O \right]_n$$

图 1.6　PU 分子结构式

1.3.7　聚甲基丙烯酸甲酯塑料

聚甲基丙烯酸甲酯（PMMA）是一种透明的塑料，又被称作“亚克力”或“有机玻璃”。它的密度大约在 1.20 g/cm^3，远低于玻璃的密度，而经过改性后的 PMMA 能够实现比玻璃更好的抗划伤性和抗冲击性。因此，PMMA 通常以片状形式作为玻璃的轻质或防碎替代品，被广泛用于飞机窗户、汽车外灯透镜、透明屋顶、棚顶、浴缸、电话亭、防弹安全屏障、显示屏和眼镜镜片等。PMMA 在医疗中还能作为植入物使用，例如，人工晶状体、假肢结构、人造牙等[65-66]。PMMA 分子结构式如图 1.7 所示。

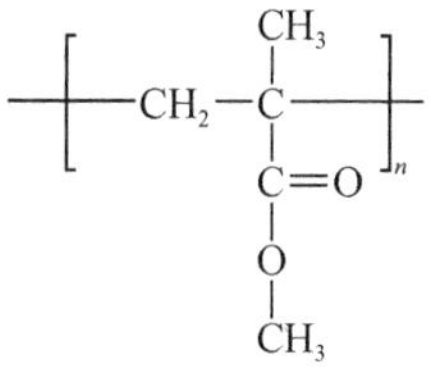

$$\left[CH_2 - \underset{\underset{\underset{\displaystyle CH_3}{|}}{\underset{O}{|}}}{\underset{C=O}{\underset{|}{\overset{\overset{\displaystyle CH_3}{|}}{C}}}} \right]_n$$

图 1.7　PMMA 分子结构式

1.3.8　聚碳酸酯塑料

聚碳酸酯（PC）塑料是一种耐用材料，具有优秀的抗冲击性能及热稳定性。相比于其他塑料，PC 可以承受较大的塑性变形而不会开裂或断裂。因其具有透光性，PC 同样被作为玻璃的替代品。PC 比 PMMA 更坚固，但是抗划伤性低且易受紫外线降解，因此两种塑料各有优势。PC 被广泛作为建筑玻璃的替代品、交通工具的挡风玻璃、汽车前照灯镜片、各种场所使用的护目镜、防弹安全屏障、显示屏、建筑玻璃、战机座舱盖等。随着航天技术的不断发展，PC 在航天器部件和宇航员防护用品中的应用也在不断增加[67]。PC 的其他应用更为广泛。常用于生产手机外壳、光盘、电器和机械设备的外壳及零件、电线盒、头盔、护目镜、玩具、塑料瓶、透析器、新生儿保育箱等[68]。此外，PC 也被应用于 3D 打印中[69]。PC 分子结构式如图 1.8 所示。

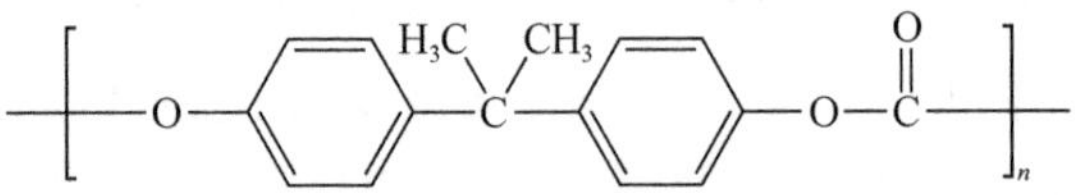

$$\left[-O-C_6H_4-C(CH_3)_2-C_6H_4-O-\overset{O}{\overset{\|}{C}}- \right]_n$$

图 1.8　PC 分子结构式

1.3.9　聚酰胺塑料

聚酰胺（PA）塑料有一个更为大众所熟悉的名字——“尼龙”。准确而言，尼龙指的是脂肪族 PA 聚合物，而芳香族 PA 聚合物被称为“芳纶”。在尼龙中以“尼龙 6”（PA6）和“尼龙 66”（PA66）为主，具有良好的机械强度、韧性和耐热性，主要应用于合成纤维领域。在日常生活中，“尼龙”一词通常被用来指代尼龙纤维，可见尼龙纤维是 PA 最常见的应用形式。尼龙纤维又被称作“锦纶”，其耐磨性高于其他所有纤维制品，常被用于制作服装、轮胎、渔网、绳索、雨披、地毯、传送带和降落伞、海底电缆、卡车轮胎等[69-70]。尼龙缝合针线为也是手术中常用的缝合材料[72]。而芳纶则更多地应用于航空航天和军工工业，制造具有更高要求的防弹衣、防护服、运动面料等衣物，它还可作为电绝缘材料、石棉替代品和工业过滤器等[73-74]。PA 分子结构式如图 1.9 所示。

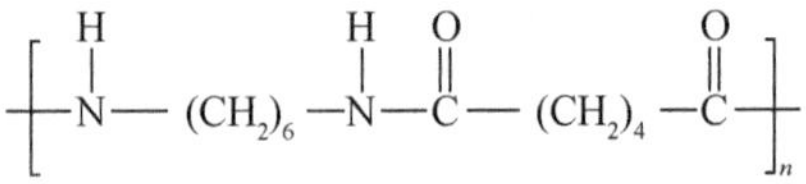

$$\left[-\overset{H}{\overset{|}{N}}-(CH_2)_6-\overset{H}{\overset{|}{N}}-\overset{O}{\overset{\|}{C}}-(CH_2)_4-\overset{O}{\overset{\|}{C}}- \right]_n$$

尼龙66

$$\left[-\overset{H}{\overset{|}{N}}-(CH_2)_5-\overset{O}{\overset{\|}{C}}- \right]_n$$

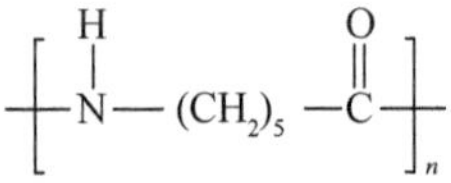

尼龙6

图 1.9　PA 分子结构式

1.3.10　丙烯腈-丁二烯-苯乙烯共聚物塑料

丙烯腈-丁二烯-苯乙烯共聚物（ABS）塑料起源于 PS 改性工艺，是一种用途极为广泛的塑料。ABS 由苯乙烯和丙烯腈在聚丁二烯存在的条件下聚合而成，兼有三种材料的优良特性，还具有高光泽度、易成型性、易着色等优点。ABS 可以通过改变三种单体的相对含量以实现追求的性能，并在硬度、韧性和刚性中取得较好的平衡。因此，ABS 被广泛应用于建筑与施工、交通运输、电子产品、工业机械等领域，例如，用作生产管道系统、行李箱、传真机、小型厨具、家具、玩具、汽车保险杠及通风管等部件、电气/电子产品及设备机器的外壳和零件等。此外，ABS 还是打印机等办公室机器外壳中常用的材料之一，因为它便宜、坚固、稳定性高、易于二次加工[53，75-76]。

1.3.11　特种塑料

特种塑料是指综合性能较高，长期使用温度在 150℃以上的一类工程塑料，具有优异的单一性能（机械性能、化学稳定性、热稳定性等）和耐热性能，也因此导致加工困难及造价昂贵。主要类型包括聚砜（PSU）、聚芳酯（PAR）、聚醚醚酮（PEEK）、聚苯硫醚（PPS）、聚甲醛（POM）、氟塑料等[77]。

其中，聚四氟乙烯（PTFE，又称为“特氟龙”“塑料王”），是应用最广泛的特种塑料之一。由于该材料表面张力小，不黏附任何物质，因此常被用作平底锅和其他炊具的不黏涂层。PTFE 具有优异的高低温性能，熔点为327℃，并且能够在低至−268.15 ℃的低温下保持高强度、韧性和自润滑性。PTFE 极低的摩擦系数使其成为滑动轴承、齿轮、滑板、垫圈等设备零件的理想材料，以减少或避免润滑油的使用。PTFE 还具有优异的化学稳定性，常被用作需要抵抗腐蚀性化学品的垫片材料、管道衬里及密封材料。因其介电性能出色，PTFE 还在航空航天和计算机应用中被用作连接器组件和电缆绝缘体。而优异的耐温及耐腐蚀性又使得 PTFE 不仅被用作手术器械和其他医疗设备的涂层，还用作实验室环境中的容器和仪器的涂层，成为一类不可或缺的材料[78-79]。

1.3.12　生物基塑料

目前，超过 99%的塑料包装由石油提取的有机物聚合而成，对此类传统塑料废弃物的处理和回收存在诸多困难[80]。近年来，从可持续发展的角度，研究人员不断寻找更加环保的替代塑料产品。在此背景下，由天然聚合物（淀粉和纤维素等多糖；明胶、丝绸等蛋白质）、生物衍生物（乳酸）、微生物和转基因细菌产生的有机物、对温度和光敏感的原油制成等聚合而成的生物基塑料在塑料市场中更多涌现[81]。生物基塑料包括生物基不可生物降解的 bio-PET、bio-PA、bio-PE 等，生物基可生物降解的聚乳酸（PLA）、聚丁二酸丁二醇酯（PBS）、聚羟基链烷酸酯（PHA）等，以及石油基可生物降解的聚己二酸/对苯二甲酸丁二酯（PBAT）等。目前，生物基塑料主要应用于包装领域（58%），小部分涉及纺织品、消费品、汽车、农业、建筑、电子产品等领域[82]。生物基塑料摆脱了对石油资源的依赖，无疑是未来塑料制品的重要发展方向。

1.4 塑料“不见了”

尽管传统塑料难以在环境中降解，但不意味着其不可降解。在几十年、上百年甚至更长的时间维度上，塑料能由大变小，由小变微，逐渐消失于无形。

1.4.1 废塑料之多

据联合国环境规划署 2021 年发布的报告统计[83]，1950～2017 年全球累计生产约 92 亿 t 塑料，这期间全球累计产生的塑料垃圾回收率不足 10%，约 70 亿 t 塑料成为塑料废弃物堆积在填埋场或丢弃于环境中[20, 83]。海洋是塑料垃圾最重要的“汇”，大多数的（＞80%）海洋塑料垃圾来自陆地[84]，少部分来源于渔业活动、船舶和水产养殖等海洋活动本身[85]。据估算，海洋废弃塑料的总量约为 7.5×10^7～1.9×10^8 t，如不采取有效行动，到 2030 年，进入水生态系统的塑料数量预计可能比 2016 年的每年（1900～2300）万 t，增加到每年 5300 万 t 左右[86-87]。其中，进入海洋的塑料每年约有 800 万 t[88]。如此众多的塑料垃圾汇聚海洋，对海洋生物而言，是一种长期的生存威胁。

1.4.2 塑料由大变小

塑料完成其使命后，被丢弃进入环境，会在物理、化学和生物作用下缓慢分解为较小的塑料碎片，形成小于 5 mm 的微塑料，并可能进一步分解为尺寸小于 100 nm 的纳米塑料[89-90]。尽管传统塑料难以环境降解，但环境因素（如光、热湿气化学或微生物条件等）会加速塑料物理化学性质的改变[91-92]。从根本上说，降解导致塑料聚合物链的氧化和断链，形成较低分子量降解产物，并导致物理化学和机械性能的变化，这使得塑料拉伸强度和剪切强度下降，从而导致其开裂、侵蚀、变色或分层等[91]，并在环境外力帮助下形成小尺寸的塑料碎屑。而一旦形成分子量足够低的降解产物，即可进一步被微生物同化和矿化[92]。因此，塑料的降解可以分为非生物降解和（微）生物降解两大类。塑料的非生物降解是指由于光、温度、空气、水和机械力等非生物因素而使塑料发生物理或化学性质的变化[92]。塑料的生物降解是指由生物体引起的塑料退化，生物体可以通过撕咬、咀嚼和消化作用使得塑料物理分裂或发生生物化学变化；而微生物降解通常涉及微生物酶的降解作用[93-94]。一般来说，由于塑料的生物利用度差，非生物降解作用优先发生于（微）生物降解作用[95]。

非生物降解是自然界中塑料由大变小的主要原因，包括机械降解、光降解、热降解和水解[92, 96]。自然界的机械作用包括潮汐和风浪引起的岩石、沙粒间的碰撞和磨损，轮胎和路面的摩擦，刹车片和刹车盘之间的摩擦，洗涤过程中合成纤维的剪切力，等等[97-98]。上述作用容易导致塑料碎片的形成。光降解尤其是紫外光作用下的光降解被认为是最重要的非生物降解途径[99]，它能导致塑料表面氧化，增加塑料的亲水性，从而加剧微生物生物膜的形成。聚乙烯、聚丙烯和聚苯乙烯易引发光氧化降解。塑料的光降解机理包括起始阶段、传播阶段和终止阶段。在起始阶段，聚合物链化学键被光热破坏，产生自由基[100]。随后，在传播阶段，聚合物自由基与氧反应并形成过氧自由基。除了氢过氧化物的形成外，还会发生进一步的复杂自由基反应，并导致自动氧化，传播最终导致链断裂或交联。当两个自由基组合形成惰性产物时，自由基反应终止[96, 101]。塑料的热降解效果取决于塑料聚合物的类型和特性，塑料制造过程中加入的抗氧化剂可防止低温下的热氧化。一般而言，聚丙烯、聚氯乙烯和聚丁二烯易受热降解影响[96]。在正常环境条件下，热降解的贡献被认为是微不足道的，尤其是在寒冷的海洋环境中[102]。塑料水解受催化剂、水解速率和聚合物材料中水的扩散速率等因素的影响。水解速率取决于聚合物化学键对水侵蚀的敏感性及其在材料中的浓度。在水解过程中，水与聚合物反应，引起物理化学变化，该过程被化学或生物催化[96]。光热氧化和水解的作用会削弱聚合物结构稳定性，使材料产生脆性，从而助力机械降解发生，加速形成微塑性和纳米塑性碎片[96, 103-104]。

塑料的微生物降解过程非常缓慢，细菌和真菌等微生物可参与塑料的降解[105]。在大多数情况下，具有直碳链的聚合物抗拒环境降解，但在主链中包含杂原子的聚合物（如聚酯和聚胺等）显示出更高的降解敏感性。大多数常规塑料，如聚乙烯、聚丙烯、聚苯烯、聚氯乙烯和聚对苯二甲酸乙二酯等，微生物降解缓慢，其积累也已在海洋环境中得到证实[95]。

1.4.3　微塑料，大危害

塑料经由物理、化学和生物变化，实现了由大变小，逐渐形成了粒径较小的微塑料（microplastics，MPs）和纳米塑料（nanoplastics，NPs）。各种形状的塑料，如纤维状、碎片状、薄膜状、珠子状和泡沫状，已在环境中被频繁检测[106]。上述形状中，纤维状最常见，主要来源于家庭洗涤过程的释放，每 6 kg 洗涤水可释放约 7×10^5 根纤维[107]。尽管污水处理厂可以截留多达 98%的 MPs，但排放到环境中的大量废水仍可产生多达 6500 万个 MPs[108]。2016 年，第二届联合国环境大会将海洋 MPs 列为与全球气候变化、臭氧耗竭和海洋酸化并列的重大全球环境问题。水生生物摄入 MPs 或 NPs，会引起个体、器官、组织、细胞和分子水平的损害，导致营养不良、炎症、化学中毒、生长受阻、生育能力下降和死亡等症状。而颗粒更细小的NPs具有穿透生物屏障，包括胃肠道屏障和脑血屏障的潜力[109]。此外，聚苯乙烯纳米塑料可触发巨噬细胞的氧化损伤和炎症，导致细胞凋亡[110]。

环境中的 MPs 能吸附重金属和持久性有机污染物，影响水生生物的生命活动[111]。疏水性有机污染物吸附在塑料碎片上的浓度比海水中的浓度高百余倍[112]。水生生物误食携带污染物的MPs后，可以通过食物链富集，最终影响人类健康[113]。此外，MPs 还可以成为抗生素耐药性细菌和病原体的传播媒介，如果不经废水处理厂处理的废水进入水环境，会对水环境造成巨大的威胁。有研究表明，细菌很可能会推动MPs表面生物膜的形成，并促进抗生素耐药菌和病原体的定植和繁殖，从而加剧它们在环境中传播的风险[114]。

第2章

微塑料的来龙去脉

2.1 新污染物——微塑料

2.1.1 微塑料概念的由来

塑料的出现为人类生活生产带来巨大的便利，我们已经生活在充满塑料的世界中。据估算，1950～2017 年全球累计生产了 92 亿 t 塑料，按照此趋势，2050 年全球塑料产量将达到 340 亿 t。由于塑料的滥用及其难以自然降解特性，越来越多的废弃塑料得不到有效处理。如今，塑料污染日渐严重，已成为全球关注的主要环境问题。

既然环境中的塑料得不到有效的处理，那么它们都去哪里了？理查德·汤普森曾经也有同样的疑问。在 2004 年，他在《科学》发表了一篇“迷失在海上：塑料都在哪里？”（Lost at sea：where is all the plastic?）的简报。他发现，大量的微小塑料碎片和纤维在海洋中积累，并认为它们可能来自于较大的塑料废弃物。他首次提出了“微塑料”的概念，主要是指直径小于 5 mm 的塑料碎片和颗粒，并呼吁加强对海洋微塑料污染问题的关注。

2.1.2 微塑料的来源

根据美国国家海洋和大气管理局和欧洲化学品管理局的说法，微塑料是长度小于 5 mm 的塑料的碎片[1-2]。它通过各种途径进入自然生态系统造成污染，包括化妆品、服装、食品包装和工业生产过程。环境中的微塑料可以分为初生微塑料和次生微塑料。初生微塑料指直接排放到环境中的尺寸小于或等于 5 mm 的塑料碎片或颗粒，其来源包括化妆品、服装和个人护理品里的塑料珠、塑料颗粒的微塑料纤维、医疗领域中的塑料载体和添加在电子产品和各类涂料的塑料颗粒等。

次生微塑料指较大的塑料碎片在进入环境后通过物理、化学和生物作用分解成较小的塑料残片。次生微塑料的来源更为广泛，包括渔网、塑料袋、微波容器、茶包、轮胎、洗衣废水等。初生微塑料和次生微塑料在环境中均广泛且大量分布，特别是在水生生态系统、空气和陆地生态系统中。由于塑料降解缓慢（通常超过几百年，甚至到几千年）[3]，微小的塑料颗粒在被生物体摄入后可能会长期积累。

如此多的微塑料都来自哪里呢？实际上，微塑料在环境介质中的来源是多样的。塑料薄膜、污泥堆肥、污水灌溉和大气沉积是土壤微塑料的重要来源。此外，土壤中的微塑料还可能来源于蜗牛、蚯蚓和老鼠等陆地生物的排泄。例如，鼠妇能够把聚乙烯塑料袋分解为更小的碎片，通过排泄而产生微塑料颗粒。水环境中的微塑料的来源更加多元化。如污水中的微塑料得不到有效拦截，污水排水厂则成为淡水中微塑料的重要来源。Gao 等[4]对德国的 12 个污水处理厂样品进行研究后估算，每个污水处理厂每年的微塑料排放量达 9×10^7～4×10^9 个。此外，人类生活排放的塑料、航海和渔业产生的塑料都会成为水体中的微塑料重要来源[5-7]。

微塑料的来源之一是汽车轮胎的磨损，轮胎的磨损显著地促进了塑料和微塑料流入环境。仅丹麦一国通过轮胎磨损每年向环境中排放的微塑料就达到了5500～14 000 t。据测算，轮胎磨损对全球海洋塑料总量的贡献率约为 5%～10%。在空气中，估计 3%～7%的颗粒物由是由轮胎磨损导致的。轮胎磨损造成的污染也进入了食物链，但是还需要进一步的研究来评估人类健康风险[8]。

微塑料第二个常见的来源是服装。随着科技水平的发展，人们日常穿着的衣物不再是单一的棉质材料，许多合成纤维，如聚酯、尼龙、丙烯酸酯和氨纶等材料因其抗皱、防水、速干等特性得到了广泛应用。但是，有关研究表明，由这些材料制备的衣物，每件衣服在一次洗涤过程中可以脱落超过 1900 个微塑料纤维。衣物中微塑料散播最广泛的地方莫过于室内环境，研究表明室内微塑料纤维浓度为 1.0～60.0 个/m^3，而一般室外浓度为 0.3～1.5 个/m^3。这些微塑料纤维在室内长期与人体接触，可能会对健康造成不良影响，影响程度还需进一步探究。

塑料还可能来自于渔业。娱乐和商业捕鱼、海洋船只和海洋工业都是塑料的来源，这些过程中产生的塑料可以直接进入海洋环境，对海洋生态系统构成威胁。在进行远洋捕捞时，我们常常会使用巨大的渔网，渔网在与船体设备、鱼群和海洋中其他物质作用时会不可避免地出现磨损，造成塑料制品泄漏。这些渔网通常是由塑料单丝线和尼龙制造，通常具有中性浮力，因此可以在不同深度的海洋中漂流。研究表明，来自工业和其他来源的微塑料已经在不同类型的海产品中积累。在印度尼西亚，55%的鱼类物种体内检测到来自美国本土的塑料制品[9]。鱼类受到微塑料污染的事实意味着，这些塑料及其化学品将在食物链中生物累积。此外，通过食物链转移的不仅仅是塑料，还有塑料分解后产生的化学物质[10]。我们常常认为洁净、健康的瓶装水中也含有大量微塑料。研究发现来自 11 个不同品牌的瓶装水 93%检测出微塑料，与自来水相比，瓶装水的微塑料含量是它的两倍[11]。

婴儿奶瓶往往需要遵循较为严格的制造标准，但标准缺乏对微塑料的控制。与其他一般的聚丙烯产品（如午餐盒）相似，微塑料释放量随温度升高而增加。研究人员在 2021 年发现，硅橡胶婴儿奶瓶的奶嘴会随着时间的推移而老化，这是由于反复的蒸汽灭菌，导致了纳米尺寸的硅橡胶颗粒脱落，据估计，使用这种奶嘴一年，婴儿将摄入超过 660 000 个微塑料颗粒[12]。

污水处理厂也是微塑料聚集的重灾区。研究估计，每升废水中的微塑料大约会有一个微粒被释放进入环境中，去除率约为 99.9%[13]，大多数微塑料实际上是在初级处理阶段，即使用格栅过滤和固体杂质沉降时被去除的。当这些处理设施正常运转时，微塑料对海洋和地表水环境的影响并不大，但是，会在水处理后的剩余污泥中大量富集。污泥在一些地方会被用作土壤肥料，污泥中的塑料在空气、阳光和其他生物因素下进一步破碎，在淋溶作用下随着地表径流进入自然水体和深层土壤。英国的一项研究发现，从六大洲海岸的污水污泥处理场采集的样本中，平均每升含有一个微塑料颗粒，这些微粒中有相当数量是来自洗衣机废水的衣物纤维。

2.1.3　微塑料特点

外观来看，微塑料主要分为颗粒状、碎片状、泡沫状和纤维状四大类，颜色多种多样，常见有透明、黑色、白色和彩色。常见的微塑料种类包括聚乙烯（PE）、聚丙烯（PP）、聚酰胺（PA）、聚苯乙烯（PS）、聚氯乙烯（PVC）和聚对苯二甲酸乙二酯（PET）。不同种类的微塑料可能具备不同的物理化学性质。例如，在水环境中，密度大的 PVC 和 PET 更容易下沉，而密度小的 PP、PE 和 PS 更容易漂浮和悬浮。同时，微塑料的物理化学性质也受其塑料添加剂成分的影响。

数量庞大是自然界的微塑料另一个显著特征。研究表明，由洋流产生的微塑料主要聚集在海底地带，丰度最多可达 190 万个/m^2，在中国渤海海滩微塑料的最高丰度达到 201 个/kg。每年有超过 70 万 t 的微塑料进入欧洲和北美的土壤，这个数值超过全球海洋表层水中微塑料的总量。

微塑料还具有尺寸小和比表面积大的特征。这使得微塑料更容易吸附环境中的重金属（如铜、铅和镉）、持久性有机污染物（如多氯联苯、多环芳烃和多溴二苯醚等）和环境中的微生物，从而产生复合污染的环境效应。比如，双酚 A 与微塑料结合后，会变得更加稳定，从而更难被去除。在土壤中，PE 微塑料会抑制环丙沙星的降解，并且微塑料和环丙沙星复合污染显著降低了土壤微生物多样性。通常而言，粒径越小的塑料颗粒对有机污染物的吸附能力越强。但有研究发现，纳米级的聚苯乙烯对菲的吸附能力低于微米级的聚苯乙烯，这可能由于纳米塑料的团聚，导致了有效吸附位点的减少。

微塑料除了本身的聚合物结构外，还包含多种添加剂成分，因此微塑料还可以向环境中释放塑料添加剂。各类微塑料中添加剂的组成及比例差异较大。例如，在长江口崇明东滩塑料残骸浸出液中共鉴定出了 70 种疑似添加剂物质[4]，其中高含量的物质聚乙二醇单-4-壬苯醚具有高毒性，其危害性受到关注。

2.1.4 微塑料对生态系统的影响

到目前为止，研究主要集中在较大的塑料制品上。人们普遍认为海洋生物所面临的问题是缠绕、吞食、窒息和常常导致死亡和搁浅的大块“塑料岛”。相比之下，肉眼看不到的微塑料反而会导致更严重的后果。这种大小的颗粒可以被更广泛的海洋动植物利用，进入食物链的底端并慢慢富集，嵌入动物组织等[14-16]。此外，塑料降解和污染物释放的长期后果大多被忽视。目前暴露于环境中的大量塑料，会发生衰变以及释放有毒化合物，这种情况被称为毒性债务[17]。

塑料可以通过摄入或呼吸作用嵌入动物的组织中。各种环节动物，例如沉积饲养的蠕虫，已被证实在它们的胃肠道内嵌有微塑料[18]。许多甲壳类动物，比如海滨蟹，已经被发现有微塑料整合到它们的呼吸道和消化道中。塑料微粒经常被鱼类误认为是食物，吞食后会使消化道向动物的大脑发送错误的进食信号，降低进食频率直至死亡。

2.2 微塑料无处不在

微塑料的分布极其广泛，且已呈现出全球化的趋势。在河流海洋、农田土壤、极地冰川以及大气环境中都有微塑料的踪迹，并且在这些环境中相互转移（图 2.1）。另外，在与人类息息相关的瓶装水、自来水、食盐、海产品中都检测到了丰度不等的微塑料。微塑料可谓“无处不在”，且由于其化学性质稳定，在环境中可能长期存在。

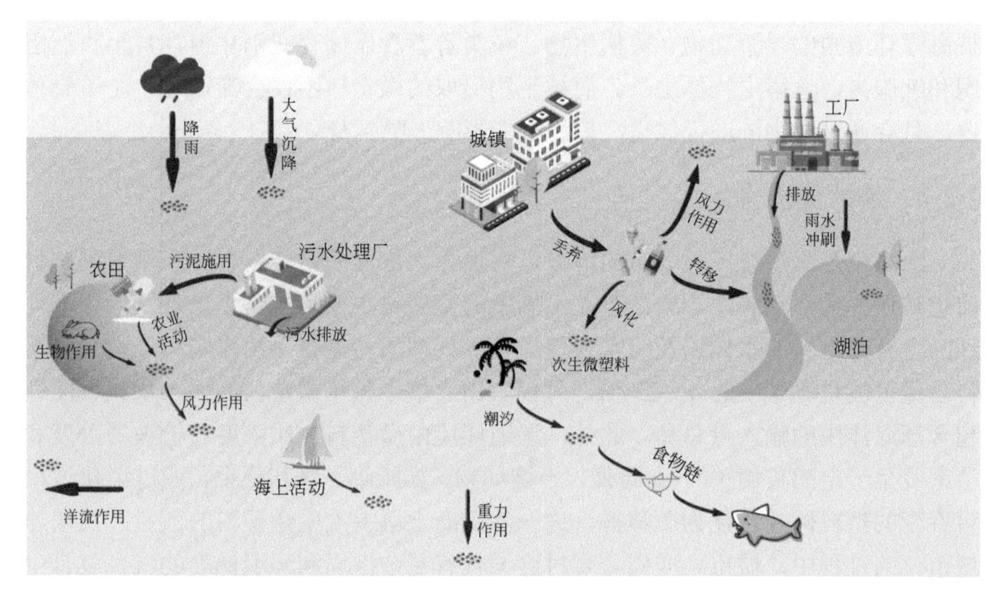

图 2.1　无处不在的微塑料

2.2.1　海洋中的微塑料

首先从分布最广、含量最高的水体说起。自然水体中微塑料来源非常广泛，主要来源是环境中大块塑料破碎和污水处理厂泄漏等途径[14]。最早在 2011 年发表的一份关于淡水生态系统中微塑料的研究报告指出，在休伦湖（美国五大湖之一）的底泥中发现了微塑料，含量为 37.8 个/m^2，在其他五大湖中微塑料的浓度也达到了 43 000 个/km^2。近年来，人们在大西洋、太平洋、印度洋都发现了海洋微塑料的身影。海洋是微塑料的重要“汇”，据报道全球每年生产的塑料超过 3 亿 t，其中约有 10%的塑料会进入海洋，但事实上人类所消耗的每一片塑料最终都有可能进入大海，难以降解的塑料会在海洋环境中存在百年以上。2016 年世界绿色和平组织发表的报告显示全世界每秒有超过 200 kg 塑料被倒入海洋，且这个数值每年会以递增的形势增长。

海洋微塑料的污染源众多，目前已知的微塑料来源包括陆源输入、滨海旅游业、船舶运输业和海上养殖捕捞业等。其中陆源塑料垃圾的输入及游客和海上运输船舶对塑料废弃物的随意丢弃是海洋中微塑料的主要来源。进入海洋的微塑料由于洋流和潮汐等作用，逐渐汇集于洋流中心区域及海岸线附近的海域，全球海洋微塑料聚集区主要分布在北太平洋、南太平洋、北大西洋、南大西洋和印度洋 5 个洋流环流带。随着调查研究的逐渐深入，人们发现沉积环境可能是海洋微塑料的最终归宿。此外，微塑料污染对海洋生态环境的影响不容小觑，微塑料容易被海洋环境中的浮游动物、底栖生物、鱼类等吞食而储存在消化道，甚至直达组织和细胞内，危害生物体生长。而被生物摄取的微塑料不仅会滞留于单个生物体内，且会通过食物链进行传递，最终可能影响人类本身。

2.2.2 陆地环境中的微塑料

土壤也是微塑料广泛分布的地方，有很大一部分的微塑料会在土壤聚集，目前也被研究者广泛关注。据调查，土壤中的微塑料主要来自污水处理厂未完全处理的含有微塑料的水体以及污水处理厂未经处理的污泥直接用作肥料等，其微塑料总量可能是海洋中的 4～23 倍，且仅农田土壤中每年微塑料的输入量就可能远超全球海洋中的输入量总和。此外，湿地环境中微塑料物质浓度与植被覆盖度和茎密度呈一定的负相关[15]。此外，土壤动物，如蚯蚓、螨和跳虫，通过消化过程将吞食的塑料碎片转化为微塑料，进一步提高土壤中次生微塑料的数量。在快速城市化的过程中，城市—城郊—乡村这一具有复杂格局和环境梯度的城乡复合生态系统逐渐形成，塑料污染常常基于这一格局扩散。城市土壤中微塑料主要来源于生活废水再利用、大气沉降、轮胎磨损等；城郊作为城市生态系统与乡村生态系统的交错地带，分布有一定面积的农田，且靠近人类密集活动区，通常会有垃圾随意丢弃和堆积、污水灌溉、废弃物再利用等现象，这些便是微塑料进入土壤生态系统的主要途径。乡村地区农田中的微塑料污染及其对土壤生态系统的影响是当前研究的热点[2]。目前普遍认为农用薄膜使用、有机肥施用及污水灌溉等农业生产活动是造成乡村地区农田土壤微塑料污染的主要驱动因素。微塑料污染对土壤理化性质、土壤微生物、土壤动物、土壤植物均有不同程度的负面影响，并且会通过多种途径直接或间接地影响陆地及土壤生态系统。

除了土壤环境，内陆的湖泊河流同样面临着严重的微塑料污染问题。如在我国的太湖、洞庭湖、三峡水库等，微塑料丰度可达 10^7 个/km^2。而全球河流湖泊生态系统中微塑料污染程度差异较大，污染程度低的水体中微塑料丰度约 1 个/m^3，污染程度高的水体中可高达 100 万个/m^3。造成此种差异的原因有多种，其中流域范围、降水量等自然环境条件及流域所处地区的城市化和工业化程度为主要影响因素。

2.2.3 大气中的微塑料

近年来，也有多项研究表明微塑料在大气环境中广泛存在。2017 年一项研究发现，室内空气中的超细纤维浓度在每立方米 1～60 个纤维之间，其中 33%被证实是微塑料。另一项研究观察了德黑兰街头尘埃中的微塑料，在 10 个街头尘埃样本中发现了 2649 个微塑料颗粒，样本浓度范围为每 30g 街头尘埃中含有 83～605 个微塑料颗粒。此外，在雪样本中也发现了微塑料纤维，而且在距微塑料污染源很远的高山上的“清洁”空气中也发现了微塑料纤维。在我国上海、日本福冈等城市大气中检测到的微塑料主要呈纤维状和碎片状，且粒径集中在小于 500 μm 的范围内。我国多数城市室内和室外大气沉降的微塑料类型主要是 PET 和 PC，且室内空气中含有更多的微塑料，这对人体健康的潜在危害不容忽视。

微塑料在大气中能够进行远距离传输，甚至能够到达人烟稀少的地区。欧洲比利牛斯山脉的空气中检测到数量较多的微塑料，多为微小的碎片、纤维和薄膜。美国落基山国家公园降雨中也发现有大量颜色各异的塑料纤维和碎片，德国南部某乡村公路雪样中微塑料浓度甚至达到 15.4 万个/L。2022 年科学家首次在南极降雪中发现了微塑料[6]。2020 年，英国普利茅斯大学研究人员在世界之巅珠穆朗玛峰的山顶附近发现了微塑料纤维，他们在珠穆朗玛峰海拔 8000 m 处的雪样中检出的微塑料丰度达到 79 个/L，而 8440 m 处微塑料丰度也有 12 个/L[7]。事实上，微塑料的足迹已经遍布全球，其污染远比我们想象的严重。

2.2.4　微塑料对环境的影响

除了动植物直接摄入微塑料造成危害外，一些微生物通过生活在微塑料表面也会带来一些意想不到的后果。根据 2019 年的一项研究，微塑料已经被证实为某些微生物的栖息地，这些微生物群落在微塑料表面会形成一种黏稠的生物膜，增加了不同物种之间的重叠，从而在基因水平层面转移传播病原体和抗生素耐药基因。此外，由于这些微生物群落可以伴随微塑料在河道水体中快速移动，大大增加了潜在的传播风险。

2.3　你释放了微塑料

近年来，人类越来越喜欢使用塑料制品，有些人还习惯于随手将废弃塑料丢弃在自然环境中，如此一来，就给了塑料“兴风作浪”的机会。下面就让我们详细了解一下人类活动造成的微塑料释放吧（图 2.2）!

2.3.1　日用品的添加剂

微塑料可直接来源于人们的生活，比如在我们使用的牙膏、化妆液、防晒霜、剃须膏等日用品中，为了达到深度清洁、皮肤按摩、去角质等效果，生产时通常会添加有一种叫作“柔珠”的物质，这是较为典型的微塑料。微塑料常见的材质

图 2.2　微塑料的释放

有聚乙烯、聚对苯二甲酸乙二酯、聚甲基丙烯酸甲酯、聚丙烯等[19]。目前全球含有“柔珠”的洗护产品多达 1147 种，单单是一瓶普通的磨砂洗面奶，就可能含有 33 万颗塑料粒子。因被添加到清洁类产品，人类使用后便会随污水进入排水系统，体积微小的塑料微珠无法被污水厂过滤设备截留，最终流入河流、湖泊和大海[20]，导致塑料颗粒水污染。塑料微珠可在环境中存在长达 50 年并能大量富集，这样的持久性有机污染物对水污染治理而言是个难题[21]。

2.3.2　通过塑料包装物的释放

我们平时所使用的一次性餐具和塑料包装的食品及饮料，也会携带出微塑料。印度理工学院发表的一项研究发现，装有热饮的一次性纸杯，在 15 分钟内会释放出几万个塑料颗粒。也就是说，用这样的纸杯喝水，惊人数量的塑料颗粒会进入体内，而喝的次数越多，摄入的量也会更多，长期下去，对健康的损害不容忽视[22]。

微塑料不仅仅来源于成人的生活，对于婴儿来说，平时使用比较多的奶瓶，也是一个隐患，尤其是装的水温度越高时，释放出的微塑料颗粒越多。科学家对 10 种可以代表全球大部分婴儿使用的奶瓶品牌进行检测，奶瓶的塑料微粒释放量在 130 万～1620 万个颗粒左右。如果冲泡奶粉的水温从 70℃升高到 95℃时，塑料微粒的释放量可达到 5500 万个。经过估计，婴儿在出生后的头 12 个月里，使用聚丙烯奶瓶喂养方式的婴儿平均每天暴露在 160 万个塑料微粒之中[23]。同时，婴儿粪便中的微塑料浓度是成年人的 10 倍。所以，我们生活中很多日用品都在无形中释放一些微塑料，通过人体循环再进入大自然。

2.3.3　合成织物的携带

在我们的日常穿戴中，微塑料也在陪伴着我们。合成织物就是微塑料的“制造者”。目前人们生活中大约 60%的服装主要成分是化纤，一件化纤外套洗涤过程中可能会释放大量塑料纤维，而一旦丢弃后分解产生的塑料纤维则更多。研究表明，洗衣机不能完全过滤超细纤维，用洗衣机洗一件聚酯或腈纶衣服，至少会有几千根塑料纤维进入洗涤用水[24]，洗涤用水排放到大自然。全球新冠疫情流行造成口罩和手套等个人防护品用量激增，这类物品使用后若得不到妥善处置，也将进一步加剧环境中的微塑料污染[25]。所以，人类在日常穿戴中也无形中释放着微塑料[26]。

2.3.4　农业及工业释放

目前对于微塑料污染的关注还比较集中于海洋，但陆地微塑料污染，尤其是土壤中人们活动致使微塑料的污染也很严重。德国科学家马德琳・史密斯（Madeleine Smith）是世界上最早关注土壤微塑料污染的学者之一[27]，他认为土壤中累积的微塑料达到一定程度时，会影响土壤的性质、功能及生物多样性。那么微塑料是如何释放到土壤中的呢？微塑料可以通过农用地膜残留、污泥和有机肥的施用、地表水灌溉和大气沉降等方式进入土壤环境，从而影响环境土壤。

工业生产也是微塑料的主要释放源头，如涂料，许多天然树脂和人工合成聚合物树脂都可以用作涂料产品的成膜树脂。而涂料中使用的成膜树脂通常是以碳链聚合物为基础，如醇酸、聚酯、丙烯酸、聚氨酯和环氧树脂等，在涂料施工后它们可以形成坚实的涂层。聚酯等物质都是微塑料的基本组成部分，因此涂料也是微塑料的释放源头之一。

微塑料似乎无处不在。为了避免微塑料所产生的一系列污染和危害，我们人类也想了很多办法处理这些塑料垃圾。可是效果有限，不是很理想。这就像浴缸里的水溢出来，我们要做的不是反复擦地板，而是关掉水龙头。只有关掉微塑料的“水龙头”，找到塑料的完美替代品，才能真正避免其污染环境。

2.4　你吞噬了微塑料

在全球范围内，塑料的使用量逐年增长，2019 年塑料产量超过 3.68 亿 t。塑料渗透到人们生活的方方面面，然后分解成更小的颗粒，微塑料对人体和环境的可能影响已成为全球关注的焦点。塑料是由经历了若干化学过程和物理反应的天然材料制成的。使用的主要制备过程是聚合和缩聚反应，在此过程中，核心元素从根本上转变为聚合物链。这个过程很少是可逆的；塑料必须经过更多的化学过程，才能被回收为新类型的塑料。工业添加剂的使用，如颜料、增塑剂和稳定剂，使得塑料可以根据各种应用要求进行设计。一旦这个过程处理完毕，塑料废物就会暴露于生物、化学和环境因素中，并会分解成大量的微塑料[28]。

2.4.1 潜藏在人体的微塑料

据估计，人们每年消耗超过 50 000 个塑料颗粒。2020 年科学家在未出生婴儿的胎盘中首次发现了微塑料颗粒。在 2022 年的一项研究中，科研人员采集了 22 份血液样品，其中 80%发现了微塑料，这意味着微塑料可以在人体内运输，并可能抵达大脑[16]。微塑料以各种形状出现，纤维状是最常见的存在形式，其次是碎片状[29]。微塑料目前无处不在，从两极到赤道[30-31]，世界各地的水生生境都有报告。甚至北极海冰也是微塑料的水槽，它们存在于偏远地区的冰芯中[32]。微塑料已经遍布在地球的各个地方。

2021 年，北京大学对 24 名男大学生的粪便进行了检测，结果发现 23 人的粪便中有不同浓度、不同粒径的 8 种微塑料[33]。2021 年在人类胎盘中首次发现了微塑料颗粒，研究共采集了 6 个人类胎盘，在其中 4 个胎盘中共发现 12 个微塑料碎片，该研究分析认为，微塑料主要通过饮食进入孕妇体内从而进入胎盘[34]。2021 年巴西圣保罗大学几位学者对尸检获得的人肺组织研究发现，其中存在微塑料，该实验收集了 20 个非吸烟成年个体的肺部组织样本，在其中 13 份样本里观察到聚合物颗粒和纤维，在死者肺部发现的微塑料中，聚丙烯和聚乙烯是最常见的聚合物，这两种聚合物主要出现在食品包装、电子产品和玩具等多种领域[35]。2022 年荷兰的研究小组对 22 名志愿者的血液进行了测试，结果发现 17 人的血样中含有微塑料，覆盖比例高达 77.3%。在所有检出微塑料的血液样本中，有 50%的样本发现了聚对苯二甲酸乙二酯——这种塑料经常用于制作我们生活中所使用的饮料瓶，尤其是软饮料、果汁和饮用水。研究人员表示，微塑料在血液中停留的时间是未知的，因此它们在人体的命运还需要进一步研究，从科学上讲，微塑料通过循环系统到达全身各个器官是合理的。荷兰瓦赫宁根大学研究者从对空气、水、盐和海鲜中微塑料的有限调查来看，认为儿童以及成人每人每天可能摄入数十至十万个微塑料碎片。在最坏的情况下，每人每年可能会吃掉相当于一张信用卡重量的微塑料[36]。

多项研究已证实，微塑料已“入侵”人体！

2.4.2 人体内的微塑料怎么来的？

微塑料广泛存在于食物、水体、空气以及日常生活用品中，随着每天的呼吸、饮食等进入到我们体内。微塑料进入人体的三个关键途径是：摄入、吸入和皮肤接触[37]。

通过消化系统的摄入被认为是人类接触微塑料的主要途径[38]。微塑料可通过摄入的食物和水进入人体肠道，经食物链的富集作用在肠道中积累。由于微塑料在海洋环境中大量存在，人类可能会通过摄入海产品暴露微塑料。海产品作为必不可少的食物来源，为全球近 30 亿人口提供动物蛋白质营养，约占这部分人口动物蛋白质摄入总量的 20%。这就使得微塑料颗粒进入人体，进而影响生命健康。除了海产品，其他食品中也发现了潜在的微塑料，如蜂蜜、糖、海盐均有报道检出微塑料。

除了食品中存在的微塑料，目前也有调查发现食物外卖包装含有微塑料颗粒。华东师范大学的研究者调查了来自中国石家庄、青岛、成都、杭州和厦门的多个供应商的不同外卖容器的微塑料含量。研究者评估认为，以一餐的进餐时间为 20 min、使用一个外卖容器为标准，每周食用 4～7 次外卖食品的人可能会通过容器摄入 12～203 个微塑料[39]。加拿大麦吉尔大学的研究人员进行的研究发现一个塑料材质的茶包，会在一杯茶中释放 116 亿个微塑料颗粒，另外，还有 31 亿个纳米塑料颗粒（体积更小的颗粒物）[40]。盛放 85℃热水的一个带塑料衬里的一次性纸杯（100 mL）可以浸出大约 25 000 μm 大小的微塑料颗粒[41]。美国国家标准与技术研究院团队开展了一项新研究，以食品级尼龙袋和低密度聚乙烯成分的产品作为样本，探究微塑料的来源及释放情况。事实上，以这两种成分为主的塑料用品在日常生活中很普遍，比如烘焙衬垫和一次性外带咖啡杯的内衬塑料薄膜。结果显示当你享用一杯 500 mL 的热咖啡或热奶茶时，将有 5000 亿个纳米塑料颗粒进入你的身体内[42]！对矿泉水样品进行了微粒污染调查发现，在所有瓶子的水中都检测到不同数量的微塑料，可重复使用的瓶子（PET 和玻璃）中的矿泉水比一次性使用的 PET 瓶中的水含有更多的微塑料[43]。婴儿可能比成年人接触到更高水平的微塑料，主要原因在于广泛使用塑料制的奶瓶、勺子和玩具等产品。家长如果摇晃塑料奶瓶中的热水来泡制婴儿配方奶，那他们的宝宝每天可能会吞下超过 100 万个微塑料颗粒[44]。

人类接触微塑料的第二种最可能的途径是通过呼吸吸入。空气中的微塑料的环境暴露取决于其来源的广泛分布。合成纺织品和城市灰尘被认为是初生微塑料的最重要来源。空气中的微塑料的其他来源可能包括衣服和房屋家具中的塑料碎片、建筑物中的材料、垃圾焚烧、垃圾填埋场、工业排放、颗粒再悬浮、交通中释放的颗粒、园艺土壤中使用的合成颗粒（如聚苯乙烯泥炭）、用作肥料的污水污泥以及可能的滚筒式烘干机排气。研究表明，1～20 nm 的空气颗粒被认为是可吸入的，例如长期在充满灰尘中工作的人可能患上尘肺，微塑料颗粒同样也会通过这种方式进入肺部[45]。

微塑料颗粒还可能通过个人护理产品或通过与微塑料污染的水接触而进入皮肤[46]。塑料微珠在个人护理产品中常常作为填充剂、成膜剂、增稠剂及悬浮剂等应用于磨砂膏、洁面乳、沐浴露、牙膏、防晒霜、眼影、腮红、粉底液等产品中。皮肤的角质层可以阻止小于 1 nm 的分子透过皮肤，但微塑料可以通过塑料静脉导管、注射器和其他药物输送器械进入体循环。例如，像文身工具、医疗塑料（植入、注射等）等，在使用和操作时会对皮肤和黏膜造成破坏，就可能导致微塑料颗粒进入体内。

2.4.3 吞噬的微塑料的危害

微塑料的“入侵”，最令人担忧的，是其对生命健康的威胁。目前，针对微塑料对人体毒性效应的研究结果表明，微塑料对人体的消化系统、呼吸系统、免疫系统、生殖系统等都有一定的毒性作用[47]。已有动物实验证明，微塑料可以扰乱内分泌系统，导致出生缺陷，减少精子的产生，引发胰岛素抵抗，并损害记忆。此外，科学家们还观察到了由于微粒刺破和摩擦器官壁而引起的物理损伤迹象，例如炎症[48]。

对微塑料颗粒潜在健康风险的评估表明，进入人体的微塑料可能导致：炎症（与癌症、心脏病和风湿性关节炎等有关）、遗传毒性（损坏细胞内的遗传信息，导致突变，进而可能导致癌症）、氧化应激（导致许多慢性疾病，如癌症、糖尿病、心血管疾病和中风等）、细胞凋亡和坏死（与癌症、自身免疫疾病和神经变性相关的细胞死亡有关）等，随着时间的推移，这些影响也可能导致组织损伤、纤维化和癌症。直到现在，微塑料如何与人体组织相互作用就像一个“黑箱”，人们只知其然，仍未能知其所以然[49]。

2.4.4 应当如何应对？

目前，针对微塑料污染的问题，国际社会已经在行动。例如世界上多个国家宣布禁止在化妆品等个人护理品中添加塑料微珠；麦当劳、星巴克停止供应塑料吸管；到 2025 年，欧盟力求实现塑料瓶回收率达到 90%；等等。向世界表明逐步抵制一次性塑料制品的态度。

那么你呢？

我们对于“塑料污染”带来的危害，时时看见时时恐，然而尽管国家早已实施“限塑令”，但收效甚微。“如果人类不改变现状，塑料污染程度会进一步恶化。”塑料污染的“攻击”对象不再限于环境与动物了，还有我们人类自身。我们每个人都在日常生活中贡献着微塑料，我们消耗了太多的塑料产品，在这大量消耗塑料的背后，实则是在消耗我们的健康。当今世界微塑料几乎无处不在，要想完全避免几乎不可能。对于个人而言，相应减少微塑料的摄入，唯一的办法，就是从源头上减少塑料制品的使用。日常生活中，我们可以少用一次性塑料制品，比如塑料吸管、一次性杯子、塑料袋、塑料盒等，如果必须使用，请一定到正规厂家购买。在饮食方面，不吃污染水域的野生动植物食品，选择来源正规的水产品购买。除此之外，我们还可以坚持垃圾分类，促进塑料垃圾的可回收利用，用自己的小小行动，潜移默化影响更多的人。总之，人们在享用塑料带来便利的同时，也要把塑料对环境的危害降至最低。为了我们的环境与健康，需要全社会共同的努力，从日常生活中的每一个细节开始改变。

第3章

火眼金睛来识“塑”

3.1　环境微塑料的分离与纯化

直接从环境中获得的微塑料样品一般会跟环境中的有机质混合在一起，需要先将微塑料从这些杂质中分离出来，进行纯化之后才能进一步用仪器进行微塑料成分的鉴定。未纯化的微塑料样品在仪器鉴定时会有很强的基质干扰，无法对微塑料进行准确定性，因此，环境微塑料的分离与纯化对后期微塑料的分析非常重要。根据环境的不同，微塑料的分离与纯化方式也会有所区别。根据微塑料的环境基质，一般可将微塑料分为水体微塑料、沉积物微塑料和生物体微塑料。本章节中的微塑料分离纯化方法是基于美国国家海洋与大气管理局（National Oceanic and Atmospheric Administration，NOAA）的海洋垃圾计划给出的实验室分析标准方法[1]。该方法适用于聚乙烯、聚丙烯、聚氯乙烯、聚苯乙烯等多种常用塑料的分离与纯化。用这种方法分析的塑料碎片一般是指尺寸范围在0.3～5 mm的微塑料颗粒，在操作上这些微塑料颗粒能抵抗湿法过氧化物氧化消解，并且在饱和氯化钠（NaCl，约1.2 g/mL）或偏钨酸锂（1.6 g/mL）溶液中可被浮选出来，并在40倍放大镜下可视。

3.1.1　水体微塑料的分离与纯化

从水体采集到的微塑料样品通常会含有一定量的水分，而且包含各种复杂的垃圾碎片，一般需要经过几个分离与纯化的步骤来提取纯净的微塑料样品，包括湿法筛分、筛分后转移烘干、称重、湿法氧化消解、密度分离、显微镜观察分类。

湿法筛分是指直接将采集到的样品用孔径为5 mm的不锈钢筛网进行筛分，将尺寸小于5 mm的颗粒分离出来，大于5 mm的颗粒可直接丢弃或保存备用。筛分过程中需多次润洗样品，以确保黏附在大块碎片上的微塑料颗粒也能被分离出来。

筛分出来的微颗粒转移至烧杯中，置于恒温箱（90℃）中烘干 24 h 直至样品完全干燥。干燥后的样品用分析天平称量其总质量。

所有筛分出来的微颗粒不一定全部都是微塑料，需要用湿法过氧化氢（H_2O_2）溶液氧化消解去除天然有机质。在 H_2O_2 溶液中等比例加入二价铁溶液（$FeSO_4$），二者混合产生芬顿反应，可加剧有机质的消解。由于在加热时芬顿反应非常剧烈，在用玻璃棒搅拌混匀之前先停止加热，搅拌混匀之后再慢慢加热至 75℃，多次重复，直至没有可见的有机杂质。

在消解后的微颗粒样品中加入饱和 NaCl 溶液，并将含有微颗粒样品的溶液转移至密度分离器进行密度分离，多次润洗烧杯以确保所有微颗粒均被转移至密度分离器，盖上铝箔纸后，静置 24 h，密度大于 1.2 g/mL 的固体会沉积在底部，打开阀门可将其排出。收集悬浮在溶液表面的颗粒物，并用干净的孔径为 0.3 mm 的筛网过滤，获得大于 0.3 mm 的微塑料颗粒。分离出来的微塑料颗粒盖上铝箔纸后置于通风橱自然风干。

将风干后的微塑料颗粒转移至干净干燥的培养皿，在显微镜下观察颗粒物的形态等物理特征，并用分析天平称量其质量，在进行仪器鉴定之前干燥保存。

3.1.2　沉积物微塑料的分离与纯化

河流或海洋底泥、沙滩沉积物和土壤，这些环境介质中的微塑料分离与纯化方法基本一致，故此处用沙滩沉积物为例来介绍沉积物微塑料的分离与纯化方法，包括样品烘干、密度分离、称重、湿法氧化消解、密度分离、显微镜观察分类等步骤。

称量 400 g 湿润沉积物放置于烧杯中，烧杯置于恒温箱中在 90℃下烘干，并称量其干重。在干燥沉积物中加入密度为 1.6 g/mL 的偏钨酸锂进行密度分离，搅拌静置后，用不锈钢镊子将大于 5 mm 的颗粒物挑选出来丢弃或留作备用，悬浮在溶液表面的颗粒物则通过 0.3 mm 的筛网过滤之后转移到另一个新的烧杯中，多次重复浮选步骤，确保所有微塑料样品均被浮选出来。浮选出来的微塑料样品置于 90℃恒温箱中烘干后称重。由于偏钨酸锂价格较高，一般会回收再利用。

将浮选出来的干燥颗粒物置于烧杯中，分别加入等比例（各 20 mL）的 H_2O_2 和 $FeSO_4$ 溶液，二者混合产生芬顿反应，氧化消解去除天然有机质。由于在加热时芬顿反应非常剧烈，在用玻璃棒搅拌混匀之前先停止加热，搅拌混匀之后再慢慢加热至 75℃，多次重复，直至没有可见的有机杂质。

在消解后的微颗粒样品中加入饱和 NaCl 溶液，并将含有微颗粒样品的溶液转移至密度分离器进行密度分离（约 1.2 g/mL），多次润洗烧杯以确保所有微颗粒均被转移至密度分离器，盖上铝箔纸后，静置 24 h，密度大于 1.2 g/mL 的固体会沉积在底部，打开阀门可将其排出。收集悬浮在溶液表面的颗粒物，并用干净的孔径为 0.3 mm 的筛网过滤，获得大于 0.3 mm 的微塑料颗粒。分离出来的微塑料颗粒盖上铝箔纸后置于通风橱自然风干。

将风干后的微塑料颗粒转移至干净干燥的培养皿，在显微镜下观察颗粒物的形态等物理特征，并用分析天平称量其质量，在进行仪器鉴定之前干燥保存。

3.1.3 生物体微塑料的分离与纯化

关于生物体微塑料样品的分离与纯化，本书参考 Yu 等人优化过的方法[2]。生物体微塑料主要存在于生物的胃肠消化道及软组织中，需将这些组织完全消解才能分离出其中的微塑料颗粒。

为了尽量减少程序污染，所有实验都在通风柜中进行。整个过程中都要穿戴实验室工作服、口罩、护目镜和手套。玻璃器皿在使用前用去离子水冲洗 3 次。贻贝和鱼类胃肠道样品保存在–20℃以待分析。生物在覆盖有铝箔的玻璃烧杯中消解，以防止污染。体积比为 1∶1 的硝酸（HNO_3）和 H_2O_2 可以在 60℃下在 2 h 内完全消化头发和指甲样品，可初步采用类似的方法来观察生物样品是否能被完全消解，若未能完全消解，则继续用不同配比的 HNO_3 和 H_2O_2 在 50℃下消解生物样品，同时加以搅拌，直至所有组织完全消解掉。在进一步处理之前，将所有溶液冷却至室温。

消解之后的消化液如果均匀且透明，则直接过滤到 47 mm 硝酸纤维素膜上。另外，采用饱和 NaCl 溶液密度分离去除矿物残留，提高过滤效率。在这种情况下，溶液用 150 mL 去离子水稀释，并转移到分离漏斗中。在 450℃下加入适量的固体 NaCl 灰化 4 h 去除有机杂质后，将分离漏斗摇晃 15 min，静置 10 min，丢弃底部混浊层。上清液通过 47 mm 硝酸纤维素过滤器缓慢过滤。然后用去离子水冲洗分离漏斗，然后通过相同的滤膜过滤。该步骤重复 3 次，以尽量减少微塑料的程序性损失。在进一步微塑料分析鉴定之前，将滤膜在室温下干燥保存。

3.2 环境微塑料的分析与鉴定

随着全球塑料生产和消费的持续增长，微塑料污染已成为世界各地的环境问题之一。微塑料是指尺寸小于 5 mm 的塑料碎片和颗粒，它们可以通过空气、水和食物进入生物体内，对生态系统和人类健康产生潜在风险。为了有效分析与鉴定环境中的微塑料，研究人员开发了多种手段和技术，下面简要介绍一些常用的方法。

3.2.1　显微镜法

显微镜法是一种直接观察样品中微塑料的方法。通过光学显微镜，可以对微颗粒的大小、形态、颜色、透明度等进行初步表征和鉴别；通过电子扫描显微镜，结合电子能谱表征，可以进一步对微颗粒的基本组成进行分析表征，从而初步判断其是否为微塑料。

1. 光学显微镜

通常情况下，经过分离与纯化的样品，最终通过过滤的方法被截留到滤纸上，将滤纸置于光学显微镜（如体视显微镜等）下观察并初步辨识微塑料。通过光学显微镜可以快速简便地识别出潜在微塑料的尺寸、颜色和形状。对于一些没有颜色的颗粒，通过染色剂（如尼罗红）处理后可在明场条件下直接观测，但染色剂的使用有两方面限制：一方面，染色程度会影响后续对塑料分类的判断；另一方面，染色剂对部分天然有机颗粒具有“共染色”问题，因此需要在预处理阶段去除塑料颗粒以外的有机颗粒，以免产生误判。

采用光学显微镜进行环境微塑料的识别表征具有操作简单、直观便捷等特点，对于仪器的操作不需要具备太多专业技能，而且通过对塑料颗粒颜色、形状等特性的表征，可以进一步分析判断微塑料的来源。

然而，由于分辨率的不足，一些无典型形状的较小颗粒（<100 μm）很难通过光学显微镜鉴定；此外，该方法严重依赖于操作人员的主观观察，受限于人眼识别、背景干扰及待测颗粒形状和颜色的辨识度等的影响，通过光学显微镜下计数得到的微塑料数量误差较大，并且随着待测微塑料尺寸的减小，这一误差率会显著提高；由于需要人工识别，需要对每个样品进行制片、观察和分析，用此法识别微塑料需要大量的人力和时间。

2. 扫描电子显微镜

扫描电子显微镜（scanning electron microscope，SEM）是一种通过从样品表面发射出的电子来获得样品表面形貌、成分和结构信息的显微镜。简单来说，就是通过将样品表面扫描，并测量样品表面电子的反射情况，从而确定样品的形貌、成分和结构。对于微尺度的微塑料的分析，例如，纳米微塑料（<0.1 μm），采用光学显微镜明显是不足的，而通过 SEM 可以通过观察微塑料的外形、大小、表面

形貌和结构等特征来进行识别和表征。图 3.1 为 PE 薄膜塑料在不同老化条件下随着时间增加表面形貌的变化图。

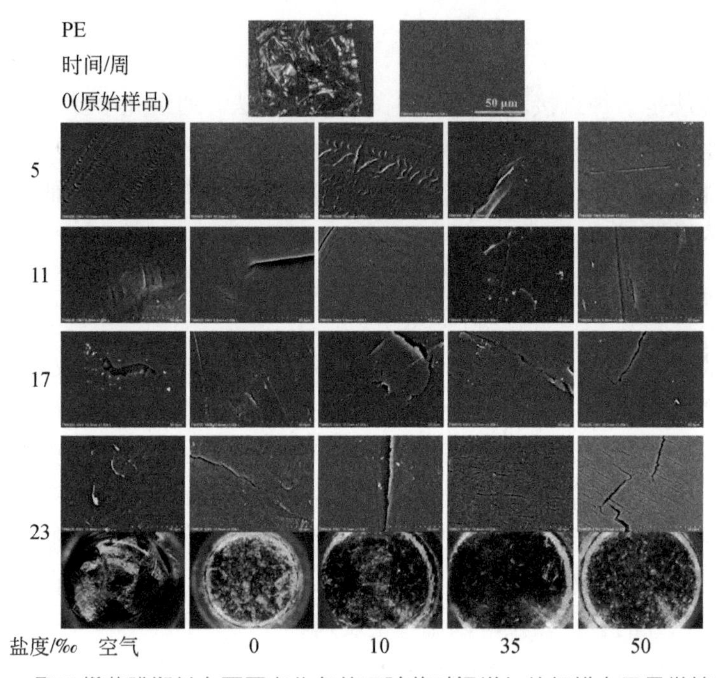

图 3.1　聚乙烯薄膜塑料在不同老化条件下随着时间增加的扫描电子显微镜结果

SEM 可以在几乎不损伤和污染原始样品的情况下，获得目标样品的微观图像。但由于 SEM 是通过电子传导获得样品表面信息，需要样品表面具有良好的导电性能，而一般的塑料并不具备导电性，因此，塑料样品在进行表征之前需要进行镀膜处理。将样品固定在铝柱上，并用碳带固定，通过真空镀膜、离子溅射和离子束镀膜等方式，以金、铂、金和钯的合金、银和钯的合金等作薄层覆盖，薄层厚度一般为 20～50 nm。镀膜过薄无法很好提高其导电性能，导致电荷积累，从而影响结果；镀膜过厚则容易出现镀膜层应力过大等问题，导致出现错误结果。

SEM 可以观察到清晰、高分辨率的颗粒图像，但是不能直接作为判断颗粒是否为塑料材质的依据，也无法得知聚合物成分的具体信息。因此，在实际应用中，扫描电子显微镜通常与其他分析技术相结合，如能量色散 X 射线谱（X-ray energy dispersive spectrum，EDS），以获取更全面的信息。通过 EDS，可以进一步判断样品的元素组成情况，如碳氧比、碳氟比等，为其材质的判断提供一定的支撑。

3.2.2　光谱法

光谱法是指利用物质和光之间的相互作用来研究物质的性质和结构的方法。在微塑料的识别和表征中，常用的光谱法主要包括红外光谱法（infrared spectrometry，IR）、紫外光谱法（ultraviolet spectrometry，UV）、拉曼光谱法（Raman spectrometry）和荧光光谱法（fluorescence spectrometry）等。

1. 红外光谱法

傅里叶变换红外光谱（Fourier transform infrared spectrum，FTIR）法是一种广泛应用于微塑料识别和表征的红外光谱法。它利用物质吸收红外辐射的特征来分析物质的化学结构和组成。FTIR 是一种非破坏性的分析方法，可以对不同类型的微塑料进行快速和准确地区分和鉴定。在 FTIR 分析中，微塑料样品通过吸收红外辐射后，分子内部的化学键会发生振动和伸缩，产生特定的谱带。不同的化学键振动所产生的 FTIR 谱图是不同的，因此，根据样品的 FTIR 谱图，我们可以确定样品的化学成分和结构（图 3.2）。

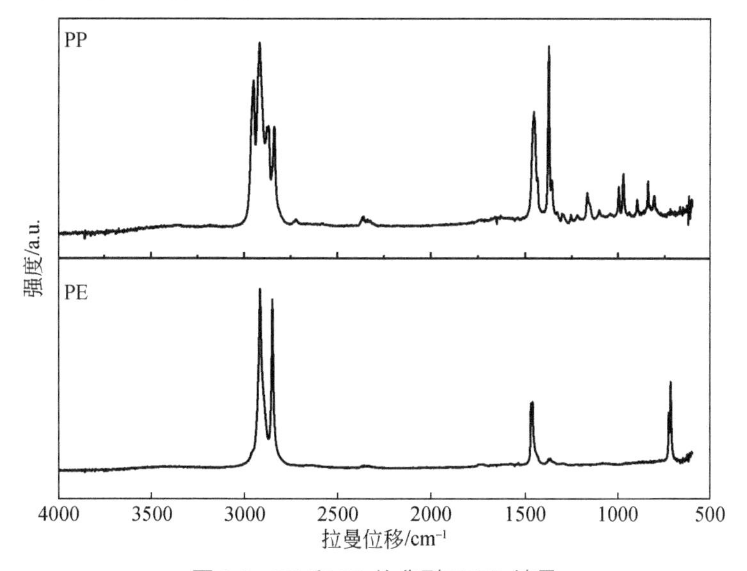

图 3.2　PE 和 PP 的典型 FTIR 结果

FTIR 不需要对样品进行破坏性处理，可以保持样品的完整性；而且 FTIR 具有较高的灵敏度，可以检测到样品中微量的微塑料，对微塑料的检测非常有优势。但 FTIR 一般只能检测到微塑料表面的化学成分和结构，不能检测到微塑料内部的情况，并且需要建立标准谱库；在进行实际检测时，需要对获得的峰形和峰位置进行专业的解析和判断，才能确定微塑料的种类。需要注意的是，红外光谱法只能确定微塑料的化学成分和结构，不能确定微塑料的来源。

除了常规的测试模式外，针对微塑料的表征，FTIR 还可采用衰减全反射（attenuated total reflection，ATR）模式和焦平面阵列（focal plane array，FPA）模式。ATR-FTIR 常被用于检测尺寸大于 500 μm 的微塑料。ATR 谱以光辐射两种介质的界面发生全内反射为基础。从光源发出的红外光经过折射率大的晶体再投射到折射率小的样品表面上，当入射角大于临界角时，入射光线就会产生全反射，事实上红外光是穿透到样品表面内一定深度后再返回表面，在该过程中，样品在入射光频率区域内有选择吸收，反射光强度发生减弱，产生与透射吸收相类似的谱图，从而获得样品表层化学成分的结构信息。其优点在于对样品的厚度和透明度要求不高，并且可以检测表面不规则的微塑料样品。但如果样品中存在对红外光吸收较强的组分，或者红外光穿透过程中衰减太多，将影响得到的光谱信号。

对于尺寸较小的微塑料样品，可通过基于 FPA 模式的 FTIR 进行检测，其中 μ-FTIR 最具代表性。将分离出来的微塑料样品制备成薄片或悬液并置于显微镜下，在显微镜下对微塑料颗粒进行定位和观察，确定需要进行红外光谱分析的颗粒位置。通过显微镜透镜对待测颗粒进行聚焦，然后使用红外激光束照射颗粒表面，产生一系列反射光谱，这些光谱包含了与颗粒中化学键振动相关的信息。这些反射光谱被传送到光谱仪中进行分析，从而可以获得颗粒中所有化学键的振动信息。最后，使用一些数据处理技术，可以将μ-FTIR 数据与已知的塑料库进行比对，从而确定颗粒中所包含的塑料种类和含量。

μ-FTIR 技术是一种非破坏性的分析方法，且具有较高的分辨率，可以对微小颗粒进行红外光谱分析，而不会影响颗粒的形态和组成；同时可以通过显微镜对微小颗粒进行定位，可以更准确地对颗粒进行分析，是表征微塑料的一种理想方法。

但是，μ-FTIR 需要对每个待测颗粒进行定位和聚焦操作，而且对于较小的颗粒需要多次重复检测以获得较为清晰的谱图，因此分析速度较慢，不适合进行大规模样品分析。同样的，μ-FTIR 也只能获得颗粒表面的化学信息，无法获得颗粒内部的信息。

2. 紫外光谱法

紫外光谱法是一种用于分析物质中的紫外吸收特性的光谱法。在微塑料的识别和表征中，紫外光谱法可以用于检测微塑料中的芳香族化合物和有机色素等物质。在紫外光谱分析中，微塑料样品通过吸收紫外辐射后，会产生特定的吸收峰。通过比较不同微塑料样品的吸收峰，可以确定它们的化学成分和结构。

紫外光谱法是一种破坏性的表征技术，需要将样品溶解于特定的溶液中。由于不同类型的塑料在紫外光谱上有不同的吸收特性，因此可以通过比对待测样品的光谱与塑料库中已知的光谱，来确定样品中所含塑料的种类和含量。需要注意的是，紫外光谱法的分析结果受到样品的溶解程度、浓度、pH 等因素的影响，还需要针对不同类型的塑料进行优化和比对。同时，由于紫外光谱法无法提供分子的具体结构信息，因此需要结合其他分析方法进行综合分析。

3. 拉曼光谱法

拉曼光谱法是一种可以用于分析物质分子振动和旋转的光谱法。在微塑料的识别和表征中，拉曼光谱法可以用于检测微塑料中的结晶和非晶态结构。在拉曼光谱分析中，微塑料样品受到激光的激发后，会发生拉曼散射，产生特定的散射光谱。通过比较不同微塑料样品的散射光谱，可以确定它们的形态、结构和化学成分。

显微聚焦拉曼是目前常用的表征微塑料的拉曼光谱法，与μ-FTIR 类似，显微聚焦拉曼同样结合了显微成像技术和拉曼光谱测试。在进行微塑料的拉曼光谱表征时，需要首先将待测样品制备成薄片或悬浮液，并将其置于拉曼光谱仪中进行分析，使用激光照射样品，测量样品在一定波长范围内的拉曼散射光谱。不同类型的塑料在拉曼光谱上有不同的特征峰，通过比对待测样品的光谱与塑料库中已知的光谱，来确定样品中所含塑料的种类和含量，见图 3.3。同时，通过显微成像技术，还可以获得微塑料颗粒的形态和大小等信息。

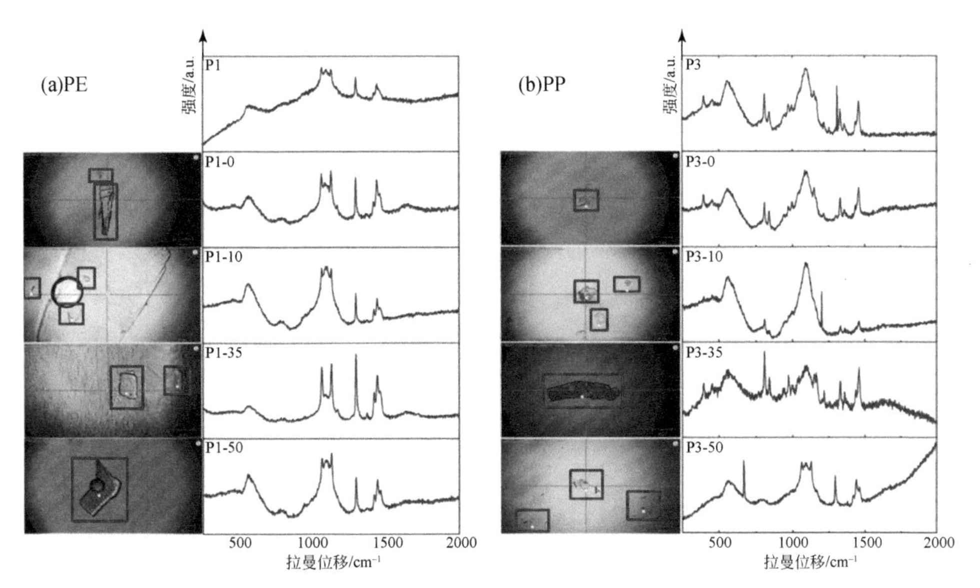

图 3.3　显微聚焦拉曼下微塑料的光学图片及拉曼光谱图（液体中）

与 FTIR 相比，拉曼光谱具有更高的空间分辨率（拉曼光谱的分辨率＜1 μm，而 FTIR 分辨率＞10 μm），因此在检测较小尺寸的微塑料时更具优势。此外，显微聚焦拉曼可以对多种样品（如固体、液体、悬浮液等）进行分析，且具有更宽的光谱覆盖范围，对非极性官能团的灵敏度更高，具更低的水干扰和更窄的光谱带。其不足在于拉曼光谱容易受到产荧光物质（如染料、添加剂、生物样品等）的干扰，具有固有的低信噪比，此外，由于部分物质对不同波长的激光具有不同的拉曼反射特性，因此可能需要通过多种波长激光进行分析确定。

4. 荧光光谱法

荧光光谱法是一种用于分析物质结构和化学成分的破坏性技术。近年来，荧光光谱法也被广泛应用于微塑料的表征。针对不同类型的微塑料，荧光光谱法可以提供高灵敏度的结构信息和化学成分信息，可用于研究微塑料的来源、分布、环境效应等问题。

在进行微塑料的荧光光谱表征时，需要首先将待测样品制备成溶液形式，并将其置于荧光光谱仪中进行分析。在荧光光谱分析中，当激发光照射到样品上时，样品中的分子吸收能量并被激发到高能态，当分子返回到低能态时会发生荧光发射。荧光发射光的强度、波长和时间特征可以提供关于样品分子的信息。不同类型的塑料在荧光光谱上有不同的特征峰，可以通过比对待测样品的光谱与塑料库中已知的光谱，来确定样品中所含塑料的种类和含量。

需要注意的是，荧光光谱法的分析结果受到样品制备方法、激发光波长、荧光发射波长等因素的影响，还需要结合其他分析方法进行综合分析。

3.2.3 质谱法

质谱法是一种高分辨率、高灵敏度的化学分析方法，可以通过测量样品中分子的质量和质量比来确定化学物质的成分。对于微塑料的表征，质谱法可以通过质谱图谱的分析，确定微塑料的化学成分、种类和来源，并可以对微塑料颗粒进行定量分析。用质谱法表征微塑料，对微塑料的样品量具有一定的要求，因此需要富集足够的微塑料样品。一般通过裂解气相色谱–质谱法（pyrolysis gas chromatography-mass spectrometry，Py-GC-MS）和热解吸气相色谱–质谱法（thermal desorption gas chromatography-mass spectrometry，TD-GC-MS）进行表征。

Py-GC-MS 用于鉴定微塑料的成分，能有效区分塑料的不同组分，特别适用于单一类型微塑料的定量分析。通过在特定温度下进行热解处理，使塑料中的化学键断裂，并由非挥发性聚合物生成低分子量挥发性部分，这些组分通过气相色谱柱分离后，由质谱进行检测，形成质谱图。将热解产物的谱图与标准聚合物的谱图进行比较，进而可以推断样品的成分组成。Py-GC-MS 每次运行所检测的样品量非常小，不适合批量分析；由于聚合物降解产生的相对较重的成分会在热解室和气相色谱之间的毛细管中冷凝，造成堵塞和交叉污染，故需要对设备进行维护。

TD-GC-MS 用于微塑料检测时，首先通过热解池对塑料进行加热分解，通过带有吸附柱的玻璃试管将分解产物固定，转入液氮冷却的解吸池中，使分解产物解吸附，并注入气相色谱进行裂解产物的分离，最终通过质谱仪明确裂解产物的化学组成。通过比对标准数据库，推断所检测样品的化学组成。TD-GC-MS 每次运行可检测高达 100 mg 的样品，除了研磨和混合以使样品均匀化外，无须进行任何预处理。相较于当前大部分光谱分析法，TD-GC-MS 的处理时间在 2～3 h，且操作过程需要进行质量控制。

3.2.4　其他方法

1. 热重分析法

热重分析法（thermogravimetric analysis，TGA）是在程序控制温度下，测量物质的质量与温度或时间的关系的方法。在利用 TGA 进行微塑料的表征时，根据塑料样品在不同温度下发生分解产生的失重特性，如图 3.4 所示，在热重分析中可以做出热重曲线（TG）和热重微分曲线（DTG）两条重要的曲线。对比单一塑料的热重曲线特性，可以区分出塑料的组成情况。热重分析法同样是一种破坏性的表征手段，因此分析后的样品无法进行后续的形状等性质表征；此外，虽然理论上可以通过分峰拟合等方式将混合类样品中的多种组分区分开，但由于样品之间交互作用的存在，可能造成结果的误判，因此，该方法更适合单一类型塑料的识别。热重分析法一般操作时间较长，同样不适合批量分析。

2. 差热分析法

差热分析法（differential thermal analysis，DTA）是在程序控制温度下，测量物质与参比物之间的温度差与温度关系的一种技术。当试样发生任何物理或化学变化时，所释放或所吸收的热量使试样高于或低于参比物的温度，从而相应地在 DTA 的曲线上得到放热或吸收峰。差示扫描量热法（differential scanning calorimetry，DSC）具有比 DTA 更高的灵敏度和分辨率，目前常被用于塑料纯度和结晶度的表征和计算。

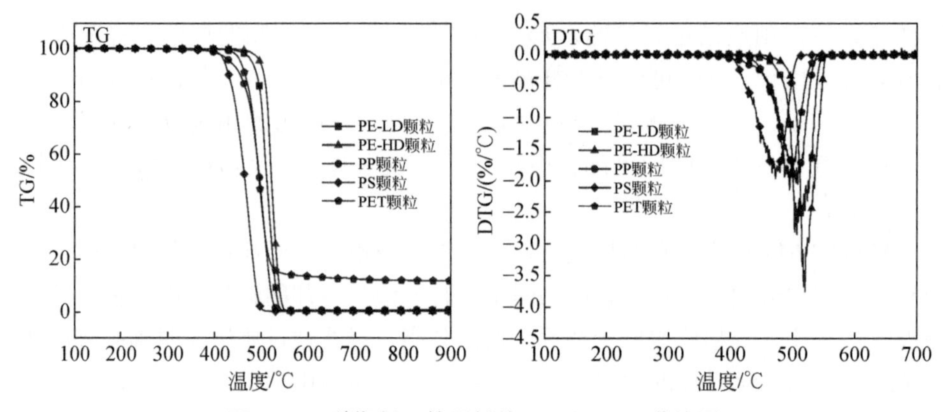

图 3.4　五种塑料颗粒原料的 TG 和 DTG 曲线图

差示扫描量热法有补偿式和热流式两种。在差示扫描量热法中，为使试样和参比物的温差保持为零，在单位时间所必须施加的热量与温度的关系曲线为 DSC 曲线。曲线的纵轴为单位时间所加热量，横轴为温度或时间。曲线的面积正比于热焓的变化。根据得到的曲线（图 3.5），对比常规塑料的热融和结晶温度，可以大致判断微塑料的组成成分如图 3.5 所示，T_m 和 T_c 分别是其在当前测试条件下的熔融和结晶温度。

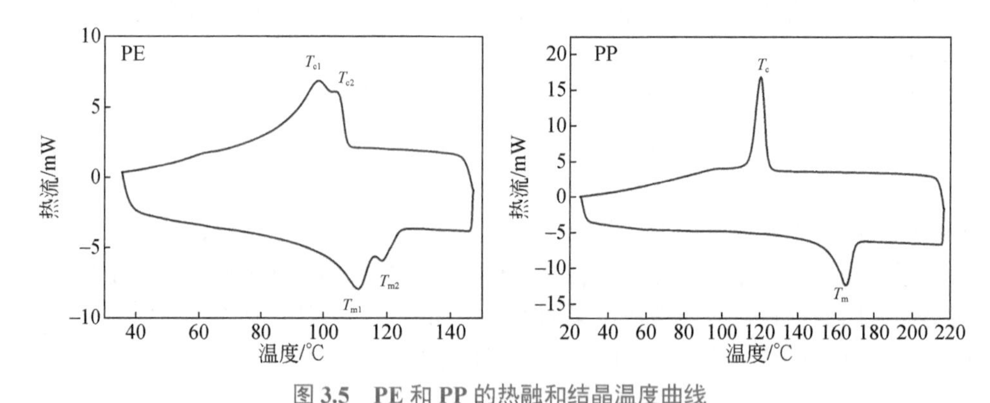

图 3.5　PE 和 PP 的热融和结晶温度曲线

3.3　微塑料的高通量识别

环境中的微塑料会表现出多种多样的物理、化学和生物特性（如尺寸、形状、密度、塑料类型、添加剂和附着生物膜等），因此，完善和优化现有的识别方法及提出和验证新的有效识别方法是非常有必要的。特别是在较大的时间和空间尺度上进行微塑料污染监测和研究时，选择具有时间效益和成本效益的高通量分析方法，可以在较短时间内实现批量微塑料样品的快速、准确分析。目前，以下几种光谱分析法逐渐展现出批量识别环境样品中微塑料的潜力，相比质谱分析法能够节约大量的前处理和分析的时间且无须破坏样品，同时结合显微成像系统能够对样品中塑料颗粒大小和数量进行定量。

3.3.1　红外光谱法在高通量识别环境中微塑料的应用

红外光谱法鉴定微塑料时，具有不破坏样品、检测前处理简单等优点，被广泛应用于微塑料的研究中。当一束连续波长的红外光照射微塑料样品时，与该微塑料中某个基团的振动频率相同的红外光被吸收，使得透过物质的红外光光强减弱，这样便能得到该物质的红外光谱图，再将样品光谱与标准谱库的谱图进行比对，从而可以确定该塑料的化学组成。

1. 傅里叶变换红外光谱法

傅里叶变换红外光谱（FTIR）与显微镜结合（又称显微红外，μ-FTIR），常用于粒径小于 500 μm 的微塑料颗粒分析，具有可视化、自动识别及定量（计数）微塑料等特点。传统的红外图像分析采用“画地图”的方式，只能利用载物台逐点移动样品，逐点测定其红外光谱。而目前基于焦平面阵列（FPA）的红外成像系统，其检测器含 64 个×64 个或 128 个×128 个阵列检测单元，可以高空间分辨率快速完成大面积的红外图像采集，如图 3.6 所示。现阶段，基于焦平面阵列探测器的显微傅里叶变换红外光谱法（FPA-μ-FTIR）被认为是微塑料高通量识别比较成熟和理想的方法，检测时可以同时使用多个检测器进行分析，有效缩短了分析时间。此外，μ-FTIR 通常会配备了不同分辨率的 FPA 探测器，可以对整个样品进行分析，然后再根据研究的需要对单个粒子进行图像放大分析。在最近的研究中，一个检测器可以在一次测量中分析约 0.7 mm×0.7 mm 的区域，分析时长约 1 min，可得 16 384 个光谱数据。但是，由于水强烈吸收红外辐射，在样品进行仪器分析之前必须经过前处理工作；分析时，通常在整个系统内部注入干燥空气，以减小空气中的水蒸气和二氧化碳引起的信号。

2. 激光直接红外分析

在红外技术中，激光红外（又称激光直接红外，laser direct infrared，LDIR）技术可以快速分析尺寸范围更广泛的微塑料样品，并能提供微塑料样品混合物的化学组成、直径和厚度等信息，且不需要对用于分析的颗粒进行人工视觉的预挑选，也不影响光谱质量。该技术的核心是使用专有的量子级联激光器作为光源。与常用的红外光源相比，量子级联激光器具有明显更高的辐射功率的优点，因此不需要使用液氮（μ-FTIR 分析所必需的）对探测器进行冷却。其光源能量为传统 FTIR 系统的 10 000 倍以上，光源照射微塑料样品后无须经过任何信号的转换，能直接被检测器接收。

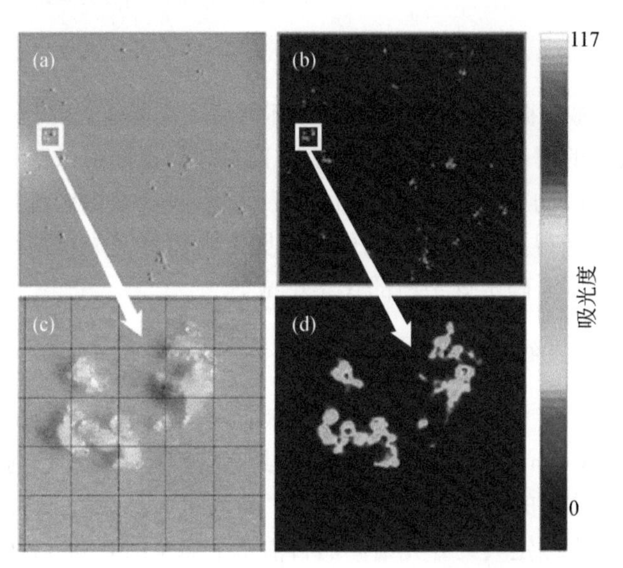

图 3.6　聚乙烯（PE）颗粒 C-H 拉伸区域（2980～2780 cm^{-1}）的化学成像

（a）视觉总图；（b）成像结果；（c）、（d）放大图像部分对应图片（图 a 中的白色方框）。其中（c）中每个网格的边长为 170 μm

LDIR 系统通常使用单点碲镉汞探测器（热冷却）和快速扫描光学两种模式进行测量。LDIR 频率固定在一个单一波长（样品在这个频率上很少或没有吸收，光在遇到样品粒子时就会发生散射），并在扫描时移动样品。在每个像素点上，获取光谱信息只需 40 μs，允许大范围地快速扫描，得到的图像用于确定样品中粒子的位置、大小和形状。一旦确定了位置，LDIR 系统就会快速自动地在每个粒子的分析区域内移动，对该区域内的粒子进行全光谱扫描，在 1 s 内获得中红外范围（1800 cm^{-1}～975 cm^{-1}）的全光谱（如图 3.7），并与标准谱库进行匹配。而对于较小的颗粒（小于 30 μm），系统需要自动重新聚焦以获得最佳光谱。与 FTIR 技术相比，LDIR 的性能还有待进一步研究。

3.3.2　近红外光谱法在高通量识别环境中微塑料的应用

虽然近红外光谱法（near-infrared spectrometry，NIR）作为食品质量快速检测和回收塑料包装分类的标准方法已经应用了几十年，直到最近，该方法在不同环境

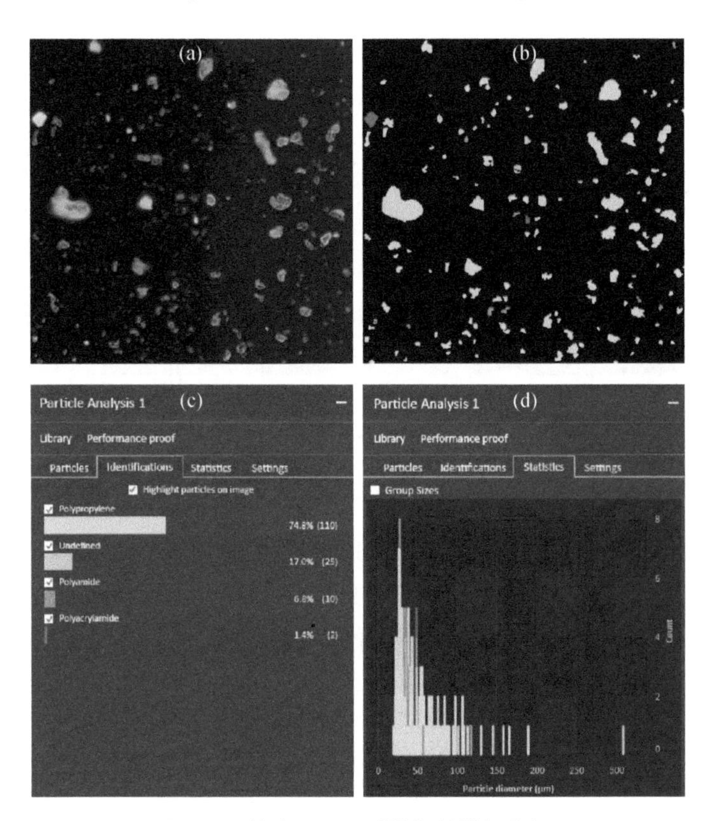

图 3.7　使用 LDIR 对微塑料进行分析

（a）样品在 1800 cm^{-1} 处扫描得到的红外图像；（b）在样品中发现的颗粒亮点（颗粒是根据微塑料的种类而着色的）；（c）基于微塑料鉴定生成样品的自动统计数据；（d）样品中不同尺寸范围的微塑料颗粒统计数据

样品（包括海水、地表水、生物体和土壤）中微塑料分析的潜力才得到普遍认可。与红外相比，近红外可以穿透更深，从而处理更大的样本量，有研究用玻璃纤维过滤器过滤地表水样品后，使用 NIR 检测其中大于 450 μm 的微塑料颗粒（如图 3.8），在大约 20 min 内，可以扫描 10 个直径为 47 mm 的过滤器（检测速度约为 52 048 mm^2/h）[5]。此外，近红外区域对水和生物膜等污染物的灵敏性较低，因此省去了部分前处理程序，减少了分析时间和试剂的消耗。

此外，NIR 结合高光谱成像（对样品的光谱和空间二维信息进行采集分析）和化学计量学自动化统计方法，可以非常快速有效地监测环境微塑料污染，无须进行样品预处理。虽然该技术分析颗粒的最小尺寸限制在 200～500 μm（红外光谱约为 10 μm），但可以使用近红外光谱的检测作为样品筛选的第一步，若研究需要，可以使用显微红外光谱或显微拉曼光谱对样品中小于 500 μm 的颗粒进行详细分析。

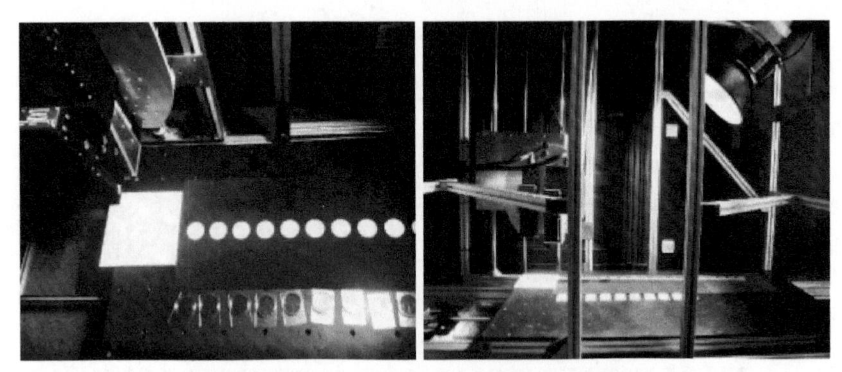

图 3.8 使用近红外光谱仪扫描微塑料样品

3.3.3 拉曼光谱法在高通量识别环境中微塑料的应用

拉曼光谱是一种散射光谱，通过将激光照射在待测样品表面，检测待测样品中的分子和原子散射光的振动频率和强度，确定样品的化学组成。与红外光谱法和近红外光谱法相比，拉曼光谱法具有更高的空间分辨率，可以检测粒径小于 1 μm（甚至低于 300 nm）的微塑料颗粒。此外，拉曼光谱法具有对水不敏感的优点，这使得研究水和（微）生物样品中的微塑料成为可能。但是，传统的自发拉曼光谱法的一个主要缺点是容易受到荧光干扰，特别是在分析环境样品中的微塑料时，荧光干扰可能由无机（如黏土矿物、灰尘颗粒）、有机（如腐殖质）和（微）生物杂质及一些添加剂（如色素）引起。因此，在传统拉曼光谱之前，通常需要去除无机和有机非塑料颗粒。

在非传统拉曼光谱的应用中，信号仅由所感兴趣的分子振动引起。因此，如果荧光污染物在目标分子的频率区域没有信号产生，则可以避免荧光干扰问题，从而能够在不去除有机和生物基质的情况下快速分析环境样品。其中，受激拉曼散射（stimulated raman scattering，SRS）显微成像技术自 2008 年诞生以来，在各个领域得到了极大的发展和应用，SRS 显微成像技术是一种新型的具有分子特异性的拉曼散射成像技术，通过非线性光学过程来实现信号增强，为此，不仅需要提供原本自发拉曼散射中的激发（pump）光，还需提供一束斯托克斯（Stokes）光同时与分子振动相互作用。当 pump 光与 Stokes 光之间的频率差与分子振动频率匹配时，可以发生共振效应，使得被激发分子发生相干振动，因此，该方法提高了图像的精度与准确度，使得成像具有三维层析能力，可以快速提供微塑料成像。

流式细胞术（flow cytometry，FC）是一种对单个细胞的理化特性进行定量分析和分选的技术，最近有研究将受激拉曼散射与流式细胞术结合，可以在 5 μs 一个拉曼光谱的速度下检测单个粒子的化学组成（如图 3.9）。该技术在实验室测试中，能够以每秒高达 11 000 个粒子的速率来检测并分离 10 μm 左右的聚苯乙烯（PS）、聚甲基丙烯酸甲酯（有机玻璃，PMMA）和聚己内酯（PCL）颗粒的混合悬浮液。由于受激拉曼散射流式细胞术技术（SRS-FC）具有分析快速、灵敏度高等特点，在微塑料识别与定量方面具有很高的潜力，虽然目前 SRS-FC 复杂的设置及技术尚不成熟限制了其在环境微塑料分析上的广泛应用，但也为微塑料的高通量单粒子分析开辟了一条新途径。

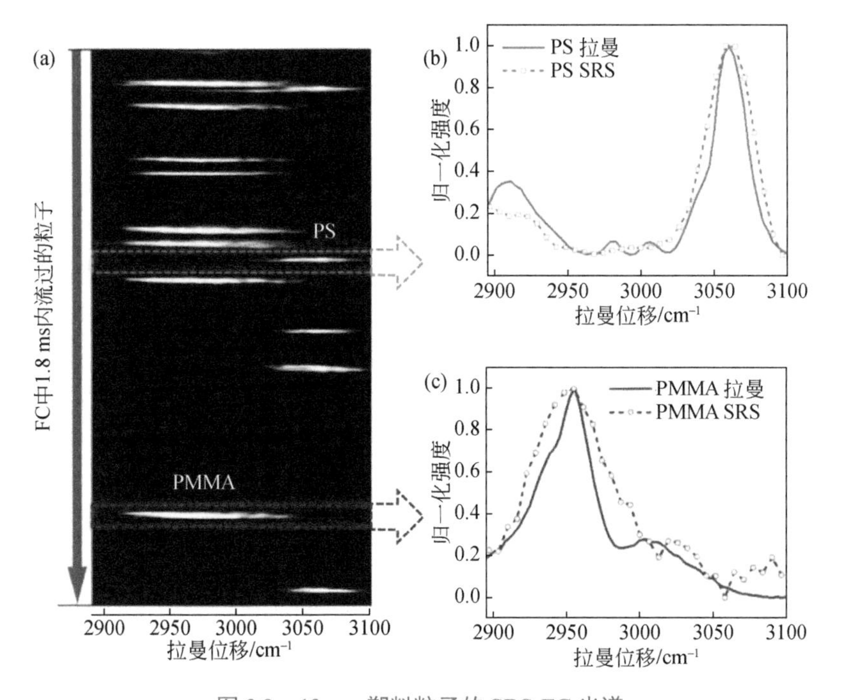

图 3.9　10 μm 塑料粒子的 SRS-FC 光谱

（a）在 1.8 ms 的光谱时间窗口中，检测到 8 个 PMMA 微珠（特征峰在 2955 cm^{-1}）和 5 个 PS 微珠（特征峰在 3060 cm^{-1}）；（b）SRS-FC 检测中 PS 微珠的 SRS 光谱（虚线）和 PS 的自发拉曼光谱（实线）；（c）SRS-FC 检测中 PMMA 微珠的 SRS 光谱（虚线）和 PMMA 的自发拉曼光谱（实线）

第4章 自然水体中的微塑料

4.1 随波逐流的微塑料

微塑料可以到世界上任何一个地方旅行，各种各样的环境，无论是土壤、大气还是水，无论是否有人类的存在，都有它们的足迹。是我们制造了它们，但却任由它们进入环境，在土壤中沉积，在大气中漂浮，也在自然水体中随波逐流，或经历风霜雪雨，或面临水击浪打，失去最初的“单纯”，渐渐“老化”，而远方的大海，将是它们最后的归宿。它们从四面八方而来，汇聚于湖泊、河流，共同奔赴大海，展开它们随波逐流的奇幻之旅。它们也许满怀期待，也许忐忑不安，但随着这场旅行盛宴的开始，如同人生的画卷展开，它们的命运，终将随之改变。

4.1.1 微塑料漂流记

微塑料在水中集合（图 4.1）：有的来自污水处理厂处理后的排出水，有的来自直排入河的生活污水或工业废水，也有来自土壤被暴雨冲刷进入水中，更有大气中的微塑料随风雨落入河流、湖泊及大海中……

一旦进入水中，独特的“塑料属性”决定了它们在水体中的存在状态（图 4.2）。它们中的大部分密度较小，可以轻飘飘地浮在水面或水中，随波逐流，直到汇入大海；或者被滞留在水流缓慢的湖泊与港湾，然后在生物或物理、化学的作用下，变得越来越重，并慢慢沉入水底成为沉积物的一部分；但有一部分，它们本身就有比较大的密度，进入水中就会沉底[1]；而有意思的是，相当一部分微塑料很容易被水生生物误食[2]，然后随生物的粪便或尸体被带到更远、更深的水域中。这就促进了微塑料在水平方向和垂直方向上的迁移。当中特别值得注意的是它们可能随着食物链最终进入人体内[3-4]，给我们带来难以预料的健康风险。另外，由于上升流或水流冲刷作用的影响，沉底的微塑料也可能会重新上升、悬浮，再次随波逐流，奔赴远方的大海[5]。

图 4.1　不同来源的微塑料在水中集合

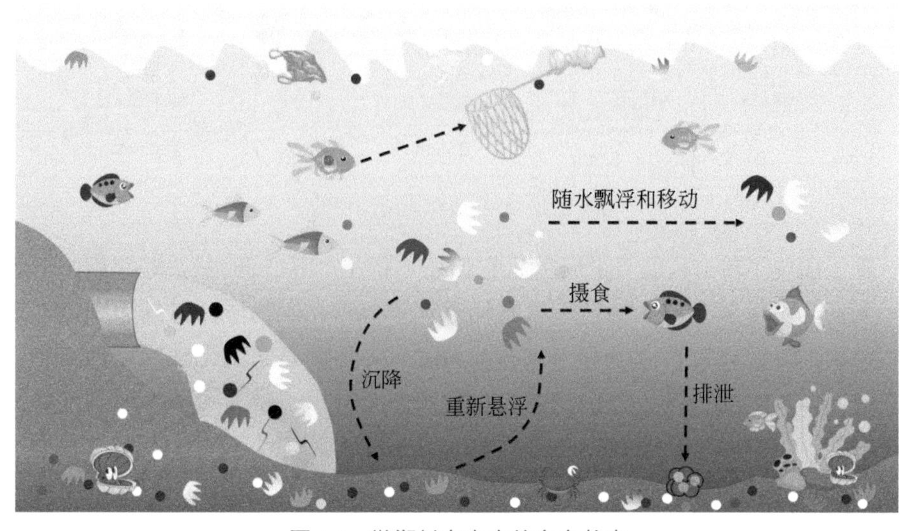

图 4.2　微塑料在水中的存在状态

4.1.2　微塑料变形记

它们漂流奔向大海的旅途并非一帆风顺。各种压迫和风险（一些物理、化学和生物作用，例如，来自水流和浪花的打击、水体盐度的改变等），将会使它们“粉身碎骨”，分解成更小的颗粒，或“呕心沥血”溶出各种添加剂，或将水中的其他物质紧紧吸附在表面形成生物膜，上演一幕幕的微塑料变形记。

首先，太阳光的照射使它们发生光解。尤其是太阳光中的紫外线特别厉害，会使微塑料发生氧化，进而降解形成更小的塑料颗粒。此外，漂流过程中的任何物理作用，包括水流的冲击、搅拌等也会破坏它们的结构，使它们“粉身碎骨”，裂成更小更多的碎片，有的甚至小到纳米尺度，称为纳米塑料[6]（图 4.3）。还有化学和生物的作用，对它们展开默默的攻击，也许不会像太阳光和水流那么直接和强烈，但也是使它们变形、分裂的凶手。

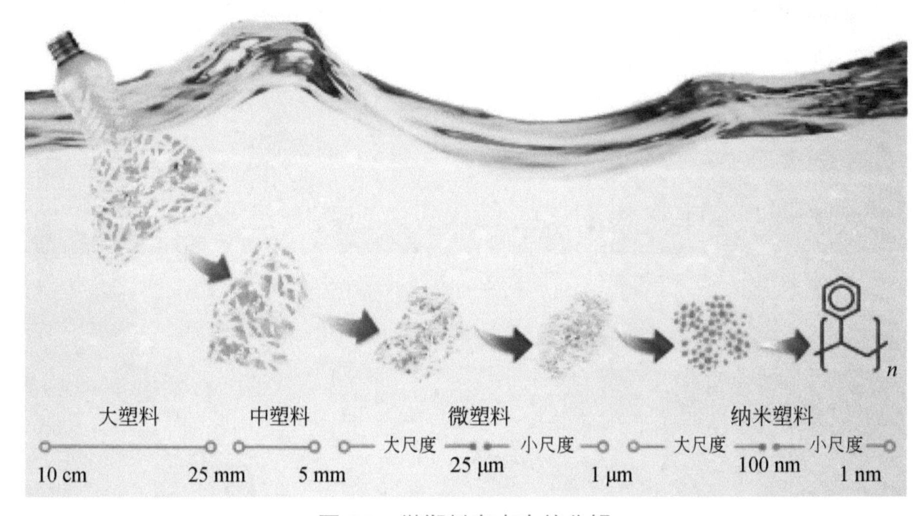

图 4.3　微塑料在水中的分解

除了面临“粉身碎骨”的危险，它们还不得不“呕心沥血”。在它们的形成之初，人们为了改善塑料的性能，给它们添加了各种化学物质，包括阻燃剂、增塑剂和稳定剂等。在它们漂流奔向大海的旅途中，溶解是它们无法回避的问题。即便当最外面的一层“骨肉”已经将可以溶出的都给出，但伴随着不断的分裂，新一轮的溶出又开始上演，如此不断往复，直到沥完最后的一份“心血”（添加剂）。然而，这对环境和生物而言，并非好事。它们被迫释放的这些添加剂，很多都是有毒有害物，对生物具有致癌、致突变或内分泌干扰作用[7]，例如，耳熟能详的内分泌干扰物双酚 A（可以使儿童畸形）等。

此外，它们也会在旅途中吸附水中的其他物质，如重金属、有机污染物、微生物胞外分泌物等，在它们表面形成多种物质混杂的包裹层[8]；微生物也会在它们进入水中后的不久，进驻它们的表面，在表面附着、繁殖，长成生物膜，彻底改变微塑料与水之间的界面属性[9]。科学家已经发现，它们巨大的比表面积和极强的疏水性，对多种环境污染物而言具有高强度的吸附力和亲和力。决定它们是否吸附或者吸附环境中的多少化学物质的因素，主要是它们本身的性质（如表面性质、颗粒大小、结晶度等）及污染物的性质（如官能团、极性、疏水性等），当然，也和水环境因素（pH、DOM、盐度等）及它们的表面生物膜密切相关。

4.1.3 微塑料去哪儿？

历经千辛万苦与千变万化，微塑料终于来到了茫茫大海，迎接更大的波浪，投入波澜壮阔的海流。它们或继续浮在海流表面，经受风吹日晒，直到某一天来到塑料垃圾的天堂——位于太平洋的“第八大陆”，从此成为固定的居民；或者，它们被生物包覆，沉重的包袱让它们不得已沉入水中，或沉入水底。在水中，不免会被随处可见的猎食者当作微不足道的食物吃掉，开启另外的人生。人们以往并不确定，它们进入海洋后真正的归宿到底是哪里？因为计算的入海量，与实际海水中的发现量存在巨大的误差。直到最近，科学家们终于可以肯定，海底沉积物应该是它们的另一个家园，因为在那里，科学家估算到了几乎相当于现存量 1/3 的数量。在海底，它们不仅可以停留在沉积物表面，而且可能被埋藏至沉积物中。目前，科学家已经发现深海中，例如，深达 10 890 m 的哈达尔区[10]，漂浮着大量的微塑料，它们随着洋流运动被运输至此，或者是缓慢下沉至海底深处。地球的海面、两极和海底，似乎就是它们的终极家园[11]。

4.2 微塑料入海知多少

微塑料污染问题逐渐引起人们的关注。其中，微塑料进入海洋对海洋生态系统的影响尤为严重。研究表明，全球大约 80%的海洋微塑料来自陆地[12]。而河流是微塑料进入海洋的主要通道之一[13-14]，塑料垃圾通过河流运输到海洋，对海洋生态系统和海洋生物造成了严重的危害。近年来，越来越多的研究关注河流微塑料的来源、分布和入海通量等问题。一些研究表明，河流微塑料的来源包括城市污水、工业废水、农业和畜牧业废水及土壤流失等[15]；河流微塑料的分布受到河流特性、地理位置、人口密度等因素的影响[16]；河流微塑料的通量受到多种因素的影响，如河流水量、流速、降水量、洪水、堤坝等[17-18]。总的来说，河流微塑料进入海洋是一个复杂的过程，需要从多个方面进行研究，以更好地了解其来源、分布及入海通量，为减少微塑料污染提供科学依据，对于有效控制微塑料污染、保护海洋生态系统具有重要意义。

4.2.1　陆地微塑料是如何进入海洋的？

陆地微塑料进入海洋的途径包括河流汇入和沿海岸排放。多项研究表明，河流汇入是陆地微塑料进入海洋的主要途径。这是因为，许多城市和工业区域都位于河流流域，这些地区产生的塑料垃圾和微塑料会经过暴雨、洪水等自然灾害的冲刷，被带到河流中[19]。此外，还有一些城市和乡村地区缺乏垃圾处理设施，导致垃圾和微塑料被直接倾倒到河流中。除此之外，陆地微塑料还可能通过风力和土壤侵蚀进入河流，微塑料可能被风吹到水体表面，进而被带到河流中。此外，一些农业和林业活动也可能导致土壤侵蚀和沙漠化，这些过程可能会释放出大量的微塑料颗粒，最终进入河流中。

塑料垃圾在河流中被水流带动，随着河流的流动不断向下游运动，在运动过程中，塑料垃圾会不断碰撞和磨损，逐渐分解成微塑料。微塑料在河流中的行为表现为悬浮和沉积两种形式。较小的微塑料颗粒会在水中悬浮，而较大的微塑料颗粒会沉积在河底沉积物中。当河流流入海洋时，其中悬浮和沉积的微塑料颗粒都会被带入海洋中[20]。微塑料颗粒在海洋中可能会被海流和风力带到不同的地方，对海洋生态系统造成影响。

微塑料从河流进入海洋的过程涉及塑料垃圾的输入、在河流中的运动和分解、微塑料的沉积和悬浮，以及微塑料进入海洋等多个环节。这一过程给海洋生态系统和人类健康带来了负面影响。为了减少陆地微塑料的污染，需要加强垃圾分类和处理、改善城市和农村环境卫生、加强自然保护和生态修复等措施，减少微塑料进入河流和海洋。

4.2.2　河流入海微塑料的主要来源

陆地上人们生产生活中产生的微塑料经各种方式排放至海洋（占海洋微塑料的80%以上），海上活动产生的微塑料也是海洋微塑料的来源之一。无论是陆地活动还是海上活动，微塑料最终沉积在海洋的各个环境介质中（图 4.4）。

我们平常穿着的衣服大多是合成纤维制成的，洗涤衣物时，合成纤维材料会从衣物上脱落，这些脱落的纤维也是微塑料的一种，这些纤维类微塑料会随着洗涤废水排放进入河流，并随之进入海洋。根据一些研究，每次洗涤衣物时，一件合成纤维材料的衣物可能会产生数百万个微塑料颗粒[22]。而在洗涤水排放进入海洋后，这些微塑料颗粒可能会在海洋中长时间存在，海洋表面水层漂浮着大量的纤维类微塑料，对海洋生态系统和人类健康造成潜在威胁[23]。

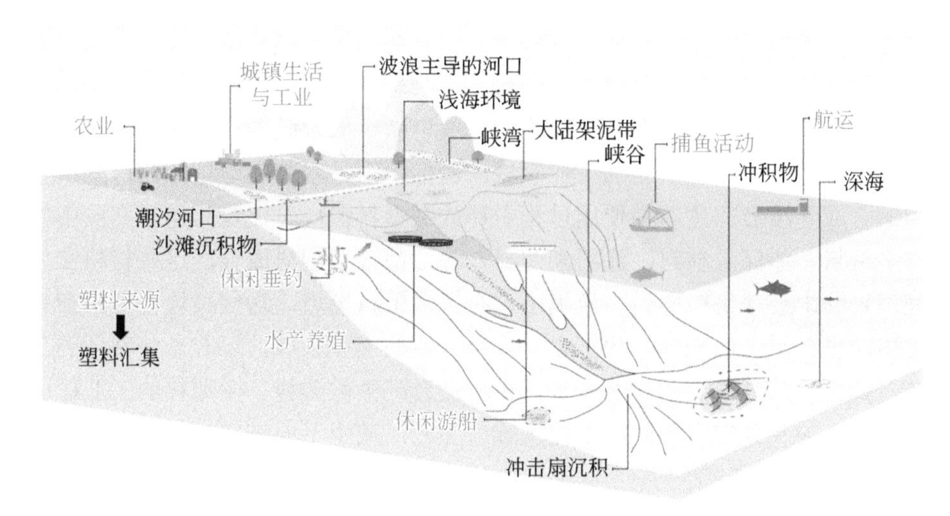

图 4.4　微塑料从陆地到海洋的主要来源与汇集[21]

我们日常使用的洁面乳中部分含有微塑料颗粒，在使用后随着洗脸水排放进入污水系统，进入污水处理厂。然而，由于目前大多数污水处理厂并不会对微塑料进行有效的去除，微塑料颗粒会随着污水一起排放进入河流和海洋[24]。目前已有部分国家对洁面乳或化妆品中微塑料颗粒的添加明令禁止，以减少环境微塑料污染。加强污水处理设施的性能等措施也能很大程度减少微塑料的排放[25]。

农业生产中使用的塑料薄膜、肥料包装袋等，通常会被丢弃在农田或者河流附近，随着雨水的冲刷和河流的冲刷，这些塑料垃圾会被带到河流中，最终进入海洋。农业微塑料排放通量的大小受多种因素影响，如农业生产的规模、地理位置、气候等。目前对于这一问题的研究还比较有限，需要进一步的研究和数据支持来准确估算农业相关微塑料的排放通量。

人们日常生活中所使用的塑料制品，使用完毕后变成塑料垃圾，若无法得到妥善处理或回收，这些塑料垃圾在环境中经历了一系列的物理、化学和生物过程后，最终会分解成微塑料[26]。例如，塑料垃圾暴露在阳光下会发生紫外线辐射、氧化和分解，或经过长时间的碾压和磨损，这些过程会导致塑料分子链的断裂和表面的龟裂，从而形成微小的塑料碎片[27]。环境中的微生物和化学物质会对塑料进行分解，例如，一些微生物（如细菌、真菌等）可以利用塑料作为营养来源进行生长和繁殖，这些微生物会分泌酶类分解塑料，从而形成微塑料[28]。这些微塑料通过水流、风力等方式，被带入海洋和淡水生态系统，对生物和环境造成了严重的影响。

另外，在塑料的生产和加工过程中，常常会出现漏损和废弃物，这些废弃物会被释放到环境中，最终分解成微塑料。轮胎是一种由橡胶和其他添加剂构成的复合材料，长时间使用后会发生磨损，释放出微小的橡胶颗粒，其中就包括微塑料。纤维制造业是一种重要的工业领域，包括纺织、服装和地毯等，这些产业中使用的合成纤维会在生产和使用过程中释放微塑料颗粒。建筑和建材产业中使用的许多材料，如保温材料、涂料和密封剂等，都含有塑料成分，这些材料在使用和处理过程中会产生微塑料。垃圾中含有很多塑料垃圾，这些垃圾在处理和焚烧过程中，也会产生微塑料。除了以上几个主要的工业领域，还有一些其他的工业领域，如化学品制造、医疗器械等，也可能会产生微塑料。微塑料的工业排放源十分广泛，涉及到许多不同的工业领域。因此，减少工业排放是减少微塑料污染的重要措施之一。

4.2.3 河流微塑料入海通量

河流微塑料入海通量是指通过河流传输从河口排放至海洋的微塑料的量，一般以年入海通量为计，即每年通过河流输运至海洋的微塑料通量（单位为 t/a）。微塑料入海通量的计算一般是用河口微塑料污染丰度乘以河流入海水流量。由于微塑料丰度具有较大的季节性差异[29-31]，某一时间在某条河流的单次采样获得的微塑料丰度无法代表这条河流的微塑料污染丰度，特别是在计算年入海通量时，需要全年多次采样来获得不同季节的微塑料丰度，以便更准确计算河流微塑料入海通量。

由于河流水体中的微塑料在环境作用下尺寸在不断变化[32]，在对比河流微塑料入海通量时，仅对比微塑料的质量。这里主要介绍三条河流（珠江、长江、洛东江）的微塑料入海通量，这三条河流的研究都进行了全年多次的采样实测分析。

珠江水系较为复杂，“三江汇流，八口入海”指的就是珠江。为了估算 8 个入海口各自的年入海通量，我们先计算出各入海口每个季节的入海通量，某个入海口四个季节入海通量的总和构成了该入海口的年入海通量，而 8 个入海口微塑料年入海通量的总和则构成了珠江三角洲微塑料的年入海通量，约 66 t[33]。微塑料的入海通量季节性变化较大，体现在夏季最高冬季最低，这主要归因于夏季与冬季径流量的差别，它们分别占年径流量的 37%和 14.2%。各入海口的微塑料年入海通量差距较大，其中虎门的微塑料年入海通量最高，这可能是因为虎门不仅接收流经高度城市化的广州和东莞地区的径流，而且其径流量也相对较大。总体来看，东四门（虎门、蕉门、洪奇门、横门）比西三门（鸡啼门、虎跳门、崖门）对微塑料的输运贡献更大，径流量最大的磨刀门除外。由于磨刀门的月径流量最大，远高于其他入海口门，因而磨刀门的微塑料入海通量在 8 个入海口中仅次于虎门。而鸡啼门、虎跳门和崖门接收的径流流经人口密度低的小城镇，而且月径流量小，因此这几个入海口的微塑料入海通量较小。

长江的微塑料年入海通量约为 538～906 t[34]。长江口微塑料的入海通量季节性差异较大，夏季的入海通量远高于冬季，这主要是由于夏季长江口径流量在全年中最大，导致微塑料的输出量相对较高，这一特点与珠江口呈现的规律极其相似。

洛东江的微塑料年入海通量约为 53.3～185 t[35]。微塑料入海通量季节性差异明显，主要体现在夏季（7～9 月）微塑料入海通量远高于其他季节。这与夏季降水量大的特点有关，降水量大可导致更多的陆地塑料垃圾冲刷进入河流水体，导致河流水体中微塑料丰度增大；加上夏季河流水流量远高于其他季节，最终造成夏季微塑料入海通量最高。

由于全年多次野外监测需要消耗大量的人力、物力和财力，部分发展中国家难以开展河流微塑料的全年监测。基于目前已报道的河流微塑料污染数据，通过建立通量模型，可预测全球所有河流微塑料的入海通量。

4.2.4　入海通量模型预测

Kawecki 和 Nowack[36] 使用基于塑料产品的生产量及其使用寿命的模型，估算得到了瑞士人均每年排放到淡水生态系统微塑料的质量约为（1.8±1.1）g。微塑料主要是由塑料经过一系列复杂的物理、化学、生物过程转化而来的，塑料垃圾的产生量可直接影响排放到环境中的微塑料量。根据塑料垃圾在所有固体废弃物中的占比，世界银行集团（World Bank Group）估算出各个国家人均每天产生塑料垃圾的量[37]。基于各个国家的地理位置、经济发展水平及垃圾处理方式三项主要因素，Jambeck 等[14] 粗略估算出全球大部分国家产生的塑料垃圾中不规范处理塑料垃圾（mismanaged plastic waste，MPW）的比例，其中最高值为 89%（孟加拉国等），最低值为 2%（如美国、韩国、法国等）。前期研究已证实基于 MPW 的模型估算河流塑料入海通量的不准确[33]，并且 Weiss 等也进一步证实了 MPW 对河流实际入海通量的高估[38]。后来我们通过建立基于人类发展指数（human development index，HDI）的模型，对模型进行校准和验证，并进行 10 万次蒙特卡罗模拟不确定性分析，最终预测出全球 1518 条主要河流的塑料入海通量约为 5.7 万～26.5 万 t，中值为 13.4 万 t[13]。在 Schmidt 模型中，长江的塑料入海通量占据全球河流输出总量的一半以上[39]，Lebreton 模型预测的长江塑料入海通量占全球总量的 1/4[17]。相比之下，HDI 模型预测长江塑料入海通量占全球的 12.7%[13]；

因此，Schmidt 模型和 Lebreton 模型都远远高估了长江对全球河流塑料入海通量的贡献值。

近期，我们根据前期研究结果，进一步明确了全球各个国家对河流塑料入海通量的贡献[40]。根据最新的各国塑料垃圾产生量、HDI、河流入海比值、人口密度等参数，我们计算出全球各国塑料垃圾的河流年入海通量总量约为 15 万～53 万 t，排名前五的国家分别是印度、中国、印度尼西亚、菲律宾和美国。从各国人均塑料垃圾的河流年入海通量来看，排放总量前五的印度、中国、印度尼西亚、菲律宾和美国的人均排放分别为第 23 名、第 79 名、第 13 名、第 2 名和第 32 名，人均排放或许更具有说服力。

Evans 和 Ruf 利用远程遥感技术和航天雷达监测水体表面的粗糙度来对河口及海洋微塑料进行示踪，并由此预测水体表面微塑料的浓度[41]。由于不同通量模型所获得的塑料入海通量差异较大，Zhang 等采用自上而下的方法，使用观测到的海洋表面塑料浓度数据集和海洋运输模型集合来降低全球塑料排放的不确定性，目前塑料排放的最佳估计值约为 70 万 t/a（95%置信区间为 13 万～380 万 t/a）[42]。未来需要更准确的排放清单、更多海水和其他区域微塑料丰度的数据及更准确的模型参数，以进一步降低估算的不确定性。

4.3 海洋中的“第八大陆”

4.3.1 什么是“第八大陆”，它是如何被发现的？

塑料和微塑料们散布在地球的每个角落，它们或随风飘荡或随波逐流，最终汇入海洋。一旦进入海洋，是否从此杳无音讯？

最早的踪迹发现在 1997 年。是年，美国阿尔加利特海洋研究中心（Algalita Marine Research Foundation）的查尔斯·穆尔（Charles Moore）船长驾驶帆船由夏威夷返回洛杉矶的时候，意外陷入一个“垃圾带”——“我目光所及之处全都是塑料”。这就是著名的、位于美国加利福尼亚州和夏威夷之间的“大太平洋垃圾带”（Great Pacific Garbage Patch），又被称为“第八大陆”[43]。它实质上是绵延百里的垃圾带或漂浮在海上的垃圾岛（图 4.5），其覆盖面积超过 160 万 km^2，竟然是 3 个法国本土面积之和，令人触目惊心！由于人迹罕至，鱼群稀少，这里又被称作“海洋中的沙漠”。更可怕的是，其每年堆积速度竟然高出科学家们之前估计的近 16 倍[44]。

图 4.5　“第八大陆”示意图

4.3.2　“第八大陆”怎么形成的？

科学家调查推测“第八大陆”至少含有 1.8 万亿块塑料碎片，总质量达 79 000 t[44]。这些塑料碎片大多来源于人们日常生产、生活的各个方面，包括绳索、牡蛎间隔管、鳝鱼笼、板条箱和篮子等渔具，还有很多是货船在航行过程中产生的垃圾，并非如今新闻里总会提到的塑料瓶或包装（图 4.6）。而进一步调查发现，微塑料竟然占到了绝大多数——虽然预计只占总质量的 8%，却占总数量的 94%。

这么多不起眼的塑料“微粒”到底如何堆积形成“第八大陆”？这要从“海流作用”开始说起（图 4.7）：“第八大陆”位于赤道的无风地带，集中在日本暖流和加利福尼亚寒流附近；受北太平洋环流（一个环形的海水高速公路）影响，海上漂浮的各种垃圾在此处不断地漂流汇聚，在海流作用下形成一个可让塑料垃圾不断飞旋的塑料“漩涡”，再通过向心力将它们逐渐带到涡流中心，形成垃圾岛[45]；而对于那些大量的、散落在海面上的塑料“微粒”而言，旋转的洋流将它们聚集在一起，然后吐出更大的碎片，漂浮在海洋上。经年累月，最终形成了这块不同于七个大陆的、海洋上漂浮着的“第八大陆”。

4.3.3　“第八大陆”正威胁着动物和人类的健康

“第八大陆”的存在给很多生物尤其是一些鸟类提供了落脚的地方，然而，令人悲哀的是，这些鸟类不仅仅自己误把“微塑料”或微小塑料块当成了食物，还

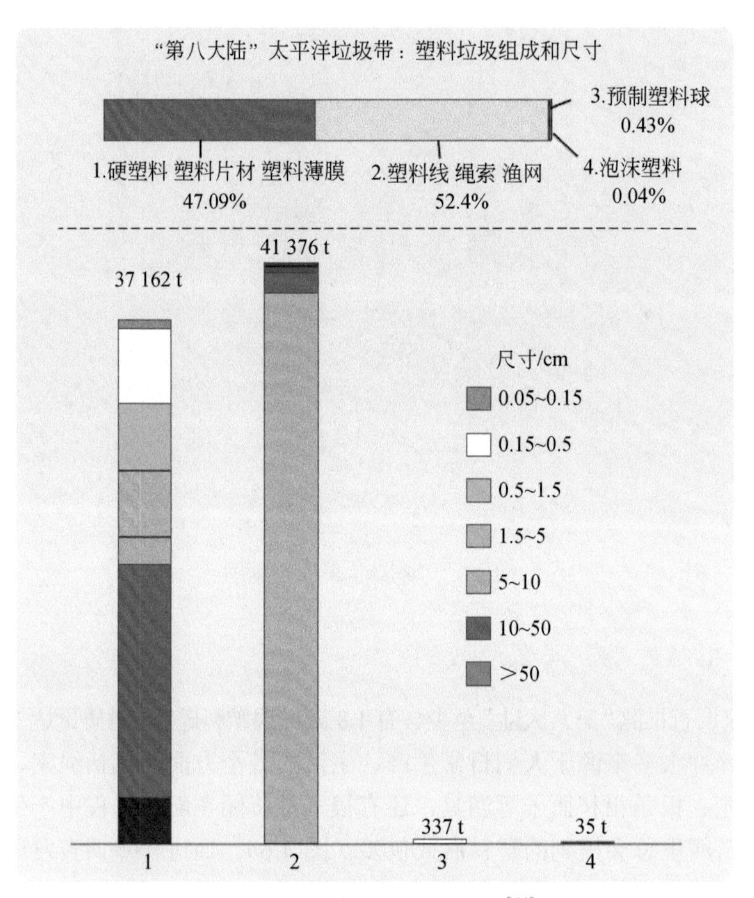

图 4.6 塑料垃圾组成和尺寸[44]

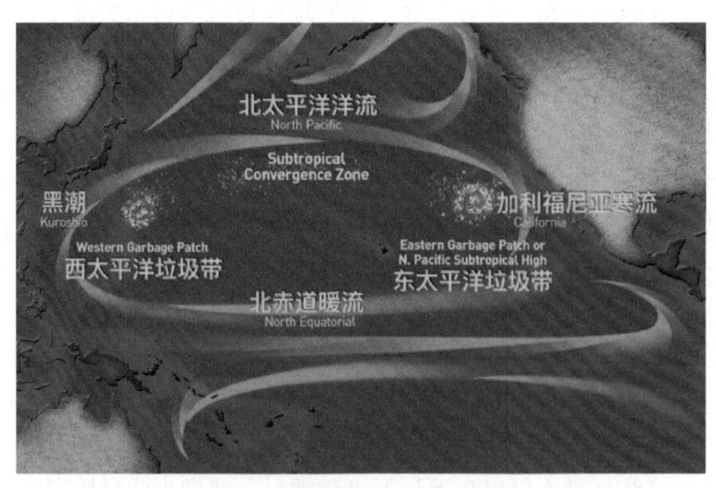

图 4.7 地理位置与“海流作用”

把这些塑料块喂给小鸟；而吞下这些塑料后，往往导致鸟类食道或器官被划破，造成它们窒息或者肠道堵塞，最后因饥饿、脱水而死[46]，正如美国著名环保摄影师 Chris Jorda 拍摄的那样：一只死去的信天翁，肚子里充斥着大量令它们致死的塑料垃圾。更为严重的是，随着人类污染的不断加剧，类似“第八大陆”这样的塑料汇聚之地不断增加，不断扩张，“塑料”事实上已经进入了自然界的食物链，并蔓延上了人类的餐桌。人们制造了它们，但它们最终却威胁人类的健康。这绝非危言耸听！因此，塑料的管控，迫在眉睫。

4.4　深海微塑料

多年来，科学家们一直试图根据每年流入海洋中的塑料垃圾数量，计算全球海洋中的塑料垃圾总量。据估算，全球海水中约有 5.25 万亿个塑料颗粒（质量约 2.69 亿 t）漂浮于海水中，其中 92%以微塑料的形态存在。然而，海水中实际观测到的微塑料含量只有预测含量的 1%，远小于预测值[47]。那么，其余 99%的微塑料都去了哪里？

深海是微塑料的主要汇集区。密度小于海水的微塑料可以漂浮或悬浮在海水中，密度大于海水的微塑料会在重力作用下沉降至海底。无论微塑料密度大于或小于海水，其刚进入海水时一般都是漂浮在海面上的，所以科学界对海洋微塑料污染的关注都集中在近海和浅海。然而，由于微塑料表面生物附着及结构作用等，漂浮于海面的微塑料在数周至数月的时间内会因质量加大而逐渐下沉，这也解释了深海中为何出现大量的塑料碎片。故而由于洋流运动、重力作用等因素影响，深海海底将是大部分微塑料的最终归宿[48]。澳大利亚联邦科学与工业研究组织的一项研究指出，全球海底的微塑料总量约为 1400 万 t，超过海水中微塑料总量的 35 倍[49]，这些研究成果也进一步支持了海洋沉积物是微塑料主要的“汇”的观点。

2020 年，《科学》杂志报道了海洋微塑料在深海的扩散和集中的过程[50]。海水表层的微塑料会缓慢下降，并被偶尔出现的浑浊洋流——强大的水下雪崩——迅速输送到海底峡谷深处。微塑料一旦进入深海，靠近海洋底部的缓慢流动的洋流会推动微塑料的流动，这些洋流可以优先将纤维和碎片聚集在沉积物中，进而在深海的沉积物中形成微塑料热点区域。这些微塑料并不是均匀分布在海洋区域，相反，它们随着强大的海底洋流分布，集中在某些特定的地区。据调查，第勒尼安海（地中海的一部分）微塑料主要集中在海洋 600～900 m 的深处，这个地方的洋流与海底的相互作用最大。研究人员发现海底洋流产生的微塑料热点地带的微塑料含量高得可怕，最多可达 190 万个/m^2，达到有史以来全球海底环境中报告的最高水平。因此，海底洋流是用于运输微塑料的有效途径，相对于大陆坡的其余部分而言，丘陵状的海底山脉通常是沉积物堆积较严重的地方。

2013 年，首次在大西洋深海沉积物中检测出微塑料[51]，促进了海洋微塑料研究向深海环境的转移。近年来，地中海、太平洋、大西洋和北冰洋，甚至包括全球最深的马里亚纳海沟，都检测出微塑料碎屑，深海微塑料研究取得显著成果。在大西洋东北部的罗卡尔海槽深海（水深 2227 m）水体中检测到微塑料的浓度为 70.8 个/m^3 [52]。在世界海洋的最深处——马里亚纳海沟中我国科学家也发现了微塑料的存在。在 10 898 m 的深度，人类未曾发现有任何人类肉眼能够看见的生物存在，然而，神奇的是，在这个深度，人类却发现了微塑料。在 2673～10 908 m 深的底层海水中，微塑料丰度高达 2060～13 510 个/m^3 [53]，甚至超过了北太平洋环流区的微塑料丰度，比开放大洋表层及次表层水中微塑料的丰度高出数倍。其中马里亚纳海沟“挑战者深渊”10 903 m 处的微塑料丰度是温哥华附近海域的 4 倍[54]。

随后又研究发现，马里亚纳海沟沉积物中微塑料的丰度为 71.1 个/kg[10]。北冰洋 Hausgarten 观测站附近沉积物中检测出的微塑料数量丰度为 42～6595 个/kg，是当前深海沉积物中检测出的最高微塑料数量丰度。深海环境中沉积的微塑料颗粒不断埋藏，很可能聚集了大量的海洋微塑料。有研究表明，在过去 20 年中，沉积在海底的微塑料总量增加了 2 倍[49]。深层海水和深海表层沉积物作为海洋微塑料潜在的聚集“汇”，对评估海洋微塑料真实储量和研究海洋微塑料源汇搬运过程具有重要意义。

到目前为止，最深的海床一直被认为是一个相对不受影响且稳定的环境，其中微塑料沉积并停留在一个地方。然而，研究人员发现，相距几米的样本具有不同的成分。这表明深海最深处实际上是一个动态的环境。洋流、漩涡和有机体使沉积物保持移动，微塑料也随之迁移。

目前发现，几乎所有的海底样品都含有微塑料，其中大部分是纤维。这些海底微塑料主要由衣物等纺织品的纤维组成。这些污染物如果得不到有效的处理，很容易通过载有工业和生活废水的河流输送到海洋，在深海运输并沉积。深海沉积物中塑料污染不能被紫外线光解，只能依靠生物的降解，因此，微塑料在海底存留的时间相对更长。

深海微塑料的粒径普遍较小。在南冰洋深海沉积物中的微塑料有 65%粒径小于 1 mm[51]，西北太平洋千岛-堪察加海沟深海（水深 5766 m）的海沟斜坡沉积物中微塑料粒径均小于 1 mm[55]。大多数深海生物直接或间接地以海洋有机碎屑为食[56]，容易摄入粒径接近“海洋雪”的微塑料。2017 年，我国载人潜水器“蛟龙”号从大洋深处带回了海洋生物，令人意想不到的是，在 4500 m 水深中生活的海洋生物体内，竟检出了微塑料。在大西洋、印度洋海域包括刺胞动物、棘皮动物和节肢动物等在内的深海底栖无脊椎动物体内都分离出微塑料。一项新的研究表明，一些小型滤食海洋动物对微塑料在整个水体中的扩散起着重要作用。这些动物，包括红蟹和被称为巨型幼形动物的蝌蚪状生物体，将塑料颗粒引入海洋食物网，使其从浅层海水下落到深海海底。

第5章

生活用水中的微塑料

由于大量塑料制品的使用，微塑料广泛存在于城镇生活用水各个环节中，如自来水厂、饮用水、市政给排水管网、污水等。生活用水一般取自地表水和地下水水源地，经自来水厂处理后由市政给水管网配送至城镇居民户中。在居民使用过程中，会产生大量微塑料并进入生活污水中，而后经排水管网进入污水处理厂统一处理。微塑料在污水处理过程中绝大部分会转移到污泥中，小部分随水流进入地表水中[1]（图5.1）。本章重点对饮用水、洗衣废水、市政管网的微塑料赋存特征及迁移转化规律进行介绍，以便读者对生活用水中微塑料有较为全面的认识。

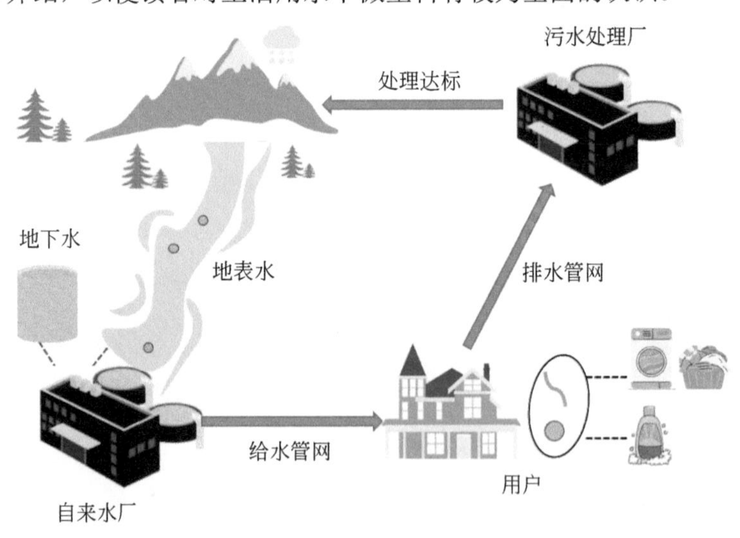

图5.1　生活用水中微塑料的迁移[2]

5.1 饮用水中的微塑料

5.1.1 饮用水中的微塑料特征

1. 饮用水中微塑料的赋存特征

饮用水水源中常含有丰富的微塑料，它们的主要来源包括居民生活中化妆品、衣物及包装材料的磨损[1]；工业生产中树脂等原材料的消耗[3]；农业生产中塑料地膜的风化[4]；垃圾填埋场塑料颗粒下渗进入地下水；等等。但是，不同饮用水水源的微塑料含量存在很大差异，这主要是由于不同的居民生产生活方式和地理位置。在黄河下游水体中检测到微塑料丰度最高，平均丰度高达 497 000 个/m^3[5]，而青藏高原地区地表水微塑料平均丰度 270 个/m^3[6-7]，香港地区珠江口水体中微塑料平均丰度仅有 0.017 个/m^3[8]。

经自来水工艺处理后，饮用水原水中的微塑料将得到极大的去除。研究人员对 14 个国家 156 份自来水（tap water）和 3 份瓶装水（bottle water）样的微塑料含量进行分析，发现 81%的水样中检测出微塑料，水样中微塑料丰度为 0～62 个/L，平均丰度 5.45 个/L，其中 98.3%为微塑料纤维[9]。同时研究发现采用地表水作为原水时，三个自来水厂出水中微塑料丰度分别为 369～485 个/L（平均为 338 个/L）、243～466 个/L（平均为 443 个/L）及 562～684 个/L（平均为 628 个/L）[10]，而采用地下水作为原水时，自来水厂出水中微塑料丰度仅为 0～7 个/L（平均为 0.7 个/L）[11]，这表明不同原水产生的自来水中微塑料含量也不尽相同。

2. 饮用水中微塑料的健康风险

饮用水与人类健康具有紧密的相关性，饮用水中微塑料含量是人类健康暴露风险评估的重要方面。根据已有文献报道，瓶装水、自来水厂出水、自来水中微塑料的最大平均含量分别为 6292 个/L、628 个/L 和 6.24 个/L[2]。一般来说，成年男性和女性每天大概需要饮用 2.3 L 和 2.2 L 水，因此，最坏的情况下，成年男性和女性每天通过不同渠道的饮用水大概会摄入约 14 472 个、1444 个、14.3 个和 13 842 个、1382 个、13.7 个微塑料。这些微塑料一旦进入人体内，可能诱导生理毒性效应，如氧化应激、器官损伤、慢性炎症等[12]。研究发现直径小于 130 μm 的微塑料颗粒有可能转移到人体组织中，触发局部免疫反应，并且在人体内不断释放微塑料单体及塑料添加剂。同时，微塑料比表面积大，吸附能力强，在环境迁移过程中会吸附大量重金属元素和持久性有机污染物，有在人体中释放的风险，可能产生不同程度的生理危害[13]。

5.1.2　自来水厂对微塑料的去除作用

自来水厂可净化水质，从而生产出满足饮用标准的自来水。自来水厂的常规处理工艺包括混凝、沉淀、过滤、澄清和消毒等，此外为了进一步提高饮用水水质，也常采用臭氧-活性炭技术、膜分离技术等深度处理工艺（图 5.2）。尽管目前还没有规定关于饮用水中微塑料含量的限值，也没有直接用于去除饮用水中微塑料的处理工艺，但现有自来水处理工艺在去除原水中微塑料方面起着非常重要的作用。

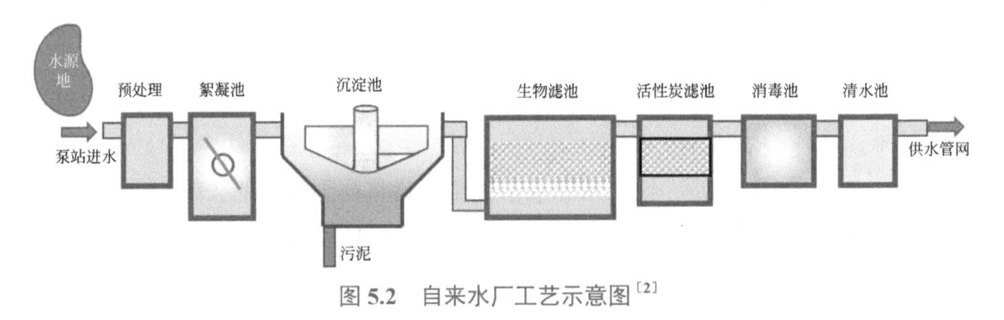

图 5.2　自来水厂工艺示意图[2]

1. 混凝-沉淀

混凝-沉淀是通过加入一定量的混凝剂，使水中悬浮物形成絮状物质，然后通过重力沉降到池底，从而达到去除水中悬浮颗粒的工艺。通常用于饮用水处理的混凝剂应满足对人体健康没有危害的基本要求，常用混凝剂包括：硫酸铝、三氯化铁、硫酸亚铁、硫酸铝钾（明矾）和聚丙烯酰胺（PAM）等。研究表明混凝工艺可通过吸附电荷中和、吸附架桥和网捕絮凝等方式去除微塑料。

如图 5.3 所示，微塑料颗粒表面带有负电荷，由于静电斥力作用，其在水中相对稳定。当水中加入明矾等混凝剂时，颗粒表面电荷会被中和，静电斥力降低后，微塑料颗粒将失稳聚集形成大型絮凝体，从而得到沉降去除[14]。当使用大分子量混凝剂，如聚丙烯酰胺（PAM）时，在静电斥力、化学键和分子间作用力等的共同作用下，聚合物与微塑料颗粒会相互连接，聚合物链逐渐变长，还可以形成网状结构，使微塑料颗粒更容易被吸附和聚集[15]。此外，在混凝剂足够的情况下，会产生蓬松的絮体使微塑料颗粒被网捕，从而通过重力沉降作用从水中去除微塑料[16]。

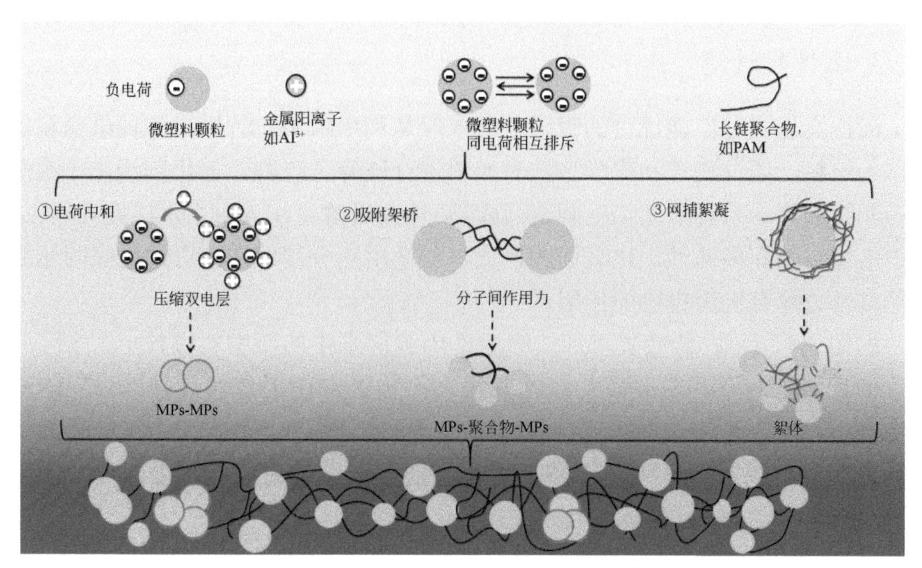

图 5.3　微塑料颗粒混凝原理示意图[17]

研究表明混凝-沉淀工艺对原水中微塑料颗粒的去除率为 17%～71%[17]，同时微塑料特性对混凝沉淀的去除效率具有重要影响。与颗粒状微塑料相比，纤维状微塑料更容易吸附在絮凝体表面，从而具有更高的去除效果[18]。同时，聚乙烯（PE）和聚丙烯（PP）由于密度较小，去除率较低。但是目前关于微塑料粒径对混凝沉淀去除效果的影响尚无定论，大多数研究表明粒径越大，微塑料颗粒越容易附着在絮凝体上，混凝去除效果越好；但是也有研究表明大粒径微塑料颗粒在混凝过程中会分解成小粒径颗粒，导致小粒径微塑料颗粒增多，去除效果并不显著[19]，同时，小粒径微塑料颗粒由于其在水中的无规则运动更强烈，絮凝效果会更好[20]。

2. 过滤

过滤是利用滤料截留水中的悬浮颗粒，进而达到去除水中悬浮物的目的。当水流在推动力或其他作用力下通过过滤层时，微塑料颗粒会被滤料层截留。研究表明快速重力过滤器可以拦截悬浮物质和胶体颗粒，当颗粒与介质直径比大于 0.15 时，颗粒通过过滤器内的空隙会发生物理应变。例如，在砂滤过滤器中，当砂滤介质直径为 1 mm 时，经过过滤器的颗粒物中粒径大于 0.15 mm 的部分会被滤出[21]。自来水厂通过砂滤池时，砂滤层对于粒径大于 1 μm 的微塑料颗粒去除效率在 29.0%～44.0%之间，而对粒径大于 10 μm 的微塑料颗粒可 100%去除。但是，部分微塑料颗粒有可能留存在砂滤层内部或表面[18]。

3. 活性炭过滤

活性炭是一种性能优良的吸附剂，一般是利用木炭、竹炭、各种果壳和优质煤作为原料，通过物理和化学方法对原料进行破碎、过筛、催化剂活化、漂洗、烘干和筛选等一系列工艺加工制造而成。活性炭过滤可作为自来水深度处理工艺，由于活性炭表面多孔性，比表面积巨大，与杂质充分接触后，可通过吸附达到脱色除臭及去除有机污染物的作用。

如图 5.4 所示，活性炭可通过吸附作用截留水中的微塑料颗粒。在实际应用中，活性炭过滤常与臭氧氧化技术联用，在传统常规工艺（混凝-沉淀-砂滤）的基础上，可将微塑料的去除率提高 17.2%～22.2%，去除 1～5 μm 粒径的微塑料具有明显效果，与纤维状微塑料相比，活性炭过滤对颗粒状微塑料去除效果更好[18]。

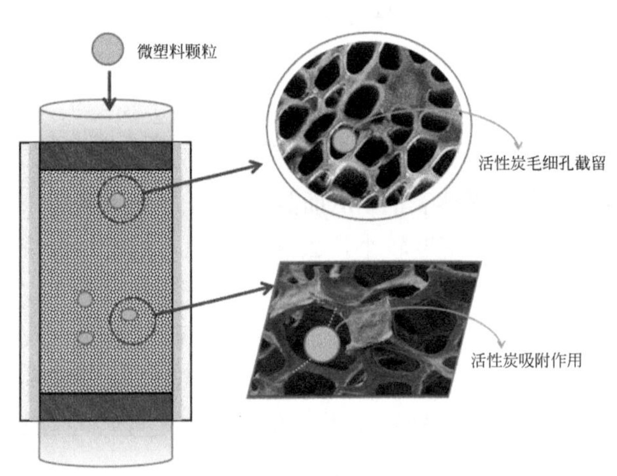

图 5.4　活性炭过滤原理示意图[22]

4. 膜分离

膜分离也是另一种饮用水深度处理工艺，具有出水水质稳定、运行管理方便等优点[23]。根据膜孔径的不同，膜分离技术可分为微滤、超滤、纳滤、反渗透等。膜分离技术具有很强的选择性和分离作用，可有效去除饮用水中细菌、悬浮物质、有机污染物、多价离子和消毒副产物等污染物[24]，从而进一步提高饮用水水质。如图 5.5 所示，膜分离技术可通过物理截留作用去除饮用水中的微塑料。研究表明经超滤和反渗透处理后水中微塑料丰度可分别降至 0.28 个/L 和 0.21 个/L，明显低于常规二级处理后水中微塑料浓度（2.2 个/L），膜分离技术被认为是最有效的去除饮用水中微塑料的方法。

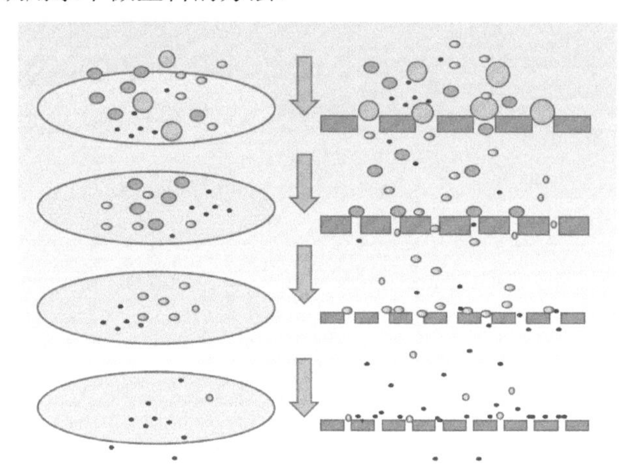

图 5.5　膜分离技术机理示意图[2]

5.1.3　微塑料对自来水处理过程的影响

微塑料在自来水处理过程中，由于机械磨损、化学氧化、微生物作用等过程，会导致其粒径大小或表面形貌特征发生变化，也会反过来影响自来水厂处理效果。

在混凝过程中，由于微塑料表面带有电荷，可能会间接增加混凝剂的用量，同时在沉淀过程中污泥产量也会增加。在膜分离技术中，微塑料的存在会导致膜污染。膜污染是颗粒在过滤过程中与膜发生物理、化学反应，吸附沉积在膜的表面或内部，使膜孔尺寸越来越小，最终导致膜孔堵塞的现象[25]。由于微塑料颗粒比表面积大，微生物容易吸附在其表面，并生长繁殖形成生物膜，这可能加剧膜分离过程中的生物污染[26]，进而影响膜分离工艺的净水效果。

消毒一般是自来水处理过程中的最后一个步骤，主要目的是杀灭自来水中的病原微生物，防止疾病传播并保证饮用安全。常见的消毒方法有紫外线消毒、臭氧氧化消毒和氯化消毒等。紫外线消毒主要通过辐射破坏 DNA 和病原微生物的结构，从而达到杀死微生物的目的，但是微塑料可以保护微生物免受紫外线辐射的照射破坏[27]（图 5.6）。臭氧和氯主要是通过氧化反应攻击细胞膜来杀死微生物[28]。由于细菌等微生物易在微塑料表面附着，并形成生物膜，生物膜的存在可能会降低消毒效果，同时微塑料可作为保护微生物的介质，减少微生物与臭氧等消毒剂的接触，进而降低消毒效果[25]（图 5.6）。因此，微塑料可能对饮用水消毒过程产生不利影响。

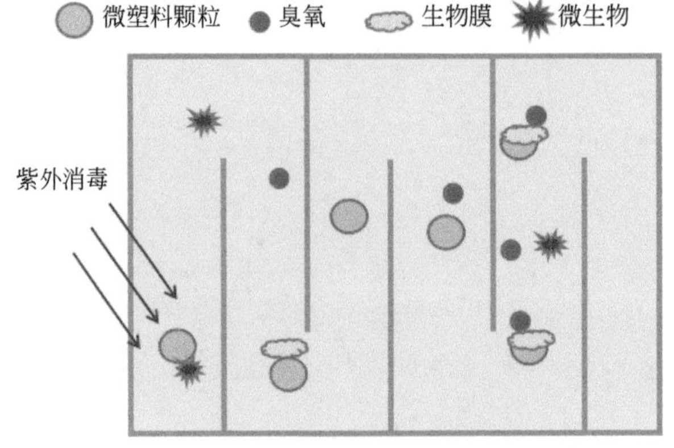

图 5.6　微塑料的存在对水处理工艺的影响[2]

5.2　洗衣机与微塑料

洗衣机已经成为家庭生活中不可或缺的帮手，它的出现大大减轻了人们日常家务的负担，人们只需要操作几个按钮，就可以把衣物洗干净。洗衣机类型包括滚筒式、波轮式和搅拌式等，如图 5.7 所示。洗衣机主要是通过变形、压缩或膨胀[29]，使水和洗涤剂充分扩散到衣物的缝隙，从而达到清除灰尘或污渍的目的。清洗过程中，衣物与衣服之间、衣物与洗涤桶之间的摩擦会对衣物造成不同程度的磨损，从而产生大量的超细微塑料纤维[30]。合成化纤衣物洗涤过程中产生的微塑料纤维被认为是污水中微塑料的主要来源之一[31]。据估计，海洋中 35%的初生微塑料来源于化纤衣物的洗涤[32]。

滚筒式洗衣机

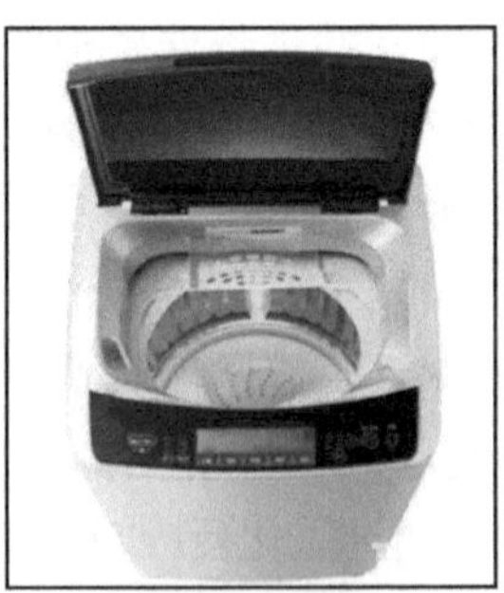

波轮式洗衣机

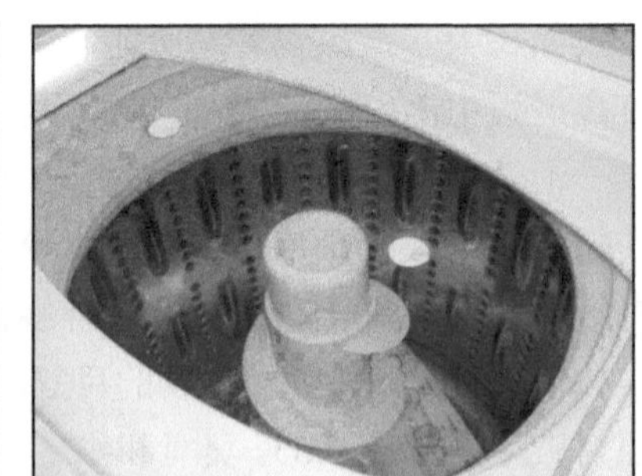

搅拌式洗衣机

图 5.7　三种洗衣机图片

5.2.1　洗衣机中微塑料纤维的产生情况

日常纺织品的材料主要可分为两类，即天然纤维和人造纤维。天然纤维，主要包括棉花、羊毛、蚕丝等，它们在环境中生物降解性较好，进入污水处理管网，并最终排放到环境中后可自然降解。人造纤维，又称合成纤维，主要是由石油产品合成而来。常见的人造纤维包括聚酯纤维（涤纶）、聚酰胺（尼龙）、氨纶和丙烯酸等，还包括一些天然纤维和人造纤维的混合物，比如聚酯棉等。与天然纤维相比，人造纤维具有成本低、韧性高、弹性大等优点，在日常衣物中的占比不断增大，已占到全球纺织品市场的 63%，其中大部分是聚酯（占 50%以上），其次是聚酰胺（约占 5%）[33]。

研究表明家用洗衣机清洗一件衣物过程中可释放出超过 1900 个微塑料纤维，其中聚酯纤维占到 67%，丙烯酸纤维占到 17%[1]。通过模拟家庭日常洗衣条件，6 kg 人造纤维纺织品每次洗涤会产生 14～70 万个纤维，质量相当于 0.43～1.27 g 微塑料[34]。2014 年挪威环境署报告，家庭化纤衣物清洗释放到环境中的微塑料超过 600 t。在芬兰家用洗衣机清洗日常衣物过程中聚酯纤维的排放量保守估计为 150 000 kg/a[35]。在一个常住人口 10 万的城市，每天估计会有 1.02 kg 微塑料纤维进入污水处理厂[36]。事实上，并非所有废水都会进入污水处理厂处理，特别是在发展中国家有相当一部分洗衣废水未经处理直接排放到环境中，从而导致大量微塑料纤维直接进入自然环境中。

5.2.2　洗衣条件对微塑料纤维产生的影响

化纤衣物在洗衣机里不断转动搅拌的过程中，微塑料纤维会从衣物上脱落。在此过程中，微塑料纤维量会受洗涤条件（包括洗衣模式、洗涤温度、洗涤剂使用及洗涤次数等）和衣物纤维类型等因素的影响。

1. 洗衣模式

不同洗衣机类型有不同的工作模式，洗涤过程产生的微塑料纤维量也不尽相同。研究发现，相同功率条件下脉冲器式洗衣机产生的微塑料纤维量高于压板洗衣机[37]。相同洗涤条件下上置式（波轮式）洗衣机产生的微塑料纤维量高于前置式（滚筒）洗衣机（图 5.8），这主要是因为前置式洗衣机衣物随滚筒上下转动，主要是通过衣物与波轮之间的摩擦进行清洁，而上置式洗衣机内主要是衣物之间相互摩擦，类似于手洗效果[30]。与单独洗涤相比，带有烘干、洗涤过程的滚筒洗衣机产生的微塑料纤维量明显增多[37]，在单独洗涤的基础上增加了约 3.5 倍[38]。

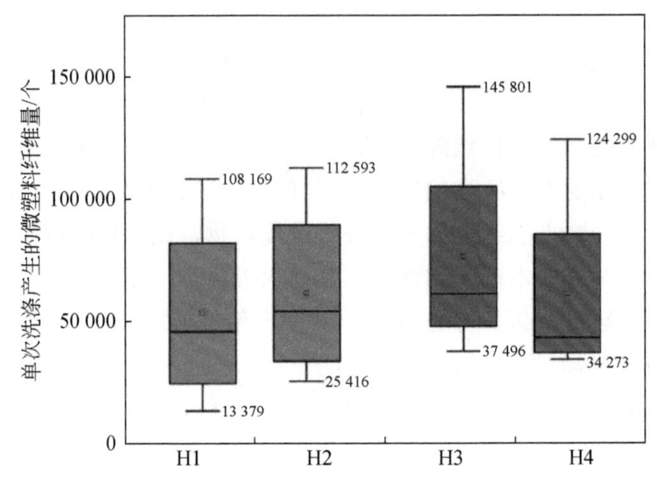

图 5.8 前置式洗衣机和上置式洗衣机纤维量差异[30]

H1 和 H2：前置式洗衣机；H3 和 H4：上置式洗衣机

2. 洗涤温度

有研究发现，洗涤温度的提高会导致微塑料纤维产生量的增加。如表 5.1 所示，聚酯衣物在 60℃条件下比 30℃会产生更多的微塑料纤维[37]，这是因为水温较高的情况下衣物的纱线会发生膨胀，导致纱线之间发生一定程度的松动，从而在清洗过程中更容易从衣物上脱落。同时，不同的织物纤维类型对于水温变化的反应也不尽相同，虽然聚酯衣物在机洗过程中释放的微塑料纤维量少于其他材料（表 5.1），但是有关研究发现，当洗涤温度从 30℃升高到 40℃时，聚酯衣物产生的微塑料纤维量明显多于丙烯酸衣物[34]。

表 5.1 不同洗涤温度下从合成织物中释放的微塑料纤维丰度[37] （单位：个/m²）

面料类型	洗涤温度		
	30℃	40℃	60℃
聚酯面料	788±402	1032±150	13 960±2406
聚酰胺面料	32 736±3896	35 144±5747	35 241±4067
醋酸纤维面料	23 799±4954	32 999±5372	33 936±1023

3. 洗涤剂

目前常见的洗涤剂主要是洗衣液和洗衣粉，常见的洗衣液中主要成分为表面活性剂（主要是非离子表面活性剂）、软化剂（如柠檬酸钠等）、pH 调节剂（如氢氧化钠、氢氧化钾等）等，而洗衣粉一般是碱性的合成洗涤剂，主要成分是阴离子表面活性剂，还包含沸石等无机化合物。此外，还有一些带有特殊作用的洗涤剂，例如，衣物消毒剂、衣物柔顺剂等。目前常见衣物消毒剂的有效成分是对氯间二苯酚、次氯酸钠等，对衣物产生消毒杀菌作用的同时，作为氧化剂也会在一定程度上对衣物纤维产生影响，而衣物柔顺剂一般是为了使衣物纤维表面柔顺，其主要成分是阳离子表面活性剂，可以减少纤维之间的摩擦[39]。

研究发现使用洗衣液和洗衣粉均会促进微塑料纤维的释放。与不使用洗涤剂的情况相比，使用洗涤剂时衣物释放的微塑料纤维量会增加 1.2～6 倍[37]。同时，洗衣粉比洗衣液更有利于超细微塑料纤维脱落，如图 5.9 所示。洗涤剂主要通过化学作用去除衣物上一些顽固污渍，例如，油渍或者汗渍，并且加入洗涤剂后可能会改变水中的碱度，特别是在使用洗衣粉或肥皂的情况下，水中 pH 较大，对聚酯衣物产生的化学损伤更大[40]。此外，由于洗衣粉中常含有一些难溶物质（如沸石），在洗涤过程中，与衣物不断摩擦，也会导致释放的微塑料纤维量提高。

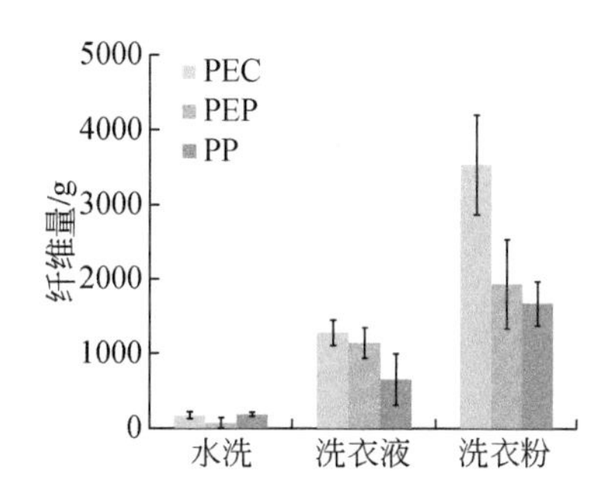

PEC：编织聚酯；PEP 针织聚酯；PP：聚丙烯

图 5.9　洗涤剂及其类型对机洗过程中微塑料纤维量的影响[39]

4. 洗涤次数

洗衣过程中的摩擦作用会不可避免地对衣物产生磨损，同时随着洗涤次数的增加，衣物纤维会不断老化。但是研究发现衣物释放的微塑料纤维量会随着洗涤次数的增加而逐渐减少，并逐渐趋于稳定[34]，如图 5.10 所示。

5. 衣物纤维类型

不同类型的衣物纤维有着不同的物理化学特性，它们的韧性、弹性和抗应变性等性质会影响纤维在清洗摩擦过程中的断裂率，因此不同类型的衣物在机洗过程中产生的微塑料纤维量不同。有研究发现，在同样的洗涤条件下，聚酰胺面料衣物释放的微塑料纤维量最高，醋酸纤维织物次之，聚酯纤维衣物释放的微塑料纤维量最少[37]。衣物微塑料纤维的产生主要是由起球引起的。起球主要是指在穿着或洗涤过程中衣物表面的纤维因为摩擦接触等相互缠绕无法分开，最终形成微塑料纤维球[41]。人造纤维优良的抗变形性使其在衣物生产中发挥巨大作用，但是它们高韧性也会造成严重的起球情况，例如，100%聚酯纤维衣物以起球闻名。但是当聚酯加入到棉织物中形成聚酯棉织物，可以增加衣物的整体韧性，同时在洗涤过程中衣物纤维的整体断裂率会明显降低，起球情况也好于单纯的聚酯纤维，从而在洗涤过程中聚酯棉织物释放的微塑料纤维量明显低于纯聚酯织物[34, 42]（图 5.10）。

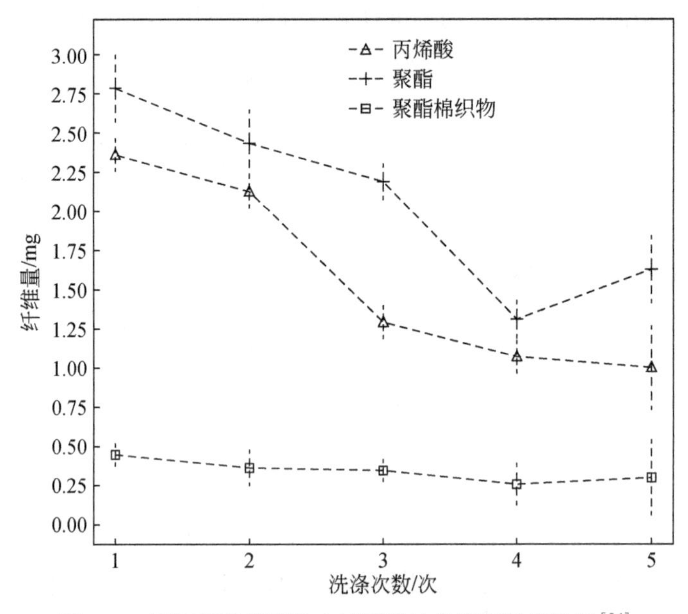

图 5.10　不同纤维类型洗衣过程释放的微塑料纤维量[34]

5.2.3　洗衣过程中微塑料纤维释放量的削减方法

1. 洗衣条件的优化

在洗衣机清洗过程中，化纤衣物之间的摩擦明显加剧，有些纤维会直接断裂，形成微塑料纤维球，尤其是不同类型衣物混合清洗过程，起球情况更加严重。因此，减少家庭洗衣机中衣物微塑料纤维的释放可以从减少衣物起球出发。另外，洗衣机的主要工作原理是洗衣机内壁和衣物之间的摩擦使污渍溶解到水中，那么在保证污渍去除的同时，减少纤维的脱落也是降低微塑料纤维释放量的一种途径。

在日常洗衣中，应注意洗涤温度、衣物分类清洗（图 5.11）。研究发现在洗涤温度较低时，温度对微塑料纤维脱落没有明显影响，当温度较高时，纤维的韧性会受到影响，纤维断裂率上升。家庭机洗过程中经常使用热水加速洗涤剂溶解和污渍溶解，但是高水温多次洗涤会降低衣物本身的舒适性并提高纤维脱落量，因此建议洗涤水温保持在 30℃以下[37]。同时，人们习惯性将各类衣物混合洗涤，这会导致衣物过度磨损，释放出更多的微塑料纤维[30]，因此，将相同类型衣物依次清洗，不仅可减少衣物的磨损，也能减少衣物洗涤中产生的微塑料纤维量。此外，研究发现人造纤维与天然纤维混合的衣物在机洗中产生的微塑料纤维量较少，因此建议家庭衣物中可多购入复合纤维材料制成的衣物，从而减少在洗涤过程中衣物微塑料纤维的磨损释放。

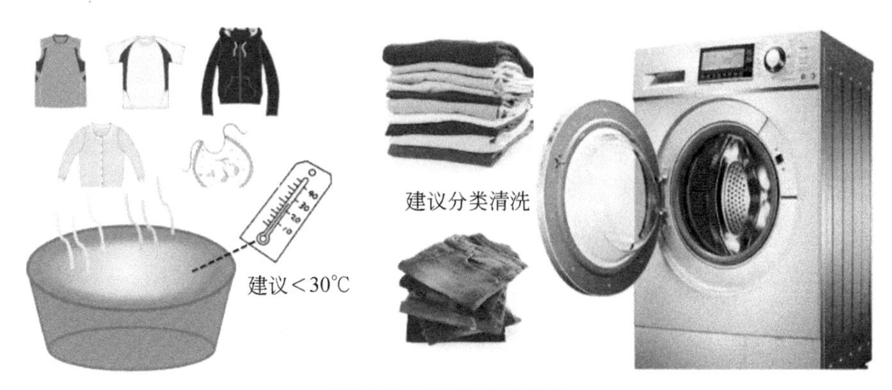

图 5.11　衣物清洗建议

2. 微塑料纤维收集或过滤器

目前，已有一些商业用途的微塑料纤维过滤器，用来截留洗衣机废水中产生的微塑料纤维，减少微塑料纤维进入城市污水管网，比如洗涤袋［图 5.12（b)］。将衣物放入洗涤袋中，洗衣机运行过程中，衣物摩擦释放的部分微塑料纤维会截留在洗涤袋里。有研究发现，洗涤袋并不会影响清洁效率，但有效减少了洗衣废水中微塑料纤维含量[43]。还有另一种纤维捕集球如图 5.12（a）所示。纤维捕集球中间的狭窄缝隙和尖状触手可在洗涤滚筒中不断捕获衣物脱落的微塑料纤维和绒毛。其表面光滑柔软，并不会对衣物造成磨损。此外，一种过滤器与洗涤袋和纤维捕集球相比具有更稳定的微塑料纤维截留效果，即孔径 150 μm 左右的不锈钢网状过滤器，可通过应变作用捕获洗衣废水中的微塑料纤维，去除率可达到 80%以上[33]。

需要注意的是，不论是洗衣机内壁自带的棉绒捕集袋，还是自行购买的洗涤袋、捕集球或是过滤器，都需要经常仔细地清洗，以便去除过滤器中截留的微塑料纤维，从而保证过滤器的正常使用，才能有效减少洗衣废水的微塑料纤维排放到污水管网中。

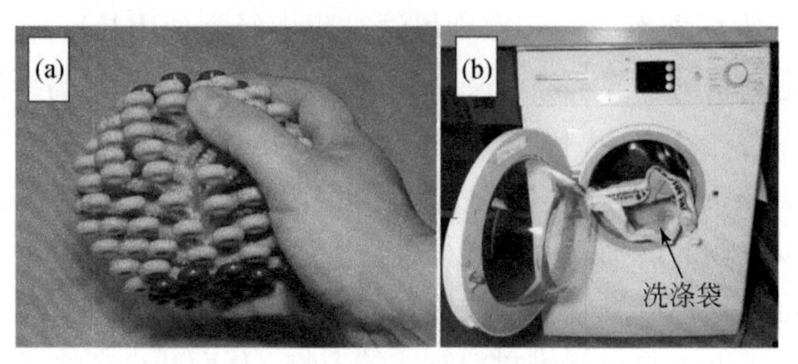

图 5.12 微塑料纤维过滤器[43]
（a）捕集球；（b）洗涤袋

5.3 市政管网中的微塑料

市政管网是现代化城市重要的基础设施，由城市供水管网和排水管网组成（图 5.13），也是城市的水循环系统的关键环节之一。随着微塑料污染问题的逐渐突出，人们将目光聚焦于市政管网中的微塑料。研究表明微塑料广泛存在于这些管网之中，它的来源及影响与我们的生活息息相关。

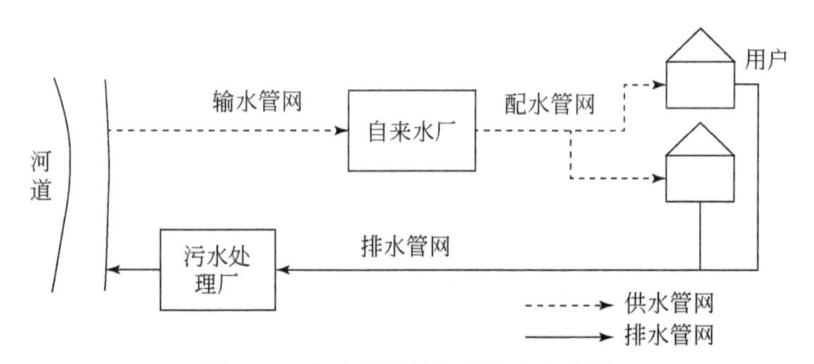

图 5.13 市政管网的组成及分布情况

5.3.1 供水管网中的微塑料

研究人员对长沙市给水系统中微塑料丰度进行了调查，发现水源、自来水厂出厂水及居民水龙头出水中的微塑料平均丰度分别为 2753 个/L、351.9 个/L 和 343.5 个/L；在所有水样中，纤维和碎片占大多数（70%），且大多数聚合物由聚乙烯（PE）、聚丙烯（PP）和聚对苯二甲酸乙二酯（PET）组成[44]，由此可见微塑料存在于给水系统各个环节中。供水管网是给水系统的重要组成部分，包括输水管网、配水管网及一些管网附属设施[45]。由取水泵站汲取水源地的原水，通过输水管网输送至自来水厂，然后经自来水厂处理后通过配水管网输送到各个用户。

1. 输水管网中的微塑料

微塑料广泛存在于各类水源地水体中，且会随着输水管网输送至自来水厂。从取水泵站至自来水厂这一段的输水管道一般采用的管材有钢管、球墨铸铁管、玻璃钢夹砂管、钢筋混凝土管、预应力钢筋混凝土管及预应力钢筒混凝土管等[46]，其中金属管材和混凝土管材不会增加微塑料的丰度，而玻璃钢夹砂管虽是一种纤维强化塑料，但其内壁光滑，在水力作用或机械摩擦作用下也难以产生微塑料颗粒进入水体，所以输水管道一般不存在增加微塑料丰度的现象。但是有一些短距离输水管段会采用明渠流的方式，可能会从外界输入少量的微塑料，而具体的输入量未有详细的报道。但总的来说，水源地的微塑料污染依旧是输水管网中微塑料的主要来源。

2. 配水管网中的微塑料

虽然自来水厂是截留原水中微塑料的有力屏障，但是仍有微塑料会进入后续的配水管网[47]，然后通过二级泵站输送至千家万户。在这个过程中微塑料受到各种因素的影响会发生各种变化。

1）配水管网中余氯的影响

为确保饮用水的生物安全性，自来水厂的出水通常要保留一定浓度的余氯，用来保证配水过程中持续的抑菌能力，也可用来防备供水管网受到外来污染。这一般是向出水中通入较高浓度的氯气或加入次氯酸钠溶液，在接触一段时间后有适量的氯留存于出厂水中。但近年来发现，余氯会与管网中的微塑料发生反应，其强氧化性会破坏微塑料的分子结构，从而导致聚合物强度下降，由此加快微塑料老化[48]，而且在压力流的剪切作用下会更易破碎成纳米塑料。研究人员还证实了微塑料在水中会与氯反应生成消毒副产物，这不仅是余氯与微塑料本身之间发生化学反应产生含氯有机物，而且与微塑料浸出的溶解性物质（不稳定聚合物和塑料添加剂）也会生成副产物[49]。虽然此类副产物在自来水中含量很低，但也要考虑到它们成为毒性较大的消毒副产物前体物的可能性。

2）配水管网管材的影响

相较于供水管网前端的输水管段，配水管网更多地会采用塑料管作为管材。由此有研究者认为这些塑料管材在配水过程中存在释放微塑料的可能。有研究者对挪威的城市自来水配水管网进行了微塑料测定，发现 PE 配水管线中的 PE 微塑料丰度明显增加，他们认为这可能是 PE 管道被机械磨损造成的[50]。我国的研究者也调查发现自来水中检测出来的微塑料与所使用的配水管道（PE 管）有关。由于配水过程中的管道环境较为复杂，不同的管道液体流动条件下获得的剪切应力、温度都有可能使得微塑料的丰度增加[25]。而且前面所讲的余氯在管道中会形成强烈的氧化环境，从而促进塑料管的老化，这也可能成为微塑料释放至自来水中的一条潜在途径。与此同时，太阳暴晒所带来的高温条件也会加速部分塑料配水管和管内微塑料的老化进程，导致微塑料的丰度增加及内部的添加剂更多被释放出来。

3）配水过程中微塑料的迁移转化行为

自来水从水厂出水后输送至千家万户是一个时空跨度较大的过程。由于微塑料的密度较小，有研究者认为在这过程中微塑料会相互聚集，形成体积较大的团聚体，由此在管道中发生沉积[47]。而管网系统内与水长期接触的表面上（管壁）普遍存在着生物膜，它是微生物及其胞外聚合物与水中有机物、无机物相互黏合形成的聚合体系[51]。由此微塑料沉积物可能会附着在这些管壁生物膜上。这主要是因为生物膜的胞外聚合物通常呈现电负性，更易通过静电力作用与携带正电官能团的微塑料及其他污染物相结合[47]；同时携带负电官能团的微塑料也可通过范德瓦耳斯力、酸碱相互作用等与细胞松散地结合[52]，由此可能会形成更为复杂的管垢（图 5.14）。

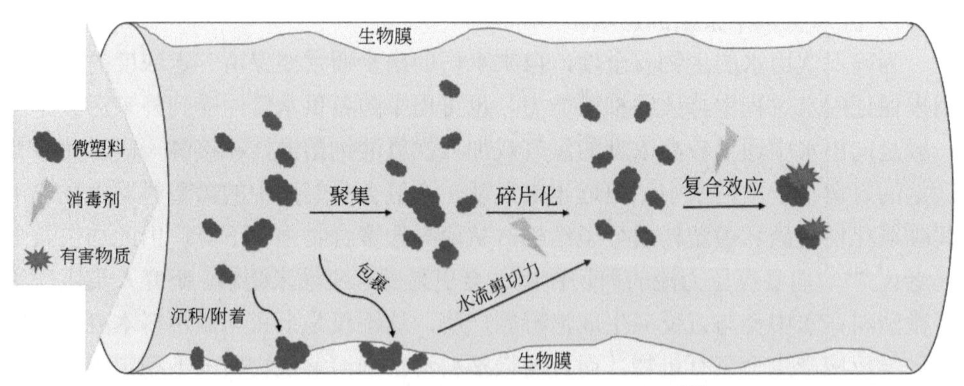

图 5.14　供水管网内微塑料的分布及行为[47]

当然，管道内微塑料沉积物的形成还会受到自来水流速的影响。流速较小的管段内更易形成沉积物，而流速较大的管段不易形成，即使是形成了沉积物，在水流的不断冲刷下也会重新释放分散在水流中。有研究报道微塑料沉积物主要集中在流速突变的管段，比如弯管、阀门等位置[53-54]。除此之外，供水管网中的余氯浓度也会影响微塑料的沉积，因为余氯浓度会抑制管内生物膜的形成[55]，从而降低了微塑料附着的可能性。

由此看来，供水管网中的微塑料从水源地到净水厂，再到千家万户中的龙头水，这过程会经历了一系列的反应与变化。一部分在机械与水力等物理作用下发生了破碎，一部分与管网中的有机污染物、微生物、消毒剂等物质发生了生化反应，这些反应可能释放或产生了影响水质的物质[47]；而这些物质及微塑料本身是否会危害人类的健康还没有明确的结论，还需要未来进一步深入研究。

5.3.2　排水管网中的微塑料

城市排水管网系统承担着收集和输送污水的重要任务，其主要包括排水设备、检查井、管渠及泵站等设施。城市排水系统有分流制和合流制两种排水体制（图 5.15）。分流制是指将生活污水、工业废水和雨水分别在两个或两个以上各自独立的管道内排出的系统[56]。合流制则是指生活污水、工业废水、雨水采用同一排水管网收集，其中合流制排水系统可分为直排式合流制排水和截留式合流制排水[57]（图 5.15）。随着排水系统的不断完善，排水管网广泛收集了各种来源的污废水，因此也汇集了人类活动过程中产生的大量微塑料。

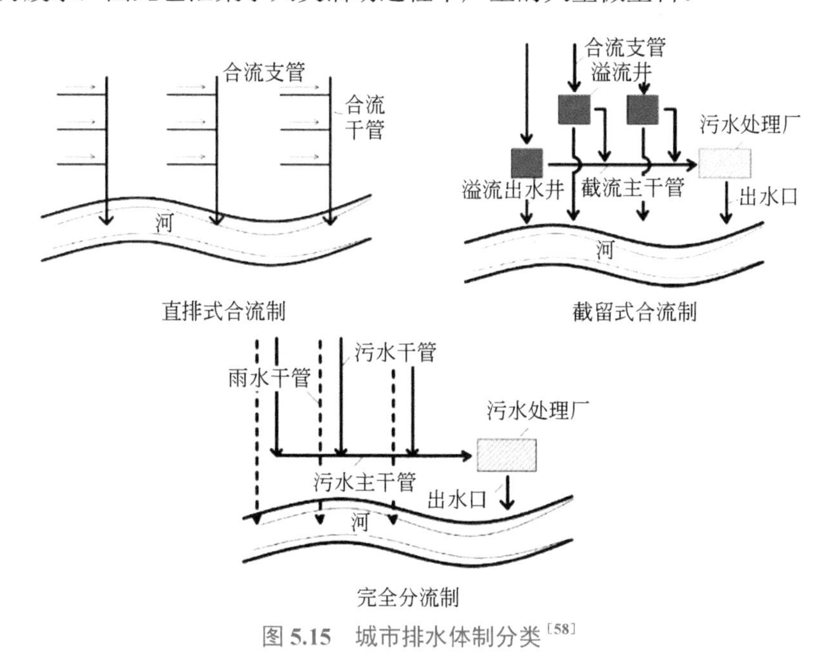

图 5.15　城市排水体制分类[58]

1. 排水管网中微塑料含量

由于塑料的广泛使用，几乎所有排水管网中都存在微塑料。据统计，排水管网中的微塑料含量可达 10～750 个/L [59-60]（图 5.16）。同时，不同区域排水管网中的微塑料含量存在较大差异性 [61]。在居民区内，其排水管网中的微塑料平均含量为 76 个/L，明显高于工业区排水管网中的微塑料平均含量（56 个/L）。人类活动对微塑料的含量具有重要影响，通常在人类活动频繁的区域微塑料含量较高。

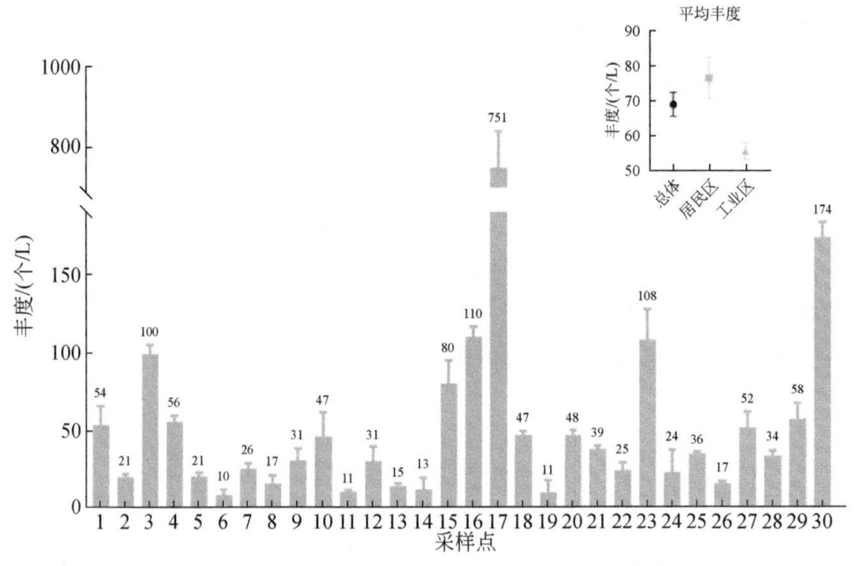

图 5.16　城市排水管网污水中的微塑料含量 [61]

2. 排水管网中微塑料来源

1）生活污水

生活污水中的微塑料主要来源于合成纤维衣物洗涤过程中产生的微塑料纤维和个人护理品中的塑料微珠。我们日常使用的合成纤维（如涤纶、锦纶、腈纶、氯纶等）衣物在清洗过程会脱落产生大量的微塑料纤维（具体见上一节洗衣机与微塑料），这些微塑料纤维会随着建筑排水系统汇集到市政排水管网中。同时，我们使用的个人护理品如磨砂洁面乳、沐浴露、牙膏等也含有大量的塑料微珠。这些塑料微珠直径一般小于 1 mm，通常由聚乙烯制成。据统计，一支磨砂洗面奶中可能就含有超过 30 万颗塑料微珠，可见也是一个巨大的微塑料来源。此外，微塑料作为药物载体在医学领域的应用也非常广泛，药物残留也会随着排泄物进入排水管网中。

2）工业废水

工业废水是指工业生产活动中产生的污水和废液。按照规定，这些工业废水均需达到相应的排放标准后才能排入市政污水管网。因此大部分的制造企业或者工业园区均设有小型的污水处理站，废水在进入市政排水管道前要进行达标处理。对于部分企业，如纺织企业、印染企业、塑料厂等，它们产出的废水中微塑料丰度较高，但它们属于难生物降解的有毒废水，一般规定单独处理，不排入市政管网。因此工业废水中大部分微塑料在进入市政污水管网前均已被截留，对城市污水中微塑料贡献较少[61]。当然，也不能排除部分监管不严的地区存在企业直排、偷排或漏排的现象，这是排水管网中微塑料的灰色源头。

3）降水

除了污水管网，雨水管网也是城市排水管网系统的一部分，而降水的过程则是微塑料迁移至排水管网的途径之一。在日常生活中，我们往往会发现有塑料废弃物散落在路面上、土壤中或一些存在管理漏洞的倾倒点，而且在大气和路面积尘中也存在大量的微塑料[62]。这些都成为了降水过程中微塑料的来源。不同类型的降水会形成不同的地表雨水径流，这些雨水径流会冲刷路面和土壤，将它们表面和浅层中的宏观塑料或微塑料携带至雨水管网；同时大气中许多质量较轻的微塑料也会随着雨水落向地表，一部分进入了自然水体，另一部分通过雨水径流进入了雨水管网。

4）管材

市政排水管网的管材一般分为三类：金属管材、混凝土管材和塑料管材（如 FRPP 管、PE-HD 管、UPVC 管）[63]。与供水管网类似，塑料管材也是排水管网微塑料的重要来源[64]。这主要是因为塑料管材随着时间的推移会发生老化，在水流的冲刷作用会发生磨损，同时污水中含有许多固体物质，夹杂这些固体对于管壁的冲刷作用会更强。这些都会促使塑料管材向污水中释放微塑料颗粒，从而增加排水管网中的微塑料（图 5.17）。

3. 排水管网中微塑料的迁移转化

污水中微塑料在长距离输送过程中会发生沉积现象，但这取决于污水的流速。在排水管网的前端管段，密度较大的微塑料可能会直接沉降在管底，但水流流速较大时会冲刷管道，这些沉降的微塑料会随着水流继续前进；若是流速较小时，沉降的微塑料极有可能留存在管底的混合沉积物中，当然，这些沉积物也可能会截留一些密度较小的微塑料。

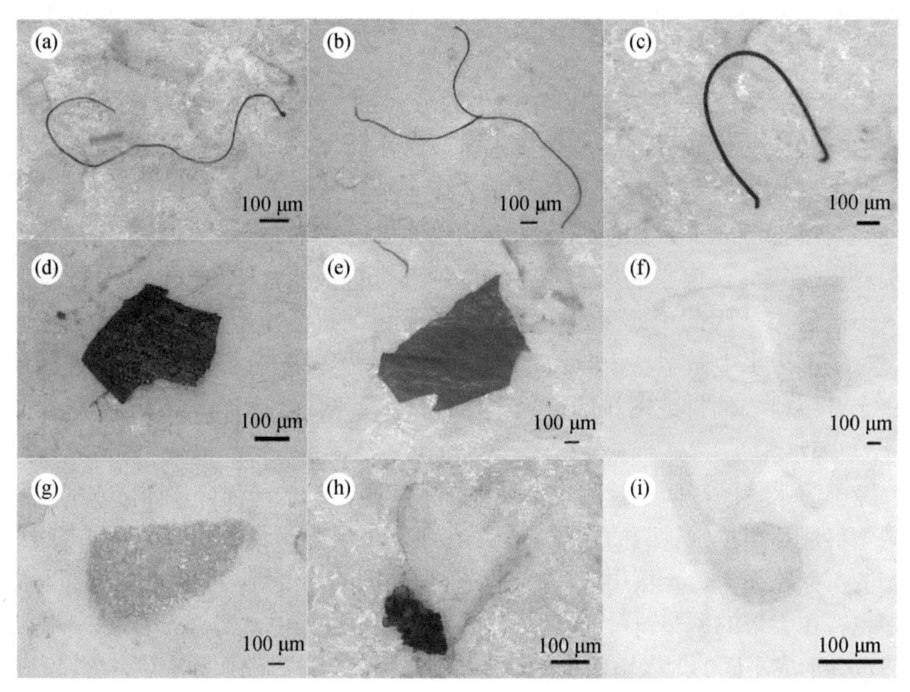

图 5.17　排水管网中的典型微塑料[65]

由于微塑料粒径小、比表面积大，对共存介质中的污染物具有很强的吸附性。在长时间输送污水的过程中，微塑料颗粒会发生吸附行为，甚至还会形成生物膜[66]，并与其他有机或无机污染物结合形成较大的复合污染物；其中质量较大的复合污染物会沉积在管底，质量较小的会随着水流继续迁移。因此随着时间的增加，越来越多的微塑料会沉积在管底，故排水管网沉积物中的微塑料含量通常高于污水。

有研究者对上海市某排水管道中的微塑料进行了检测，发现管道沉积物中的微塑料含量比污水中高出近 400 倍[61]。同时，研究表明居民区排水管网沉积物中的微塑料含量高于工业区，这主要是污水的流速差异造成的[61]。居民区排水管网中的污水主要来源于住户排放，而住户排放的污水流量有限，因此水流的流速较小，其中的微塑料更容易发生沉积。而工业区排水管网中的污水主要来自企业排放，污水的流量大且流速一般较快，因此微塑料不易沉降。沉积于管底的微塑料会逐渐有微生物在其表面生长，而这些附着微生物的微塑料会使排水管道腐蚀，由此造成管道的缺陷与破损。此外，排水管网在雨水期可能会发生溢流，所以在降水量很大的情况下，携带多种污染物或微生物的微塑料可能会迁移至受纳水体中，由此增加了环境生态风险（图 5.18）。

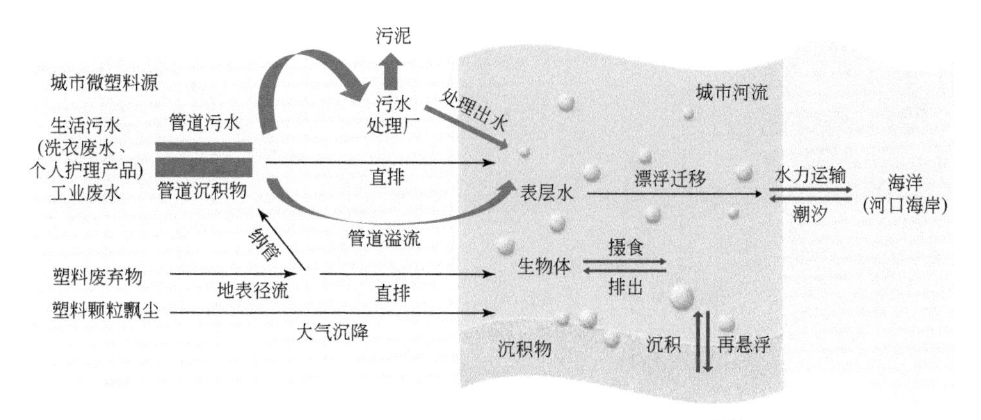

图 5.18　排水管网中微塑料来源、迁移与归趋[61]

市政排水管网系统是汇集人类生活与生产过程中微塑料的主要途径，也是微塑料输入天然水体环境的关键源头。因此，排水管网中微塑料的风险控制具有重要意义，需要市政部门采取相关措施来切实解决管网溢流和直排的问题，不断优化与改进排水体制和养护技术。

5.4　污水处理系统中的微塑料

排水管网中的微塑料除一小部分溢流进入受纳水体，大部分的污水会进入污水处理厂。而污水处理厂被认为是微塑料由人类环境向自然环境转移的重要纽带，也是限制其进入生态系统物质循环的一个关键环节[67]。研究表明，污水处理工艺对微塑料的去除效率可达到 90%以上[59]，但仍有大量的微塑料随着污水处理厂尾水排放进入水体环境中，所以污水处理厂也是天然水体中微塑料的重要来源之一（图 5.19）。

由于各污水处理厂收集污废水的方式不同，所以污水中的微塑料组成和来源存在差异。若采用分流制排水系统，污水处理厂可能只接收生活污水、工业废水及垃圾渗滤液；如果采用合流制排水系统，污水处理厂的进水通常由生活污水、工业废水和雨水组成。直接排入污水中的一般被称为初生塑料，如洗衣废水中的微塑料纤维、个人护理品中的塑料微珠，而经过机械剪切、氧化断键、微生物降解等作用逐渐破裂或磨损产生的微塑料称为次生微塑料[69]。在污水输送和污水处理过程中均可能形成次生微塑料，有研究表明次生微塑料比初生微塑料更常见于污水中[70]。

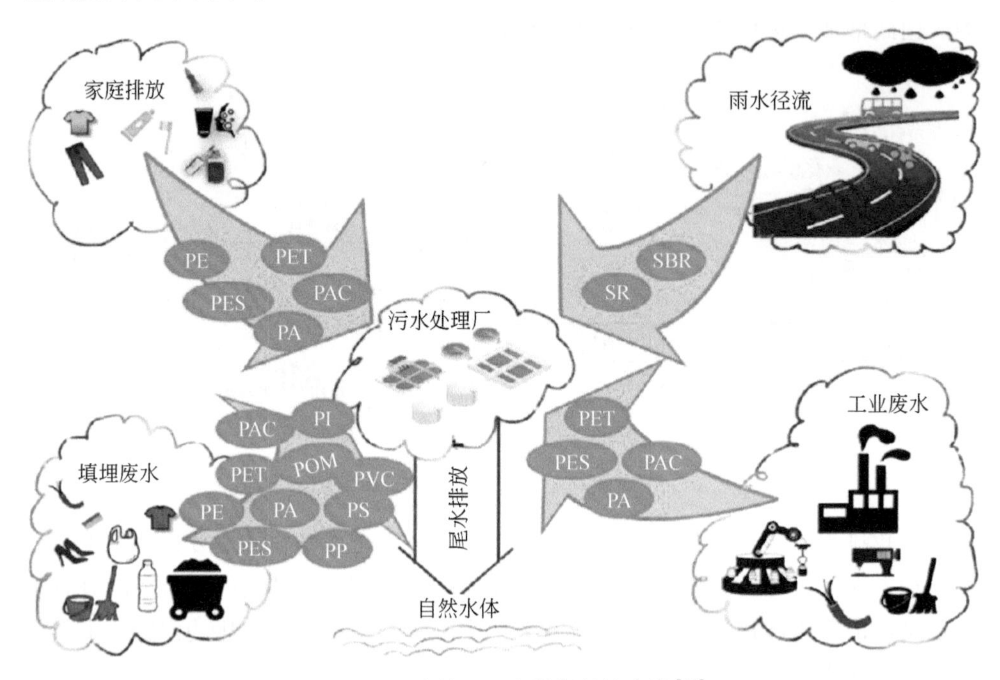

图 5.19　污水处理厂中微塑料的来源[68]

污水处理厂中确定的微塑料形状主要分为 6 种（图 5.20），包括纤维状、颗粒状、薄膜状、泡沫状和碎片状。根据污水处理厂收纳的污水来源，这些形状的微塑料在污水中的占比差异很大，其中纤维状和碎片状是污水处理厂中微塑料的主要形状，它们的平均占比分别为 56.7%和 34.4%[68]。污水处理厂中微塑料的聚合物类型、密度及相对丰度如表 5.2 所示。由于来源、地域、消费习惯等差异，微塑料类型在污水中的相对丰度差异较大。有报道发现 PE 微塑料在芬兰某污水处理厂的占比达到 96.3%，这个结果与欧洲塑料制造商协会微塑料消费数据相一致[71]。有研究人员对上海市两个污水处理厂进行了调查研究，发现占比最大的是 PET 微塑料（50%以上），这与之前一些污水处理厂中微塑料的研究结果一致[72]。PET 广泛应用于衣物和容器（如饮料瓶）的制造，这可能是导致污水处理厂此类微塑料居多的原因。

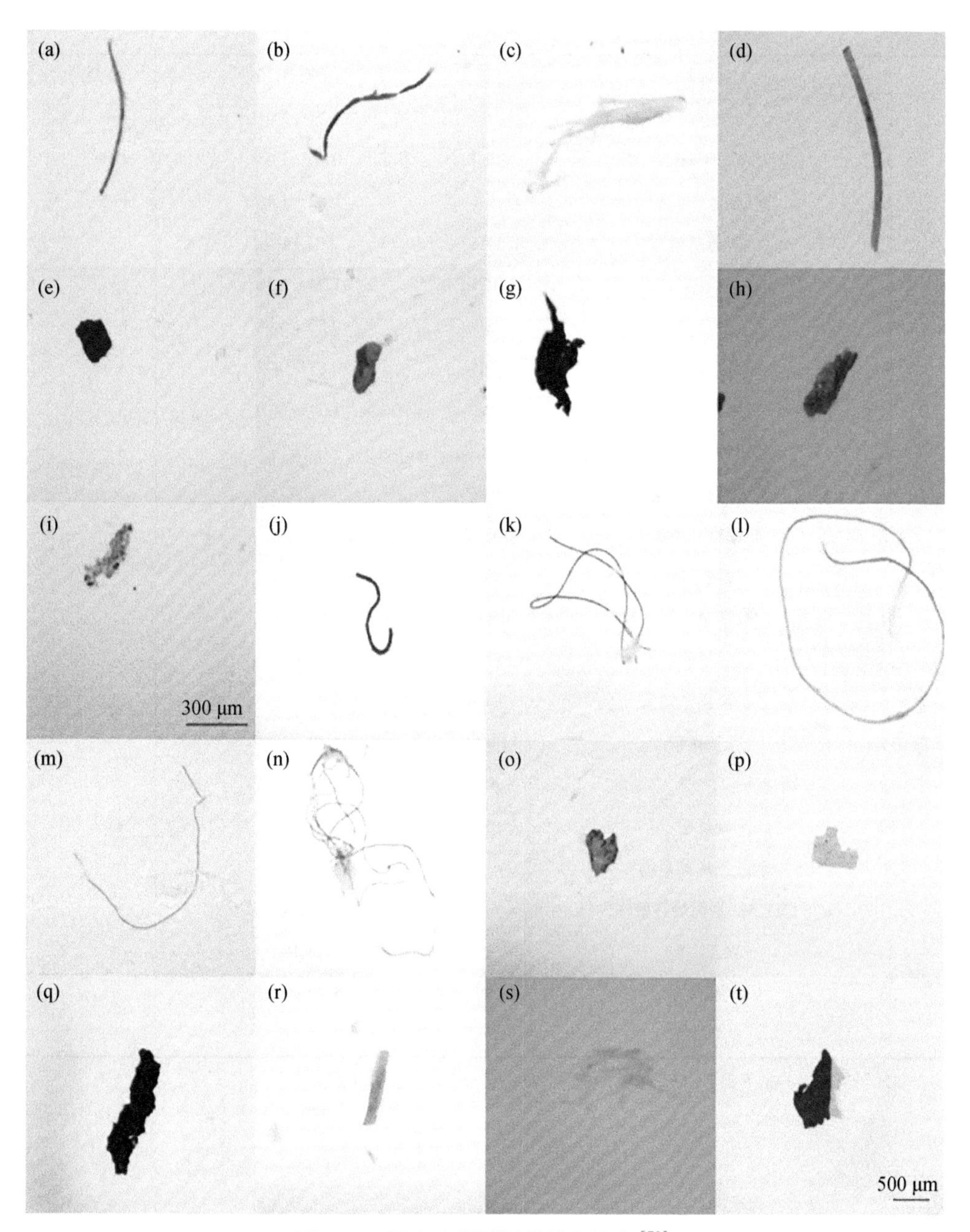

图 5.20　污水中微塑料的常见形态[73]

表 5.2　污水处理厂中常见微塑料聚合物类型、密度及相对丰度[74]

编号	微塑料聚合物类型	缩写	密度	相对丰度
1	丙烯酸	—	1.09～1.20	++
2	醇酸树脂	—	1.24～2.01	++
3	聚对苯二甲酸乙二酯	PET	0.96～1.45	+++
4	聚酰胺（尼龙）	PA	1.02～1.16	+++
5	聚芳基醚	PAE	1.14	+
6	聚酯	PES/PEST	1.24～2.30	+++
7	聚乙烯	PE	0.89～0.98	+++
8	聚丙烯	PP	0.83～0.92	++
9	聚苯乙烯	PS	1.04～1.10	++
10	聚氨酯	PU	1.2	++
11	聚氟乙烯	PVF	1.7	+
12	聚醋酸乙烯酯	PVAC	1.19	+
13	聚氯乙烯	PVC	1.16～1.58	+
14	聚四氟乙烯	PTFE	2.1～2.3	+
15	苯乙烯丙烯腈	SAN	1.08	+
16	乙烯醋酸乙烯酯	EVA	0.92～0.95	+
17	聚乙烯醇	PVAL	1.19～1.31	++
18	丙烯腈-丁二烯-苯乙烯	ABS	1.04～1.06	+
19	聚乳酸	PLA	1.21～1.43	++
20	醋酸乙烯共聚物	—	1.22	+
21	聚乙烯-聚丙烯共聚物	—	0.94	+
22	聚乙二醇	—	1.10	+
23	聚碳酸酯	PC	1.20～1.22	+
24	萜烯树脂	—	0.98	+

注：“+”表示为低丰度，“++”表示为中等丰度，“+++”表示为高丰度。

第6章

微塑料与土壤“千丝万缕”的关系

6.1　土壤中的微塑料从哪里来?

根据微塑料来源可将其分为初生微塑料和次生微塑料。初生微塑料是指在工业生产过程或者人类生活中直接产生的微小塑料颗粒，如洗涤剂、个人洗护用品和化妆品中添加的塑料微珠，这些微珠会随水流排放到污水污泥或土壤环境中。次生微塑料是指大的塑料制品在紫外线或者其他外力条件下破碎分解或者降解而成的塑料颗粒。根据粒径大小，微塑料又可以进一步分为小型微塑料（粒径 $<$ 1 mm）、中型微塑料（粒径在 1～3 mm 之间）和大型微塑料（粒径范围为 3～5 mm）。微塑料作为一种新型的环境污染物，广受社会关注，并且由于其粒径小，质量轻，能够随风或水流迁移、移动，在生态环境中随处可见[1]。欧洲表层土壤[2]及瑞士 90%的河漫滩土壤中都检测到了微塑料[3]，且陆地环境中微塑料的丰度远高于海洋生态系统[3-5]，据估计全球 80%海洋微塑料来源于陆地环境[6]。土壤生态系统不仅是微塑料的一个“汇”，还是微塑料的“源”，微塑料可以通过农用塑料薄膜、生活垃圾、污水污泥、肥料应用和大气沉降等途径进入土壤环境中（图 6.1）。

农用塑料薄膜被认为是土壤环境中微塑料的主要来源之一。在欧洲和北美每年分别有约 42.7 万 t 和 30 万 t 塑料应用在农田中[8-9]。中国作为最大的塑料生产国和使用国，农用塑料薄膜尤其是地膜应用较为广泛，2019 年我国农用塑料薄膜年使用量高达 260 万 t，其中地膜年用量 150 万 t，覆盖面积高达 3 亿亩。农用塑料薄膜的应用在保障粮食安全和农业可持续发展的同时也带来了残膜在农田中大量积累的问题（图 6.2）。我国应用的地膜普遍较薄（厚度约为 10 μm），加之地膜回收机具的缺乏，使得大部分用后的地膜直至作物生长季结束都没有被移出农田；《第二次全国污染源普查公报》报道农田土壤中地膜多年累积残留量达到 118.48 万 t；西北局部地区如新疆棉田土壤中地膜残留量高达 380 kg/hm^2。农田土壤中不断累积的残留农膜，在耕作、紫外照射、水热和生物等外力作用下破碎/裂解成微塑料，长期留存在土壤环境中。我们先前的研究表明生物可降解地膜在农田土壤中填埋 2 年后，仍有肉眼可见的微小塑料颗粒残留在土壤中[10]。胡灿等利用密度分离-立体显微镜研究的新疆连续覆膜 10 年以上的棉田 0～30 cm 土层微塑料丰度平均为（1615.0±52.0）个/kg 干土，40～80 cm 土层平均为（112.0±11.0）个/kg 干土[11]。程万莉等采用密度悬浮分离和加热分析法研究的甘肃和陕北共 9 个区县的长期覆膜农田 0～30 cm 土层微塑料丰度为（0.51±0.1）万个/kg[12]。

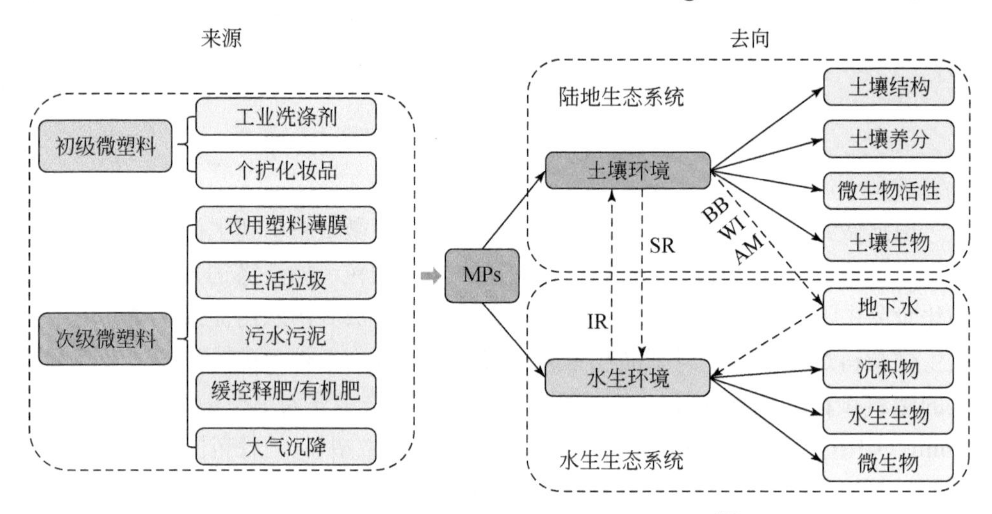

图 6.1　生态环境中微塑料的主要来源及去向[7]

MPs：微塑料；BB：生物扰动作用；WI：水分渗透；AM：农业管理；IR：灌溉；SR：地表径流

图 6.2　新疆棉田中大量地膜残留[7]

生活垃圾是土壤环境中微塑料的另一大来源。城市生活是产生塑料垃圾的一大场景，无论是居民生活还是城市发展都离不开塑料的加持。如深圳市作为一个国际化大都市，人口密集，城市生活垃圾呈现持续增长趋势，生活垃圾中存在大量塑料袋、包装盒等塑料制品，而陈垃圾经过几年降解后，难降解的塑料橡胶超过 50%。据统计我国塑料制品产量累计超过 12 亿 t，其中 90%以上可能最终变成垃圾，我国仅生活垃圾源的填埋场塑料垃圾体量可能在 4 亿 t 以上，生活垃圾不仅影响市容，造成视觉污染，废旧塑料泄漏到环境中还会影响生物或人类健康，对环境有一定的风险。生活垃圾是固体废弃物中的一大组成部分，按固体废弃物中微塑料平均含量为 1 万个/kg，每年每公顷土地使用 1～15 t 固体废弃物估算，每年固体废弃物可为每公顷土壤带入 10^6～10^9 个微塑料颗粒，使表层土壤微塑料污染水平达到 4～150 个/kg。固废处理中，垃圾填埋场也是土壤和地下水微塑料污染的一个点“源”[13-16]；渗滤液中，粒径为 100～1000 μm 的微塑料丰度为 1～25 个/kg[17]，由于垃圾渗滤液很少用于农田土壤中，是全球范围内的一个次要考虑的微塑料污染源[18]。

污水污泥作为肥料广泛应用于农田土壤后，造成微塑料在土壤环境中的大量累积，是土壤微塑料的另一个重要来源。Carr 等[19]指出污水处理过程中 70%～99%的微塑料会累积到污泥中，导致污泥中微塑料丰度高达 10^3～10^5 个/kg。在高度集约化的种植体系中，有机污泥是农田土壤中养分循环和补充有机物的一种方式[20]。前人根据概念模型估算出欧洲农田土壤中每年由于应用污水污泥直接带入的微塑料有 125～850 t[9]。

随着缓控释肥等薄膜肥料和有机肥的发展和应用，施肥成为土壤微塑料的来源途径之一。有学者调查了我国 22 个省份 102 个有机肥样品，其中微塑料检出率为 80.4%，微塑料丰度平均为（325±511）个/kg，其中复合有机肥料中微塑料平均含量为 386 个/kg，有机肥向施肥土壤中输入微塑料的通量为 5.07×10^{12} 个/a[21]。Zhang 等[22]研究表明长期施用有机肥会增加土壤微塑料污染风险，长期施用鸡粪、污泥和生活垃圾的土壤微塑料含量分别为（2733±160）个/kg，（2289±270）个/kg 和（2463±247）个/kg，是堆肥中的 3～4 倍。

6.2　地膜的故事

地膜覆盖最初是为了保持土壤水分和提高土壤温度而设计的，在许多缺水或寒冷地区，它是维持农业生产不可或缺的农业资料。特别是在半干旱地区，地膜覆盖是旱地农业系统可持续发展的基础，此外地膜还有包括减少杂草和害虫压力、提高肥料使用效率、缩短成熟时间及提高作物和蔬菜产量和质量的优势。

6.2.1 地膜的主要类型

1. 塑料地膜

普通塑料地膜主要有无色地膜和有色功能性地膜。普通塑料地膜由聚乙烯（PE）或聚氯乙烯吹塑而成。有色地膜是在聚乙烯树脂中加入一定量的色母粒后吹塑而成。有色地膜品种颇多，常见的有黑色地膜、乳白地膜、绿色地膜和双面双色地膜等。这些有色地膜主要在透光率、热辐射率，以及对光的透射和反射上有差异，根据实际农业生产状况，应用于不同的作物及产地。除此之外，还有功能性地膜，如除草剂地膜：通过地膜中添加除草剂，在农作物出芽前通过地膜覆盖随凝聚水滴释放，达到除草的目的。

2. 可降解地膜

因塑料地膜存在难降解、难回收的问题，解决白色污染的一个重要方式就是开发可降解地膜。早期的可降解地膜主要为降解母粒与塑料母粒混合生产而成，利用自然界中的微生物对地膜侵蚀或者是利用太阳光的氧化作用即可实现降解。随着农业科技的发展，现如今可降解地膜种类繁多，按降解机制和所使用的材料进行分类主要有：以淀粉为主的天然高分子基的生物降解地膜、添加光敏剂的光降解地膜、光/生物双降解地膜、植物纤维地膜和液态喷洒式可降解地膜等。

生物降解地膜是指在自然条件下通过土壤微生物作用而引起降解的一种地膜，主要有化学合成高分子基地膜和天然高分子基地膜两种类型。光降解地膜是将光增敏基团引入高分子聚合物或者添加光敏性物质使之吸收太阳紫外光之后发生光化学反应，从而导致大分子链断裂成为低分子质量化合物。光降解地膜主要有添加型和合成型两种类型。光/生双降解地膜是在通用高分子材料中添加光敏剂、自动氧化剂、抗氧剂和作为微生物培养基的生物降解助剂等制作而成的一类地膜。植物纤维地膜以纸浆为主要原料，添加一定比例的麻类纤维，采用湿法工艺制造，并在地膜的表面浸渍香茅油等植物芳香油而形成的多功能农用地膜，主要用于农作物露地栽培、大棚栽培、旱田栽培及作物的垅间覆盖除草、防虫等。液态喷洒式可降解地膜也被称作多功能生物降解液态地膜，是专家经数年研究成功的一种安全、无毒、无残留的高科技产品。液态喷洒式可降解地膜是通过特殊加工工艺，将木质素、胶原蛋白等在交联剂的作用下形成的高分子聚合物与多种微肥、添加剂、土壤保水剂等结合而制成的高分子聚合材料。

可降解地膜相较于传统地膜更为生态环保，但因可降解地膜成本高、推广难、产业化低，目前并未得到大规模应用[23]。也有学者提出可降解地膜降解过程和降解产物可能对土壤环境具有生态毒性，在确认生物降解地膜的安全性之前，大规模使用生物降解地薄膜还为时过早[24]。

6.2.2　地膜使用量发展趋势

1. 塑料地膜

根据 1998～2020 年全国农膜使用量数据统计，这 23 年间我国农膜用量不断上升（图 6.3），2019 年农用地膜覆盖面积超过 3 亿亩[25]。随着"禁塑令"日趋严格，我国农膜使用量出现小幅度下降，但整体用量规模依旧庞大。 此外，在不同种农膜的选择上，我国一系列农膜政策多次提到的高端农膜产品功能多样，具有流滴消雾、保温好、转光、散光、寿命长、防尘和透光好等功能，寿命达 2 年以上，用废回收后仍可作为普通覆盖材料使用。但目前全国高档农膜仅占农膜总产量的 2%，中档农膜占 20%，低档产品占 78%，与发达国家中高档产品占 20%、中档农膜占 50%、低档产品仅占 30%的水平距离甚远[26]。预计到 2025 年，中国农用地膜高、中、低端占比将达到 10%、40%、50%[27]。

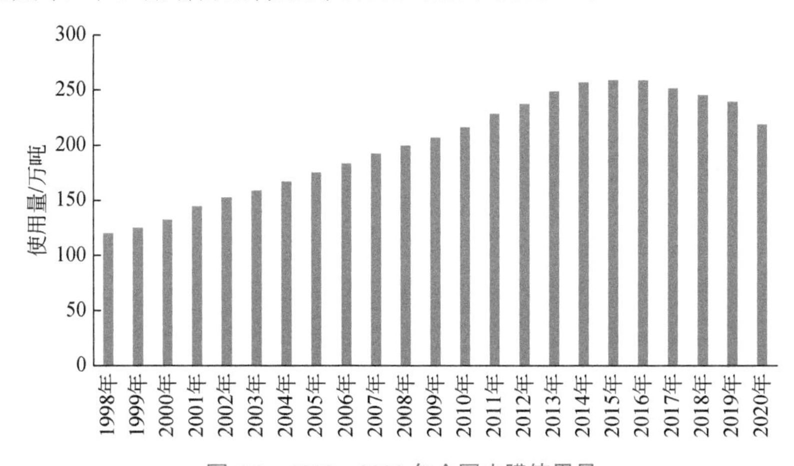

图 6.3　1998～2020 年全国农膜使用量

来源：中国农村统计年鉴

2. 可降解地膜

2014 年 1 月，《吹塑薄膜用改性聚酯类生物降解塑料》（GB/T 29646—2013）国家标准正式实施，为国内市场生物降解地膜提供了参考标准和依据。早期光降解地膜的研究多应用于甘蔗、烟草等作物。在地膜研发过程中，生物降解地膜更受关注，目前研究技术较为成熟、研究成果显著、应用范围广，已被广泛应用于粮食、瓜果蔬菜等多种作物。总体来说，生物降解地膜效果与传统塑料地膜接近，且降解性良好，降解产物无污染，无须残膜捡拾。光/生物双降解地膜结合了光降解地膜与生物降解地膜的优点，在保温效果、地膜性能上与普通地膜相似，因其具有降解性而使农田残膜量减少，对环境保护具有一定的效果，但对于作物增产效果不明显[28]。液态地膜可提高作物产量、改善土壤环境、防风固沙、防止水土流失，但液态地膜储存和运输不便，环境适应性较差[29]。随着技术的不断发展进步，近年来对植物纤维地膜的研究逐渐受到关注，在水稻等作物栽培方面进行了应用，但使用范围小，应用较为匮乏[30]。

6.2.3　地膜回收

由于重使用、轻回收，中国地膜残留污染问题日益凸显。中国当季地膜回收率普遍低于 2/3，特别是超薄地膜，老化后易脆难回收，而且含秸秆、土壤等杂质多，回收后再利用成本高。根据 2016 年农业部（现农业农村部）监测数据[31]，中国所有覆膜农田土壤均有不同程度的地膜残留，局部地区亩均残留量达 4～20 kg，个别地块的亩均残留量达到 30 kg 以上，相当于 6 层地膜。推进地膜污染治理，主要有减量、替代、回收三种形式，分别是通过改进园艺种植等技术节约地膜使用，采用可降解地膜替代难以降解的聚乙烯塑料地膜，将废旧塑料地膜通过回收达到离田治污的目的。

根据农艺要求及不同时期铺设地膜的需求，地膜回收主要在耕地前地膜回收、苗期地膜回收和耕作层地膜回收三个时期。其中耕地前地膜回收是应用最多的，主要起抑制杂草、农作物生长后期保墒的作用，但地膜留存时间长。苗期地膜回收对农业区及机械水平要求较高，还没有大规模应用。而耕作层地膜回收在土壤翻转过程中靠人工捡拾，回收困难，残留地膜最多。

地膜回收方式主要有人工回收、半机械化回收、全机械化回收三种。农田中破损的废旧地膜主要靠人工捡拾，但土壤深层地膜并没有得到有效清理，随着累积及土壤翻耕作业，分布到整个耕地层中影响土壤质量和作物生长。相对于人工回收，机械化回收效率高、成本低，因此得到广泛应用。目前半机械化回收主要是使用机械挑起地膜，捡拾还是需要人工。全机械化回收机具种类繁多，但废旧地膜的回收不能产生直接的经济效应，机具价格高，制约了全机械化回收的发展[32]。

地膜回收后的处理方法主要有三种：一是填埋法，许多国家不同程度地在使用这种方式，但因地膜质量轻，又不易腐烂，导致填埋地日益减少，对环境的污染严重，所以很难进一步发展。二是焚烧法，该法是近年来常用的一种废旧地膜处理方法，废旧地膜焚烧时发热量大，可利用热能发电，但释放出的有害气体会污染空气环境，又带来二次污染。三是回收再利用法，通过分解废旧地膜回收乙烯及提炼石油制品等，或将废旧地膜经过再生处理，制成塑料制品。

影响地膜回收的因素有地膜质量差，超薄地膜易破损但不易分解，回收费时费力。地膜回收价格低，且人工回收地膜的成本大，导致农民自行回收残膜的积极性不高，只是在下次耕作时将自然翻出地面的残膜堆弃在田间地头，或进行焚烧，只有很少一部分地膜被流动小商户收购回收后送往废品回收站，因此，残留地膜的回收率很低[33]。

6.2.4　地膜残留

1. 地膜老化机理

塑料在贮存、运输和使用过程中会受到各种环境因素影响，使大分子材料的分子量，结晶度和大分子基团等改变，发生老化降解，从而使机械性能受到损害，减短材料的使用寿命。老化主要受光照、紫外线、降水、光热等环境因素影响，其中光和氧是引起塑料老化降解的主要因素。光会引起塑料发生光化学反应，氧气会使材料氧化降解。在这一过程中塑料会发生自由基反应，包括链引发、链增长、链转移、链终止等四个基本过程。而聚乙烯在光氧老化中，会生成氢过氧化物和羰基化合物。在这一过程中羰基化合物发挥主导作用，进行 Norrish Ⅰ型和 Norrish Ⅱ型两个重要的光氧化反应[34-35]。

2. 老化对地膜理化性质的影响

农用残膜是指铺在地表或大棚表面的农用地膜由于受一定时期的阳光照晒、风吹、雨淋及土壤腐蚀等环境的影响，其物理、机械性能均发生了很大变化的旧膜，主要表现在透光率降低，抗拉强度及拉伸率变小。残膜机械性能受使用环境条件的影响较大，在一定环境条件下，随使用时间周期的延长其机械性能出现降低的现象。残膜机械性能决定回收机械在回收残膜时造成再破坏的程度，再破坏程度加大，可一定程度上增大残膜回收难度，降低机具的作业质量[36]。

残膜的力学性能上，在覆膜时间一定的情况下，地膜的最大纵向拉伸负载荷和最大拉伸负载荷呈正相关。在地膜厚度一定的情况下，地膜达到最大拉伸负载荷之后，覆膜时间越久，负载荷数越小。在冬季，留在土壤里的耕层残膜会冷作硬化，其力学性能也比表层残膜高，同时留在浅层土壤的残膜的力学性能要比深层土壤中的残膜的力学性能好。残膜的纵向拉伸负载荷值较残膜的横向拉伸负载荷值更大一些[37]。

3. 地膜残留量、分布及残留形态

农用地膜属于人工合成的高分子化合物，分子结构稳定，无论是通过自然条件光解和热降解，还是通过细菌和霉等生物降解方式，在土壤中的残存时间可长达 200～400 年之久。20 世纪 90 年代初，农业部（现农业农村部）对全国 17 个省市进行了调查，结果表明所有地膜覆盖过的农田土壤均有残留污染，只是污染程度有所不同。20 多年来，我国推广地膜覆盖技术应用面积累计已超过 2000 万 hm^2，导致了近 200 万 t 地膜残留在土壤中，占地膜使用量 25%～33%[33]。近年来，国内一些研究人员也对农田土壤中地膜的残留情况进行了调查研究。在江西省 22 个县（市、区）设置 66 个监测点，对主要农作物种植制度下农田地膜的残留情况进行了调查研究，结果表明，江西省绝大多数监测点的农田地膜残留量＜15 kg/hm^2，且随着覆膜年限的增长，农田地膜残留量呈现逐渐增长的趋势[38]。在山东省，对不同覆膜年限对地膜残留量影响因素进行分析，结果表明，小于 5 年的覆膜农田地膜残留量为 2.5 kg/hm^2，5～10 年的覆膜农田地膜残留量为 17.6 kg/hm^2，对比上个阶段增加近 5 倍，10～20 年的覆膜农田地膜残留量为 25.7 kg/hm^2，大于 20 年的覆膜农田地膜残留量为 37.2 kg/hm^2，覆膜年限越长，残留地膜越多[39]。其他人对我国北方典型地区的地膜残留量进行调查，结果表明，河北省典型地区温室大棚、蔬菜田和作物田的地膜土壤残留量平均分别 5.629 kg/hm^2、7.369 kg/hm^2 和 2.822 kg/hm^2，黑龙江省典型地区温室大棚、蔬菜田和作物田的地膜土壤残留量平均分别为 4.169 kg/hm^2、3.682 kg/hm^2 和 2.430 kg/hm^2[40]。

残留在耕地土壤中的地膜主要分布在耕作层，集中在 0～10 cm 的土壤中，一般要占残留地膜的 2/3 左右，其余则分布在 10～30 cm，40 cm 以下基本没有分布。残留地膜的出现频率在 5～15 cm 深度处最大。随着土壤深度的增加，碎片变小，其总质量呈线性下降。在持续使用后，以每年 15.69 kg/hm^2 的速度积累，主要发生在 0～30 cm 深处。较大的碎片（＞25 mg/片）的积累主要发生在覆盖开始后 5～15 年，且需要 15 年以上才能降解为较小的碎片（每片＜25 mg）。质量大于 100 mg 的残留地膜主要集中在表面（0～10 cm），而其他较小的碎片显示出明显地向下迁移。也就是说，随着种植年限的增加，残留地膜变得更加碎片化，分布更深[41]。

土壤残留地膜的尺寸及形态种类繁多，受到农事活动及地膜利用方式的诸多影响，以片状、卷缩圆筒状及球状为主，这些残留地膜沿水平、垂直及倾斜方向分布于土壤[42]。影响地膜残留量最重要的因素农田地膜残留量受很多因素影响，

其中最重要的有 4 个方面：一是种植方式及覆膜次数，覆盖次数多，频度大的一年两熟或者多熟种植区农田地膜残留量高于一年一熟种植区；二是覆膜时间的长短与农户回收地膜习惯，覆膜时间越长，地膜残留量可能越大，精耕细作、地膜回收更细致、更及时，耕地土壤地膜残留量越低；三是所种农作物类型；四是地膜自身的特点，地膜越薄抗拉能力越低，易破损的地膜会使耕地土壤残留量升高[43]。

有研究对北京、山东、新疆三地不同农田土壤中微塑料丰度、形态特征及组成进行研究，结果表明不同地区、不同设施农业条件下微塑料种类和丰度存在差异[44]。整体上，在温室种植和常规覆膜种植条件下，山东农田中土壤微塑料含量显著高于新疆和北京。北京、山东、新疆三地土壤微塑料粒径范围为 50.02～3345.57 μm，主要为小粒径薄膜或颗粒，且不同粒径微塑料分布比例随粒径的增加而降低。温室种植条件下，土壤微塑料以 PP 为主，占比为 36.99%；而常规大田覆膜种植条件下，土壤微塑料以 PE 为主，占比为 63.36%。

6.3 微塑料怎么影响土壤环境

进入土壤环境中的微塑料可以通过生物扰动[45-46]、土壤管理实践[47-48]、地表径流[49]或水渗透[50]等方法在土壤中转移，也可以与土壤基质结合或直接促使微塑料从浅层土壤向下层运移，对土壤和生态环境造成一定的影响，主要表现在微塑料对土壤结构和理化性质、微生物群落结构及土壤动植物方面（图 6.4）。

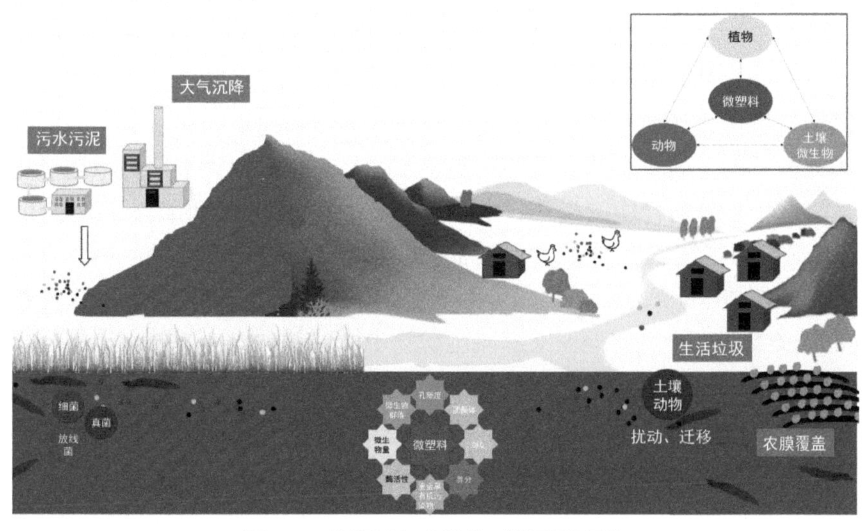

图 6.4 微塑料与土壤的“微观世界”

6.3.1 微塑料与土壤的“微观世界”

微塑料在土壤中的大量积累可能破坏土壤团聚体结构，影响土壤的通气性和透水性。有研究表明72%的微塑料颗粒会与土壤团聚体聚集在一起[51]，且大团聚体中微塑料与土壤团聚体的聚合物丰度显著高于小团聚体。塑料残体常年累积在土壤中阻碍降雨和灌溉水向土壤中的入渗、降低土壤持水能力，破坏土壤结构，从而造成土壤环境处于缺氧状态[52]。塑料薄膜的大量使用不仅增加了微塑料在土壤中的累积，还可以破坏土壤团聚体，从而降低土壤的通气和透水性，影响土壤结构，进而损害作物生长[53-55]。

土壤微塑料的广泛存在可能对土壤有机碳氮、土壤微生物活性及养分转化有一定的负效应[45, 56-59]。Zhang 等[60]统计 2000 年 1 月至 2021 年 1 月，共 21 年的 5212 篇微塑料相关的研究论文，结果显示塑料残体和微塑料使土壤水溶性有机碳和全氮及植株高度和根系生物量分别降低 9%和 7%及 13%和 14%，但能够使土壤酶活性增加 7%～441%。Liu 等[59]的研究表明，微塑料的添加能够刺激土壤酶活性，激活土壤有机碳氮磷库，有利于可溶性有机碳、氮、磷的积累。而且典型地区塑料污染水平为每年 5～25 kg/hm^2，相当于每年 4～20 kg C/hm^2 的碳添加速率，远低于大多数集约化农业系统中有机碳的损失。Gao 等[61]统计了 141 篇微塑料相关文献，涉及 2226 组田间和实验室测量数据，微塑料含量为 0.01～100 mg/kg 是不会对作物-土壤动物特征造成影响，只有当微塑料浓度高于 10 000 mg/kg 时才会产生显著负效应。从现有的结果来看，微塑料对土壤理化性质的影响并没有统一的定论，不应该过分高估微塑料的污染危害程度，此外还应该区分大塑料和微塑料对土壤理化性质的影响。

微塑料可作为环境中化学污染物的载体。微塑料对重金属具有较强的吸附性能，因此微塑料上的重金属浓度通常高于水体。近年来，许多研究报道了重金属可以从海水积累到海洋中的微塑料上，也可以从沉积物积累到微塑料上。Boucher 等[62]研究潮间带沉积物中源于化妆品的塑料微珠对 Pb 和 Cd 的吸附，发现重金属 Pb 会吸附到塑料微珠上，生物摄入这种微珠后，Pb 随着微珠进入食物链。Maršić-lučić 等[63]对克罗地亚某海滩沉积物中微塑料颗粒上的微量金属进行了检测，发现海滩上的微塑料中含有痕量的 Cd、Cr、Cu、Fe、Mn、Ni、Pb、Zn 等，其含量高于周围海水中的金属含量，表明微塑料颗粒富集了海洋环境中的金属。积累在塑料颗粒表面的金属具有潜在毒性，对海洋生物构成了威胁。重金属离子在微塑料上的吸附规律为：Pb^{2+}＞Cu^{2+}＞Cd^{2+}＞$Cr_2O_7^{2-}$。环境因素（pH、离子强度、紫外老化）影响重金属离子在微塑料上的吸附，其中 pH 的影响尤为明显。Pb^{2+}

在微塑料上吸附的主要作用机理是静电引力，Cu^{2+}和 Cd^{2+}除静电引力外，络合作用也有较大贡献，其中 Cu^{2+}的络合作用较强[64]。目前土壤中微塑料对重金属的富集作用研究较少，但存在的潜在环境危害性应引起重视。

此外，Ramos 等[65]指出塑料残体可以富集土壤中的有机农药并引起有机农药向塑料基质内部迁移，引起土壤生境变化。有研究表明土壤微生物量碳和微生物氮含量随地膜残留量的增加而显著降低[66-67]，此结果是由残留地膜分解或降解成微塑料、还是由其释放自身污染物（如塑化剂）或吸附有毒污染物（重金属或农药等）引起的还有待研究，而且有必要区分大块塑料残膜和微塑料的潜在毒性效应。目前有关塑料对土壤特性影响的结论还不明确，加之有关微塑料对土壤功能和生态服务方面的研究相对较少，很难评估塑料甚至微塑料对土壤健康的影响。此外，大部分研究都是基于室内实验，没有更广泛的环境背景，很难认定土壤环境质量变化是由微塑料还是添加到土壤中的其他废弃物（如生物炭、有机肥和污泥等）引起的。而且目前很少有研究涉及微塑料污染的阈值（即临界点）及临界点状态下微塑料的负面影响，这为在空间尺度上评估微塑料污染、确定微塑料负荷率及预测农业生态系统的承载力造成困难。

随着人们对土壤微塑料的关注，微塑料对土壤微生物群落结构的影响研究逐渐增加[68]。大量研究表明微塑料，尤其是高剂量微塑料的添加，能够改变土壤微生物丰度及多样性[69]，改变优势菌门种类和相对丰度[70]。聚乙烯微塑料的添加能够改变土壤细菌和真菌微生物群落结构，增加变形杆菌类、粪壳菌纲、伯克氏菌科、丛赤壳科等相对丰度[71]，显著增加亚硝酸盐相关的氮转化基因丰度，增加 N_2O 气体排放[68]，已有研究证实河口塑料残体是 N_2O 气体排放的一个被忽略的来源[72]。聚乙烯微塑料的添加显著还能增加了土壤中鞘脂单胞菌目、黄色单胞菌目、丙酸杆菌目等相对丰度，却显著降低未分类放线菌门、β-变形菌目和黏球菌等细菌群落的相对丰度[73]。高分子聚乙烯微塑料对土壤真菌也具有一定的促进作用，聚乙烯微塑料污染的土壤中细菌丰度远大于真菌丰度[71]。新疆棉田土壤中微塑料表面尤其是凹坑和薄片上附着有微生物菌群，且微塑料上附着的微生物群落结构与土壤环境中的差异显著，微塑料上富集的微生物菌群主要有降解聚乙烯塑料的放线菌、拟杆菌和变形杆菌[74]，微塑料是微生物群落的一个重要栖息地[75]。在土壤环境中，微塑料可能对土壤微生物的生存、生长和繁殖构成潜在威胁，进而威胁陆地生态系统的生物多样性、功能和服务[76]。但目前还没有明确的结论表明微塑料添加量对土壤微生物群落结构的影响，从未来的研究目标而言，关键是明确微塑料种类及其添加量是否会对关键的土壤功能性微生物类群（如硝化菌、丛枝菌根）产生负面影响，或者是否会增加致病微生物（如植物和动物病原体）。

6.3.2 微塑料与“辛勤耕作者”植物

微塑料广泛存在于生态系统中，它们在土壤环境中的大量积累可能释放或者吸附重金属、塑化剂等有毒物质，在化学层面引起土壤生境变化，也可能直接进入植物体内影响作物生长。2020 年美国能源部太平洋西北国家实验室（PNNL）发现，尽管微塑料能够在植物根冠细胞周围累积，因植物根系表皮的空隙很小，40 nm 和 1 μm 的微塑料颗粒都不能被活组织细胞吸收，不能进入植物体内[77]。但有研究者发现带正电和带负电的纳米塑料均能在拟南芥中富集[78]，纳米级（0.2 μm）甚至微米级（2 μm）的塑料可以通过侧生根间隙进入小麦与生菜两种作物的根、茎、叶等组织当中[79]，进而进入人类食物链。微塑料进入植物和食物链的传播途径见图 6.5，但微塑料是否对植物和人类健康造成危害尚需要深入研究，应当引起高度重视。

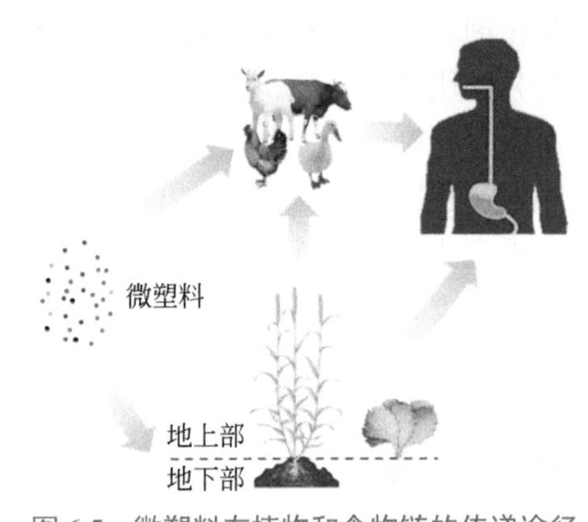

图 6.5 微塑料在植物和食物链的传递途径

近期有学者开展不同浓度、不同粒径微塑料在草莓中的吸收和运输研究，发现聚苯乙烯微塑料的粒级和浓度是影响其在草莓中吸收和运输的主要原因[80]。黄献培等[81]研究表明不同粒径的聚苯乙烯微塑料对菜心种子发芽具有一定的毒害作用；聚苯乙烯微塑料（粒径为 0.2 mm）可在生菜或小麦的根部富集，并从根部迁移到地上部，可能会进入食物链[82]，危害人类健康[83]。Oliveri Conti 等[84]检测了市场上 6 种蔬菜中微塑料含量，并根据人每天消耗不同种类蔬菜的量估算进入人体中的微塑料量，结果表明 6 种蔬菜中微塑料量约为 6～20 万个/g，粒径 1.5～2.52 μm；每位成年人每天摄入的微塑料量约为 3～46 万个/kg，儿童约为 8～141 个/kg。但该研究并没明确蔬菜中微塑料来源，目前还没有研究区分从土壤中转移到植物可食用部分的微塑料与通过大气沉降或污水灌溉直接集聚到植物新梢上的微塑料，不能直接判定土壤微塑料的危害。Brown 等[85]的研究表明大田条件下纯聚乙烯微塑料添加量高达 1%仍不会对冬小麦产生负面影响。微塑料对植物生长的影响可能是微塑料的直接毒性或者是微塑料间接改变了土壤物理结构和微生物群落多样性的原因[86]。目前尚不清楚大塑料颗粒或微塑料在土壤中影响植物生长的机制，未来需要加强微塑料对更广泛的作物，特别是对根茎作物的影响研究。

此外，很多学者又进一步对传统聚乙烯微塑料和生物降解微塑料危害进行了区分研究[24, 87]，认为传统聚乙烯和生物降解微塑料际的微生物结构、网络化和功能存在差异[88]，生物降解微塑料能够增强土壤微生物网络化和生态随机性[89]。土壤中添加聚乙烯微塑料对植物生长没有毒性，但与不添加微塑料的处理相比，添加 0.1%聚乳酸微塑料使作物根长显著减少 27.5%，并且改变根际土壤微生物香农（Shannon）和辛普森（Simpson）多样性指数[90]。生物微塑料（PHBV）会改变玉米微生物群落结构，并对植物-微生物代谢功能产生负面影响，PHBV 的添加改变了叶片代谢，降低了植株生长和叶片氮含量；PHBV 降低了土壤微生物活性，改变了土壤细菌群落结构[91]；生物降解塑料形成的微塑料对小麦生长和根际微生物的影响强于聚乙烯微塑料[92-93]。

从现有结果来看，微塑料只有达到较高的浓度时才会对植物产生一定的影响，而实验研究中微塑料的添加浓度远高于自然环境中微塑料的浓度。目前很少有研究涉及微塑料污染的阈值（即临界点）及临界点状态下微塑料的负面影响，这为在空间尺度上评估微塑料污染、确定微塑料负荷率及预测农业生态系统的承载力造成困难。

6.3.3　微塑料与“地下工作者”蚯蚓

蚯蚓作为一种古老的动物，是土壤中生物量最丰富的动物类群之一，在维持土壤生态系统的功能中起着至关重要的作用。蚯蚓大多数在陆地生活，穴居土壤中，称为陆栖蚯蚓；少数生活在淡水中，称为水栖蚯蚓[94]。除海洋外，大多数生态系统中都有蚯蚓存在，但沙漠区和终年冰雪区比较少见[95-96]。蚯蚓的物种丰富度主要集中在中纬度地区，如南美洲南端、澳大利亚和新西兰地区，欧洲（特别是黑海北部）和美国东部地区本地蚯蚓的种类丰富[97]；蚯蚓生物量高的地区主要集中在热带地区，如印度尼西亚、西非沿海地区、中美洲南部、哥伦比亚大部分地区和委内瑞拉西部、北美的一些地区和欧亚大草原。例如，在巴西境内的巨型蚯蚓通常以低密度和低物种丰富度、高生物量出现[98]。在中国，四川省是中国蚯蚓分布密集地区，其次是海南省[99]。达尔文在 1881 年出版的《腐殖土的形成与蚯蚓的作用，以及对蚯蚓习性的观察》察觉到蚯蚓能在几十年以至于几个世纪的时间里，逐渐改变一个区域的地质结构。蚯蚓被称为“土壤生态系统工程师”，能够取食大量的土壤与有机物料，甚至还会取食消化活的微生物、原生生物、线虫和其他微型动物及它们的死亡残体。研究证明，蚯蚓在土壤中的挖掘、取食、消化和排泄活动能对土壤物理、化学和生物学多方面产生显著影响，包括土壤结构稳定性和通气保水性能，有机物分解，土壤有机碳的稳定，养分淋湿和水环境质量，土壤微生物群落结构、生物量及其活性，植物养分的吸收与产量等[100]。由于土地不同的利用方式，地表植被覆盖程度、养分及水分等条件存在差异，从而影响了土壤的性质[101]，进而影响蚯蚓对栖息地的喜好，最终影响蚯蚓群落结构、数量和种类[102]。如表 6.1 为农业用地、建设用地及未利用地 3 种类型对蚯蚓相关参数的影响[103]。由表 6.1 可知，建设用地与其他 2 种类型土地相比，对蚯蚓的数量和密度存在消极影响。

表 6.1　农业用地、建设用地及未利用地 3 种类型对蚯蚓相关参数的影响

土地类型		蚯蚓参数				
		数量	种类	生物量	密度	多样性
农业用地	园林	中等	外来种为主	中等	中等	较高
	林地	较高	因具体类型存在差异	较高	较高	较高
	牧草地	—	—	较高	较高	较高
	耕地（传统）	—	—	—	较高	较高
	耕地（商业化）	—	较低	极低	—	极低
建设用地		较低	—	较低	—	较高
未利用土地	原貌地	—	—	—	较低	较低
	荒地	—	—	—	较低	—

注：“—”表示未查到相关文献；“原貌地”是指未有过耕作活动的土地。

蚯蚓在分类上属于环节动物门寡毛纲，目前全世界已记录的蚯蚓种数已超过 4500 个物种[104]。科学家们将蚯蚓按生态类型直观地分为三类。第一类为土居型（endogeic），真正的土壤栖息者，居住在矿物或混合土层，具有永久而深入的穴道，大多数土居型蚯蚓都生活在植物根系的周围，以富含有机质的土壤为食，可以提高有机层和矿物层的混合。灰蚯蚓（图 6.6）为分布最广泛的土居型蚯蚓，几乎完全以土壤为食。第二类为上食下居型（anecic），它们主要以土层表面的新鲜有机质为食，大多数生活在土壤中永久或半永久的穴道里，能钻入地下约 2.4 m 深。上食下居型的蚯蚓可以将有机物料混合到土壤中，使土壤矿物质混合到不同土层。同时，因为它们的掘穴和排泄活动，在土壤中形成了大量的空穴与微团聚体，增加了土壤的透气性和保水能力[100]。例如，达尔文在其著作中所关注的上食下居型的陆正蚓（图 6.7）。第三类为表居型（epigic），表居型的蚯蚓颜色多为暗红色或接近褐色，在食物充足时快速繁殖，这类蚯蚓的身体结构适应了落叶层的生活，以有机凋落物为食，具有有限混合土壤有机层和矿物质的能力，主要功能是将有机物粉碎为细小颗粒，便于微生物定植和生长。例如，最为人熟知的表居型蚯蚓——红蚯蚓（图 6.8）[104]。

图 6.6　灰蚯蚓（*Aporrectodea caliginosa*）

此图片来源于 https：//commons.wikimedia.org/wiki/File：Aporrectodea_caliginosa_March_18，_2010_（13609070655）.jpg，作者为 Smithsonian Environmental Research Center，授权协议为 CC-BY-2.0，此图片为原始图片，未对图片进行更改

图 6.7　陆正蚓（*Lumbricus terrestris*）

此图片来源于 https：//commons.wikimedia.org/wiki/File：Lumbricus_terrestris_01_by-dpc.jpg，作者为 David Perez，授权协议为 CC-BY-SA-3.0，此图片为原始图片，未对图片进行更改

图 6.8　红蚯蚓（*Eisenia fetida*）

此图片来源于 https：//commons.wikimedia.org/wiki/File：Eisenia_foetida_R.H._（7）.JPG，作者为 Rob Hille，授权协议为 CC-BY-SA-3.0，此图片为原始图片，未对图片进行更改

由于微塑料在土壤中的累积，不可避免地会影响土壤动物，蚯蚓作为土壤中体型较大的动物，微塑料、微塑料与其他污染物复合污染对蚯蚓的影响，表现在对蚯蚓的“衣”“食”“住”“行”的影响。

“衣”，蚯蚓的“衣”指的是蚯蚓的皮肤，而蚯蚓的皮肤就是它的呼吸器官，小的毛细血管网络不断把外界的氧气带入血液，把二氧化碳从血液中排出[105]。蚯蚓会分泌一些黏液到体表，保持体表湿润才能正常呼吸。1 g 生物量的蚯蚓每天可产生约 5.6 mg 的黏液，其主要组成成分为水和小分子物质[106]。土壤中的微塑料会黏附在蚯蚓的皮肤表面（图 6.9）[107]，随着蚯蚓的行动而迁移[108]。

图 6.9　聚乙烯（PE-1；710～850 μm）的塑料微粒黏附在两条蚯蚓的皮肤上[107]

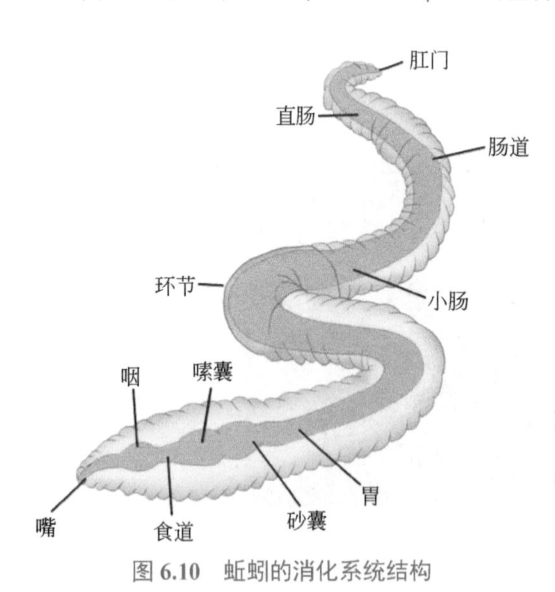

图 6.10　蚯蚓的消化系统结构

“食”，蚯蚓喜爱吃有机质，同时也爱吃微生物含量丰富的土壤，但是由于土壤中微塑料含量的增多，导致蚯蚓摄入微塑料的可能性增加。蚯蚓的消化系统由咽、食道、嗉囊、砂囊、分泌酶的前肠和吸收营养物质的后肠（自前向后）组成[109]，蚯蚓的消化系统结构如图 6.10 所示。蚯蚓消化结构与作用，蚯蚓的食与微塑料的相互影响关系如图 6.11 所示。蚯蚓的具体消化流程为，小颗粒被蚯蚓咽下，沿着消化系统

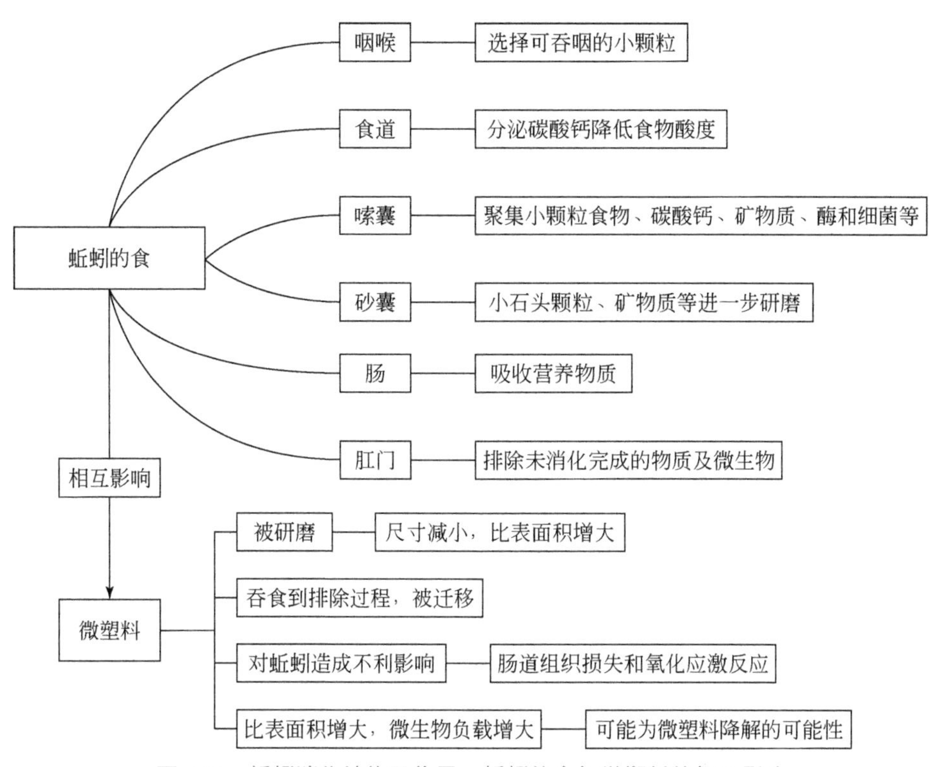

图 6.11　蚯蚓消化结构及作用，蚯蚓的食与微塑料的相互影响

自前向后运动，先经过食道，其中食道会分泌碳酸钙来降低食物酸度，随后食物、碳酸钙、矿物质、酶和细菌等聚集在嗉囊中，而后进入砂囊中处理，砂囊会通过消化液、小石头颗粒和矿物质颗粒将它磨为能通过肠道消化的小颗粒食物，随后经过肠道壁的吸收，一部分废弃物则以黏性液体形式排到体表，使蚯蚓在穿过土壤时能够保持润滑，另一部分未经消化的较大食物颗粒会通过肠道到达肛门，以排泄物的形式排出体外，蚯蚓的排泄物中含有消化后残留的微生物，微生物会在土壤中继续进行排泄物的分解消化[105]。许多科学家发现，蚯蚓摄食微塑料是具有选择性的，它们会避开微塑料含量较多的地区。对于被蚯蚓摄食的微塑料来说，蚯蚓有可能充当“研磨机”的角色，通过肌肉消化管物理改变微塑料的大小，增加了微塑料的比表面积[110]，因此提高了微生物种群的生长和酶活性表面积，这对蚯蚓消化系统内的微生物降解微塑料带来了可能性，有研究发现在蚯蚓肠道中分离出能够降解土壤中低密度聚乙烯塑料的细菌，例如，放线菌和厚壁菌等革兰氏阳性细菌[111]。与此同时，对于摄食塑料的蚯蚓来说，摄入微塑料无疑存在巨大的风险，可能会引起蚯蚓肠道组织的损失和免疫反应[112]，例如，在土

壤中添加聚丙烯和聚乙烯诱导了蚯蚓的氧化应激反应，研究发现 0.02%聚丙烯和聚乙烯会损害蚯蚓消化和免疫系统，干扰蚯蚓的脂质、渗透和碳水化合物代谢反应[113]。

“住”与“行”，蚯蚓按其生态类型，分为土居型、上食下居型和表居型。蚯蚓通过掘穴、排泄等动作对土壤中有机质的分解和养分有效性起着重要作用。通过掘穴行为，上食下居型的蚯蚓除了能使土壤透气保水外，还向洞穴运输大量凋落物，引起有机质及养分在土壤剖面的重新分布[114]。通过吞噬、破碎、排泄行为，蚯蚓粪与土壤矿物质颗粒混合形成有机无机复合体-蚓粪增加微生物利用的比表面积和有效食物资源[115]。此外，蚯蚓排泄分泌的大量黏液是活性高、易降解的有机质，从而提高土壤养分的有效性[116]。由于微塑料进入土壤后易于跟土壤团聚体结合[117]，引起土壤的物理化学结构的发生变化，因而影响各类蚯蚓的居住与行动。蚯蚓携带微塑料的行为分为以下两种：一是黏附在身体黏液上，二是摄食后被蚯蚓移动与排泄而携带迁移。表层土壤中的微塑料含量的增加会导致表居型和上食下居型蚯蚓摄入微塑料的可能性增加，同时增加了上食下居型蚯蚓携带表层土壤中微塑料进入蚯蚓洞穴[118]的可能性，同时进入蚯蚓洞穴的微塑料在土壤剖面分布，也极有可能渗入地下水，从而增加了深层土壤微塑料的污染风险和地下水的污染风险。例如，土壤中的蚯蚓可将 60%以上的聚乙烯小球从表层向下迁移至 10 cm 以下的土层[107]。

微塑料与其他污染物复合对蚯蚓带来的影响。由于微塑料通常与其他污染物（重金属、有机污染物和农药等）同时存在，一般来说，微塑料会加剧其他污染物对蚯蚓的不利影响，例如，促进其他污染物在蚯蚓体内的积累、抑制生长速度、加重氧化损伤及改变蚯蚓的肠道菌群等造成更严重的损害[119-121]。研究表明在大多情况下同时暴露微塑料与重金属可以增加蚯蚓体内的重金属的积累，微塑料的存在通常会抑制多氯联苯（PCBs）在蚯蚓体内的积累，然而，在许多其他情况下，已经发现微塑料有助于蚯蚓体内芘的积累，加剧了十溴二苯乙烷（DBDPE）在蚯蚓的神经系统等基因调控中的毒性[121]（表 6.2）。

微塑料与蚯蚓的相互影响会对土壤生态系统的结构与功能造成一定的影响。蚯蚓在土壤生态系统中扮演着分解者、消费者两个角色。作为分解者的角色的蚯蚓食入与携带微塑料，将微塑料研磨成更小尺寸的微塑料，增加了微塑料的比表面积，这也许会改变蚯蚓肠道菌种群的类型，甚至可能导致植物根部吸收微塑料，不仅会造成地下水污染，还会进入食物链，损害植物和人类健康。作为消费者角色的蚯蚓，是食物链最低端的动物，易被以蚯蚓为食的鸟类动物所食，微塑料从土壤到蚯蚓，再到鸟类食物链的传递。例如，有科学家发现微塑料在庭院土壤—蚯蚓—

鸡食物链中的传递，发现微塑料从土壤到蚯蚓粪的富集系数可达 12.7，从土壤到鸡粪的富集系数更是高达 105[128]。

表 6.2　微塑料对蚯蚓体内重金属/有机污染物积累的影响

蚯蚓类型	微塑料类型	其他污染物	影响	参考文献
Eisenia fetida	聚丙烯（PP）	镉（Cd）	与单独接触 Cd 相比，微塑料促进了 Cd 在蚯蚓体内的积累，而且这种积累随着接触时间的增加而增加。	[122]
Eisenia fetida	聚乙烯（PE）	镉（Cd）	共暴露显著增加了蚯蚓体内 Cd 的积累	[123]
Metaphire californica	聚乙烯（PE）	砷（As）	微塑料抑制了蚯蚓肠道中 As（V）的还原，因此与单独暴露砷相比，共暴露降低了砷的积累。	[124]
Eisenia fetida	低密度聚乙烯（PE-LD）	多氯联苯(PCBs)	微塑料是像多氯联苯这类疏水性有机物（HOCs）的强吸附剂，有助于降低 HOCs 的生物利用度和减少 HOCs 的积累	[125]
Eisenia fetida	聚乙烯（PE）、聚丙烯（PP）、聚乳酸（PLA）	十溴二苯乙烷（DBDPE）	MPs 加剧了十溴二苯乙烷（DBDPE）在蚯蚓的神经系统、表皮和 *E. fetida* 基因调控中的毒性	[126]
Eisenia fetida	聚苯乙烯（PS）	芘	微塑料抑制了芘的降解，导致芘在蚯蚓体内的积累。	[127]

综上，由于微塑料大量进入土壤中，不可避免地影响到蚯蚓的“衣食住行”。因此我们需要辩证看待地下工作者——蚯蚓对土壤中微塑料的排斥性与适应性，一方面蚯蚓的选择性进食行为，避免含有高浓度微塑料的区域，以及对微塑料的排斥来避免微塑料被摄入带来的物理与生理损伤；另一方面蚯蚓可以通过摄入微塑料而显著影响微塑料的物理特性，使微塑料的尺寸变小，比表面积增大，从会带来新的影响，这一方面可能会改变蚯蚓肠道细菌种群、导致植物根部吸收微塑料、随食物链传递等，也可能有助于微塑料进一步降解，使蚯蚓有潜力去除土壤中的微塑料。此外，微塑料与其他污染复合对蚯蚓带来的消极与积极影响，增加了研究的复杂性。对于微塑料与蚯蚓的问题，目前科研中研究的蚯蚓种类大多都为表居型（红蚯蚓）与上食下居型（陆正蚓），因此对蚯蚓降解微塑料的可能性方面，未来还有许多种类蚯蚓待我们探索。同时未来我们可以将微塑料进行预处理为蚯蚓可食用的物质，从而进一步实现蚯蚓降解微塑料的可能性。此外，对于蚯蚓排斥微塑料，微塑料对蚯蚓带来的消极影响方面，人类应该反思塑料的污染带来的不利影响，积极研发出生物友好型的塑料替代产品，才是实现可持续发展的有效措施。

第7章 大气中的微塑料

7.1 大气中的微塑料污染

7.1.1 大气中微塑料的污染特征

大气中的微塑料可分为纤维状、碎片状、颗粒状（球状）、微珠状、薄膜状和泡沫状等不同形状，其中纤维状是大气中的微塑料被观察到的最普遍形状，出现在绝大多数的研究中，且占比较高。研究者们发现城市地面灰尘、城市大气环境和自然保护区的大气环境中纤维状微塑料占比分别为99%以上、77%和81%。碎片状是大气中的微塑料的另一个常见形态，有研究者发现美国西部自然保护区和中国沿海城市的大气微塑料中碎片状比例可达68%和77%[1]。微塑料的形状取决于初生微塑料的原始形态、塑料颗粒表面的降解和侵蚀过程、在环境中的停留时间。有人认为，具有锋利边缘的可降解微塑料可能进入环境的时间较短，而具有光滑边缘的则可能在环境中停留的时间较长[2]。微塑料的形状通常可以用于推断其来源。最普遍的纤维状微塑料主要来自衣服、地毯和沙发等纺织品；碎片状微塑料则可能来自于包装材料和塑料容器等大型塑料制品的分解；薄膜状微塑料主要来自塑料袋；泡沫状微塑料则主要来自用于包装材料的聚苯乙烯制品[3]。纤维状微塑料可能经历光氧化降解、风切变或磨损，最终破碎成细颗粒状。不同地区不同形状的微塑料占比可能有区别，差异可能与合成纤维（服装、室内装潢或地毯）产量密切相关。部分地区人口较为密集，服装、地毯等合成纤维的使用较为广泛，大气中纤维状微塑料的占比则较高。

塑料颗粒大小是决定其与生物群相互作用及其环境命运的主要因素。与来自水环境和沉积物环境的微塑料相比，大气微塑料的主要尺寸要小得多，可能对人体健康更有害。大气中微塑料的尺寸具有区域性差异。比如，法国巴黎的大气沉降样品中主要的纤维状微塑料长度为 200～600 μm（40%）；中国东莞大气沉降样品中纤维状微塑料主要长度为 200～700 μm（30%）；德国汉堡大气中的纤维状微塑料主要是在 300～5000 μm。相比于纤维状微塑料，其他形状的大气微塑料尺寸通常更小。碎片状微塑料的主要粒径在 100～200 μm，球状微塑料粒径大都小于 50 μm[4]。尺寸小、质量轻的微塑料更容易悬浮和扩散，尺寸和密度较大的微塑料很难长时间驻留在空气中，且倾向于快速沉降。大部分试验研究结果总结出，随着空气中微塑料颗粒尺寸的增加，对应的微塑料数目逐渐减少。在对中国 5 个特大城市的研究中，小于 30 μm 和 30～100 μm 范围内的微塑料占总量的 61.6%和 33.1%[5]。乡村与城市地区的微塑料粒径存在一定差异，小粒径微塑料（5～30 μm）在乡村地区空气中更多，较大粒径微塑料（300～3000 μm）在城市地区空气中较多。这可能是由于与乡村地区相比，城市交通负荷大、人口密度大及道路清扫频繁，人类活动造成的道路扬尘使较大粒径的微塑料更有机会再次飘浮在空气中[6]。

大气中的微塑料种类繁多，包括聚对苯二甲酸乙二酯（PET）、聚乙烯（PE）、聚苯乙烯（PS）、聚氯乙烯（PVC）、聚丙烯（PP）、聚醚砜（PES）、聚丙烯腈（PAN）、聚丙烯酸（PAA）、人造丝等。其中，PET、PE、PS 和 PP 在大气微塑料中最为常见，这与相关塑料制品密度和日常使用情况有关。PS 和 PE 在一次性塑料制品和包装材料中最为常用，这是因为 PS 和 PE 的密度较低。PP 在所有塑料中密度最低，这使得它们的碎屑更容易在空气中长时间悬浮。PET 虽然密度大（1.37～1.45 g/cm^3），但其在聚酯纤维和纺织品生产中被广泛使用，因此也较为常见。偏远山区大气中收集的微塑料与城市大气中收集的微塑料在形状和种类上无明显的差异，这表明微塑料在大气中普遍存在，并且能够随着气流迁移[4]。

研究发现，微塑料有很多种颜色，包括红色、橙色、黄色、棕色、褐色、灰白色、灰色、白色、蓝色、绿色等。对于大气中的微塑料来说，不同地区所观察到的结果略有差异，但主要颜色相似。在伊朗阿萨鲁耶县工厂及城市周围采集的室外总悬浮颗粒物样品中微塑料主要颜色为白色和透明。伊朗德黑兰的街道灰尘中，黑色、黄色和透明是微塑料的主要颜色。我国天津地区大气沉积物样品中微塑料主要颜色则为黄色和透明[4]。

7.1.2　大气中微塑料的丰度

与其他环境介质中的污染物相比，大气污染物具有随空间、时间变化大的特点。掌握大气微塑料的时空变化规律，了解其时空分布特征，对准确反映其在大气中的污染状况具有重要意义。

不同研究区域间大气微塑料丰度存在较大差异。2015 年，Dris 等人在法国巴黎的空气沉降中检测到了微塑料，其干沉降和湿沉降的沉降通量为 29 个/（$m^2 \cdot d$）和 280 个/（$m^2 \cdot d$）[7]。德国汉堡的大气沉降通量为 275 个/（$m^2 \cdot d$）。而在中国东莞市，非纤维微塑料和纤维微塑料的平均沉降通量分别为 175 个/（$m^2 \cdot d$）和 313 个/（$m^2 \cdot d$）。中国沿海城市烟台的大气微塑料沉降通量最大值达 602 个/（$m^2 \cdot d$）。欧洲西南部的比利牛斯山脉偏远地区的平均微塑料沉降通量为 365 个/（$m^2 \cdot d$）[2]。

降水、风、湿度、当地下垫面环境、人口密度和人类活动等都会影响微塑料的传输和沉降，进而影响大气中微塑料的丰度。人口密度高的区域大气环境中微塑料的丰度往往更高。城市中的人口密度更高，空气的流通性也较差，且交通负荷、工业化程度等也较农村更高，因此微塑料的丰度通常会比农村地区更高。中国东部沿海城市空气中微塑料丰度（154～294 个/m^3）明显高于乡村地区空气中微塑料丰度（54～148 个/m^3）[6]。室内和室外空气中微塑料的丰度存在差异。某地区的一项研究显示，室内丰度为 1.0～60.0 个/m^3，而室外丰度为 0.3～1.5 个/m^3 [2]。在滨海地区，空气悬浮物中的微塑料丰度呈现出海岸区域高于深海区域的空间分布特征。

微塑料的丰度存在季节性差异。冬季微塑料沉降通量的增加主要与 $PM_{2.5}$ 浓度升高所导致的空气质量恶化有关。冬季低温还会降低大气混合层的高度，不利于污染物的垂直输送，可能导致微塑料沉积增加[8]。人类的生活方式对微塑料丰度也有一定的影响。上海人通常选择在窗外自然风干衣物和床单，挂在窗外的衣物脱落的纤维更易进入空气，且衣物在阳光下受到紫外线照射，更容易使合成纤维分解为微塑料。

采样点位置的选取、高度的设置同样与大气微塑料的丰度具有相关性。目前的空气微塑料采样方法主要包括被动沉降、主动采样和灰尘采集。被动沉降法一般用于收集空气总沉降中的微塑料，多用于室外空气环境微塑料的采集，采样装置一般为装有漏斗的玻璃瓶，研究者通常将采样装置放置在屋顶或较为空旷的场所。主动采样方法常用于采集空气中悬浮的微塑料，研究者常将大气采样器架设在人体呼吸带高度（1.2～1.5 m）。该方法通过在一定时间内抽吸一定体积的空气，计算出每立方米空气中的微塑料个数[9]。

7.1.3　大气中微塑料的来源

我们可以通过大气微塑料的成分推测其来源。PE 是一种常见的低密度薄膜塑料，通常来自塑料袋等产品；PS 具有良好的隔热性，通常来自包装和制造业；PP 和 PET 通常来自聚酯纤维、织物、纺织品、包装材料和一些可重复使用的产品[3]。

合成纺织品是大气微塑料的主要来源。2016 年，合成纺织品的全球产量已超过 6000 万 t，其产量还在以每年约 6%的速度增加[3]。纺织品生产过程中，对纤维的研磨、切割会产生许多微小的纤维。在衣服、地毯、窗帘等纤维制品的使用、清洗和干燥等过程中，这些细小纤维很容易撕扯下来，进入大气层[10]。涂层材料可能也是大气微塑料的来源之一，环氧树脂和醇酸树脂是两种常用的涂层成分，经受长时间的紫外线辐射和物理磨损后，会在大气中逐渐变成碎片状微塑料[10]。堆积在垃圾填埋场的塑料垃圾经过紫外线照射和物理磨损会降解或分解为微塑料颗粒，垃圾的不完全燃烧也会向大气中释放微塑料。有研究者从 12 个大规模燃烧焚烧炉、1 个底灰处理中心和 4 个流化床焚烧炉的底灰中提取微塑料，计算发现每吨垃圾焚烧后会产生 360～102 000 个微塑料颗粒[11]。交通是大气微塑料的另一个来源，车辆行驶途中排放的微塑料、道路灰尘中微塑料的再悬浮、轮胎和道路的磨损，都会产生微塑料并进入大气[3]。3D 打印机建模是空气中微塑料的另一个潜在来源。熔融沉积建模 3D 打印机通常使用长丝材料，如丙烯腈-丁二烯-苯乙烯（ABS）、聚乳酸（PLA）、聚酰胺（PA）和 PET，在印刷过程中会产生超细颗粒进入大气。在 ABS 细丝的 3D 打印机运行的房间中，颗粒浓度高达 10^6 个/m^3，平均颗粒尺寸为 20～40 nm[11]。在海面气泡爆裂喷溅和波浪作用的过程中，海水中的微塑料会向空气传输。微塑料的密度一般较低，在海水中易依附气泡而产生较大的浮力，集中在海洋混合层的顶部，通过风浪作用形成海喷雾气溶胶进入大气。模型结果显示海洋通过大气传输贡献了美国大气环境中近 11%的微塑料[1]。据估计，全球范围内每年约有 13.6 万 t 微塑料由海洋释放到空气环境中[9]。河流和湖泊水体也可以产生气溶胶，将表层水中的微塑料释放到大气中。此外，塑料地膜、用作农业肥料的污水污泥及园艺土壤中的合成颗粒都是大气微塑料的潜在来源[10]。

灰尘通常被视为空气中微塑料的“汇”，但灰尘中的微塑料可通过风再次转移到大气中，因此灰尘也可被认为是大气微塑料的次级来源。在室内环境中，灰尘作为众多污染物的载体，是室内微塑料污染的重要来源之一[10]。室内空气中的微塑料也是室外空气微塑料的主要来源之一。室内污染源产生微塑料后，因室内的流通机制较差，室内空气中微塑料含量较高，室内的微塑料传输至室外并在空气中被稀释，含量降低。

7.2　会飞的微塑料

7.2.1　微塑料在大气中的运输

空气中微塑料颗粒传输的三种主要机制为分散、运输和沉降。“分散”机制是指当大气环境发生干扰或湍流时，微塑料颗粒会随着气体分子的运动而分散到环境中。这种机制在大气压较低的地方，例如，洼地，表现得尤为强烈。“运输”机制是指微塑料颗粒随着风的运动而移动。这种机制主要取决于环境空气中的风速和风向。“沉降”机制是指微塑料颗粒通过降水、沉积和清除等方式向地表沉淀下来[12]。

空气中的微塑料可能被风运输并沉积到陆地和水环境中，污染陆地和水生生态系统，沉积在陆地环境表面的微塑料可能被风重新输送到空气中，或通过地表径流和雨水进入水环境（图 7.1）[3]。在大气环境中，微塑料自身密度较小，很容易被风或气流扬起进入大气并进行跨区域传输。在一些无本地污染源的偏远地区，如比利牛斯山、西藏、北极圈附近，均在大气沉积物中检测到了微塑料成分，表明微塑料能够通过大气途径进行一定距离的运输。偏远原始山区集水区（法国比利牛斯山脉）远离主要人口或工业中心，人类难以进入，但该地区的平均微塑料沉降量为（365±69）个/（m^2・d）[13]，其中纤维状微塑料的沉降量与巴黎和广东省东莞市的相近，证明微塑料在大气中持续存在，并通过大气进行长距离传输。

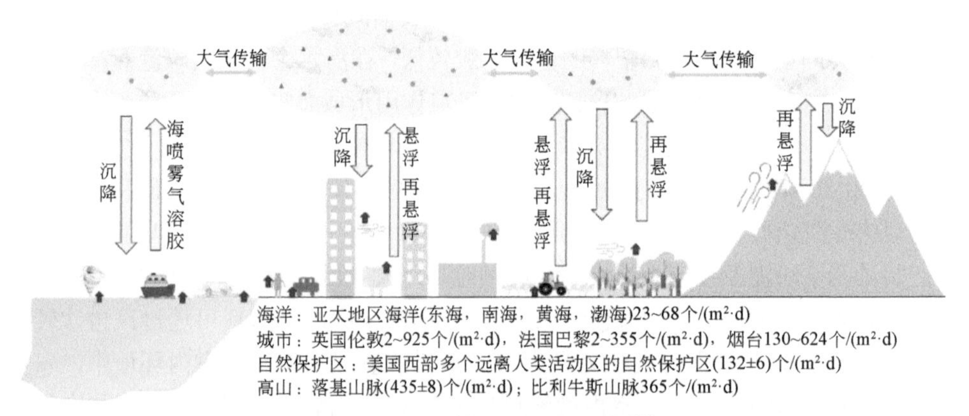

图 7.1 大气微塑料的迁移过程[1]

据估计，每年有 1.21 t 微塑料通过大气传输进入到海洋环境。有模型显示，纤维状和碎片状微塑料可经大气输送超过 1000 km，向亚洲大气中排放的微塑料质量的 1.4%通过大气输送沉积到海洋中，其余部分沉积在陆地上（图 7.2）[14]。风力传输可以使 7%～34%的初级或废弃微塑料沉积到海洋中，一部分海洋微塑料也可以作为大气微塑料被输送[15]。根据美国西部保护区的微塑料沉降水平［48～435 个/（m^2・d）］估算，每年有 1000 t 微塑料通过大气传输至美国西部保护区，相当于（1.2～3）亿个塑料水瓶“从天而降”[9]。

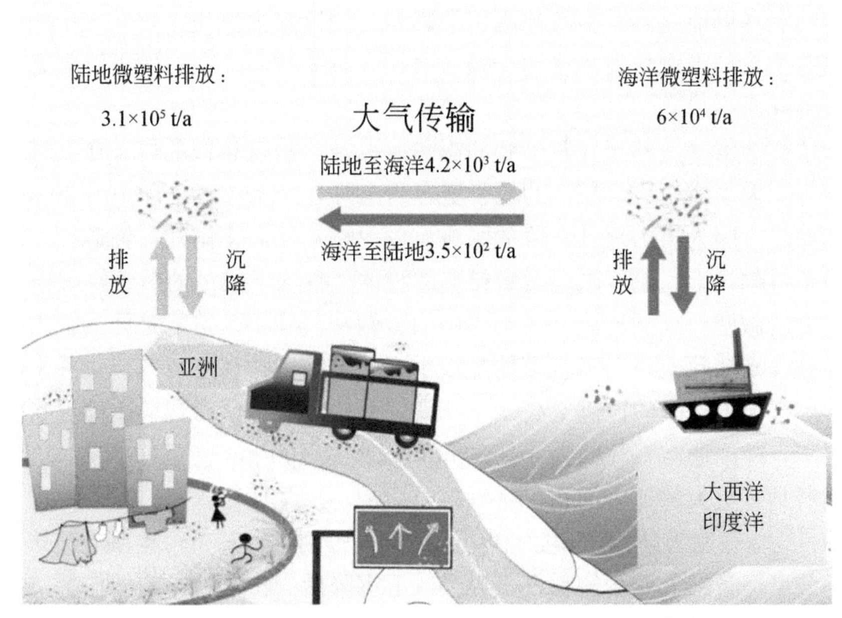

图 7.2　微塑料在亚洲和邻近海洋的有效大气输送[14]

微塑料的长度、大小和形状等特征都可能影响微塑料在大气中的传输。由风洞实验发现，纤维状的微塑料比球形的微塑料更易通过风进行传输，在平均风速为 7 m/s 的情况下，直径为 250 μm、密度为 1.2 g/cm^3 的微塑料可从其源头传输到 126 km 以外，这个数值是在默认微塑料近似于球形的前提下估算的[9]。与尺寸相近的碎片状微塑料相比，薄膜状微塑料薄且平坦，具有更大的比表面积，更易传输。此外，尺寸较小的微塑料颗粒在大气中的持久性更强，更有可能被带到更远的地区[12]。

7.2.2　雨雪与微塑料的沉降

根据不同的气象条件，微塑料的大气沉降可分为干沉降和湿沉降。干沉降是大气微塑料由于湍流扩散、重力沉降及分子扩散等作用引起的沉降过程。大气微塑料随雨、雪等降水形式和其他形式的水汽凝结物沉降的过程为湿沉降。空气质量条件类似时，降雨事件可能会促进微塑料在城市地区的沉积。在法国巴黎进行的一项早期研究表明，雨后的巴黎大气降尘中的微塑料丰度增加了五倍，即降雨事件可能会促进城市地区的微塑料沉积，湿沉降可能是微塑料进入地球表面包括海洋的一种途径[16]。在上海开展的一项研究显示，天气潮湿时的微塑料沉降通量是干燥天气时的 1.6～2.2 倍。然而，降雨并不是影响微塑料沉降的唯一因素，微塑料的沉降可能受到其他气象因素的影响，如风和大气压，与大气中的颗粒物浓度也有关系。当颗粒物浓度在干燥天气期间较高时，微塑料的干沉降通量可能高于湿沉降通量[8]。

微塑料的沉降受其尺寸和形状的影响。通常，密度相似的粒子在大气中的沉降速度与其大小成正比，较大的粒子更容易沉降。对于粒径小于 10～20 μm 的颗粒尤其如此，因为重力对其沉降的影响可以忽略不计。下雨时，液滴可以凝结在小的微塑料颗粒上，还可以与微塑料形成胶体，有利于较小的微塑料沉积[8]。城市降水中的微塑料尺寸比沉降的灰尘中的微塑料尺寸小，可能是因为较大的微粒不容易被雨滴清除或包裹，也可能是较小、较轻的微粒在形成或通过降水的高层大气中逃避重力沉降的比例更高[17]。天气干燥时，纤维状微塑料比碎片状微塑料更难沉降。纤维通常直径约为 5～20 μm，长度达 100 μm 甚至几毫米。这种形状的微塑料具有更大的比表面积，空气阻力增加，沉降速度降低。这一过程类似于蜘蛛的“气球膨胀”，由于静电力和阻力的共同作用，附着在网丝上的蜘蛛可以旅行数千公里。且纤维状微塑料在干燥天气下沉降后，由于静电力的作用，其再悬浮的可能性比碎片状微塑料更大。然而，在下雨时，雨滴可以黏附在纤维状微塑料上并改变它的形状，从而增加其沉降的速度[8]。

雪是各种不纯物质的清除剂。在经过大气层时，雪与空气中的颗粒物和污染物结合，并最终沉降在地球表面上，达到“清除”的效果。与降雨相比，关于降雪过程中微塑料的捕捉和沉降机制及其意义的研究较少。雪花比雨滴更大，密度更低，沉降速度更慢，可能会捕获和沉降不同数量和类型的微塑料。雪是比雨更好的粗气溶胶（>4 μm）清除剂，具有更大的清除能力，在测定大气微塑料污染时更加简单有效[18]。西藏冰川积雪中的微塑料丰度为 800～1100 个/L，珠穆朗玛峰南坡积雪约 30 个/L，安第斯冰川的表面雪的微塑料平均丰度为 101 个/L[7]。降雪是微塑料进入欧洲和北极陆地的重要途径。北极和欧洲的降雪聚合物类型差异很大，欧洲样品中聚酰胺、清漆、3 型橡胶、丁腈橡胶、乙烯-醋酸乙烯酯和 PE 的丰度要高得多。相比之下，聚苯乙烯、聚氯乙烯、聚碳酸酯、聚乳酸和聚酰亚胺只出现在北极雪中[16]。

大气微塑料的沉降受到降雨降雪的影响，同时也会反过来作用于雨雪的形成。微塑料和纳米塑料在大气中的广泛分散和长时间停留会造成环境和食物链污染，还可能影响降雨降雪的发生，进而可能对气候造成影响。例如，空气中的微塑料和纳米塑料，尽管不吸湿，但可以作为云凝结核[17]。

7.2.3　极地微塑料

由于极地附近缺乏城市人口和当地污染源，人们往往会忽视极地地区的微塑料堆积问题。然而，已有研究发现极地海域的微塑料丰度与城市化程度较高且人口稠密的地区的微塑料丰度相近[19]。极地海洋微塑料有两个主要来源：长距离传输和本地输入。长距离传输包括洋流漂移输入、河流输入和大气迁移。来自太平洋和北极海岸的洋流每年可以将（1.62～190）万 t 的塑料碎片运输到北冰洋。河流输入也是极地微塑料的重要来源，研究显示西伯利亚河是欧亚北极海域微塑料污染的第二大来源。海洋运输和人类活动是极地海洋微塑料的本地输入来源。在北冰洋西部的海冰中检测到来自船舶油漆（例如，聚氨酯）和渔具（例如，聚酰胺）的聚合物。在南大洋还发现了塑料废物和微塑料，例如，油漆（由用于科学研究和捕鱼的航运活动产生）。船舶、捕鱼活动和旅游业排放的废水是南大洋微塑料污染的重要本地来源[20]。南极洲共有 71 个研究站，其中 52%没有废水处理厂。目前的微滤处理技术无法完全去除微塑料，且在极地区域，操作技术的问题会降低污废水的处理效率，使该情况更加严重[21]。大气沉降也是极地微塑料的来源之一。一项全球模拟表明，道路交通过程（例如，轮胎磨损）产生的微塑料可以通过大气迁移进入极地地区。

北冰洋地区地表水中微塑料的丰度为 0.06～2.89 个/m^3。北极不同海域的微塑料丰度相差 1～2 个数量级。巴伦支海表层水中含有高丰度的微塑料（2.89 个/m^3），与亚热带地区的数值相近。喀拉海和白海与大西洋涌水分离，保持相对清洁，微塑料丰度分别为 0.64 个/m^3 和 0.62 个/m^3[20]。大多数研究发现，北极水域中微塑料的成分是纤维和聚酯。南极洲周围海域表层海水中微塑料的丰度为 0.05～0.10 个/m^3，微塑料的主要类型是聚乙烯和聚丙烯[20]。

海冰可以被视为微塑料的短期“汇”。北极海冰中含有大量的微塑料，其丰度比其他受污染的表层水高得多。近年来，北极海冰的数量急剧下降。如果情况没有得到改善，未来将有 2040 亿 m^3 的冰会融化，从而释放存储的所有微塑料，释放的微塑料颗粒可能超过 1 万亿个[21]。与南极海冰相比，北极海冰中的微塑料负荷更高。北极海冰中记录的微塑料比之前报道的高污染地表水（如太平洋环流）高出两个数量级。然而北极海冰中的微塑料丰度也存在显著差异，从每升几个到数百甚至数千个微塑料颗粒不等[22]。

海洋微塑料受到其物理特性、海洋动力过程和生物积累的影响，会在海底迁移和积累。极地海洋沉积物中的微塑料污染已经得到证实。在加拿大北极沉积物中，微塑料丰度据说为 10～1660 个/kg，微塑料的主要形状是纤维，主要类型是合成纤维素、聚酯和聚氯乙烯。在南极半岛、南桑威奇群岛和南乔治亚岛周围的深海沉积物中，微塑料的丰度分别为 1300 个/kg、1090 个/kg 和 1040 个/kg，微塑料的主要形状是碎片，主要类型是聚酯[20]。

微塑料污染已经影响到北极生态系统的食物链。不同的鱼和水样品中存在各种类型的聚合物，主要是聚乙烯[21]。北极地区浮游动物和小海雀（一种以浮游动物为食的海鸟）群落中微塑料的组成和丰度与其他海域相似，且在所有受检鸟类中都发现了高水平的塑料颗粒。研究发现，鸟类摄食时经常选择浅色颗粒而不是深色颗粒，有可能将微塑料颗粒错误地识别为其天然猎物[21]。

7.3　空调与微塑料

7.3.1　室内空气中的微塑料

现代人类往往更多地在室内环境进行活动，室内空气质量对人体健康有很大的影响。室内的悬浮和沉降微塑料的丰度往往高于室外。大多数室内微塑料以纤维状的形式存在，其次是碎片状，薄膜状或泡沫状。室内微塑料常见的聚合物有聚对苯二甲酸乙二酯（PET），聚丙烯（PP），聚乙烯（PE），聚酰胺（PA），聚苯乙烯（PS），聚氯乙烯（PVC），聚甲基丙烯酸甲酯（PMMA），聚碳酸酯（PC），聚氨酯（PU），丙烯腈丁二烯苯乙烯（ABS）和聚丙烯腈（PAN）。室内发现的聚合物类型可能与家具、地毯、织物、窗帘和百叶窗等的使用有关[23]。我国研究者发现室内灰尘的主要聚合物类型为 PET，PET 纤维的密度在室内高达 2.7×10^4 mg/kg，大约是室外环境的 10 倍[11]。

微塑料在室内场所的空气沉降中普遍存在，且其丰度呈现明显的空间差异。例如，在校园中，学生宿舍内的微塑料丰度最高，约为办公室和楼道微塑料丰度的 4.4～50 倍。不同地点微塑料丰度的差异可能是由纺织品数量的差异导致的。宿舍有大量纺织品，如衣服、床品、毛巾等；办公室的主要纺织品是办公人员穿着的衣服；楼道内的纺织品最少[9]。室内微塑料丰度不是恒定的，会随时间产生较大波动。在宿舍和办公室，微塑料的波动与学生的工作时间表相吻合，更多的人类活动导致更高的微塑料数量[24]。

在室外，风是影响微塑料运动的关键因素之一。一旦进入空中，室外微塑料可以通过风转移到偏远地区。同样，室内环境中也有气流。空调可以在不同的操作模式下产生不同强度的气流。除了空调之外，行走和关门等类活动也会在房间内引起气流。气流会导致沉降在角落或其他地方的微塑料再悬浮，可能落到食物和饮用水表面，增加人类摄入微塑料的风险[24]。

7.3.2　空调对室内微塑料的影响

分体式空调的滤网上普遍存在微塑料纤维的污染，其中微塑料纤维的主要聚合物类型是 PET、人造丝和赛璐玢[11]。当空调打开时，室内收集到的微塑料数量增加。事实上，气流并没有增加微塑料的总量，而是诱导了沉降颗粒的再悬浮，改变了室内微塑料的空间分布，微塑料颗粒从其沉降位置再悬浮后沉降到取样容器中（图 7.3）[24]。

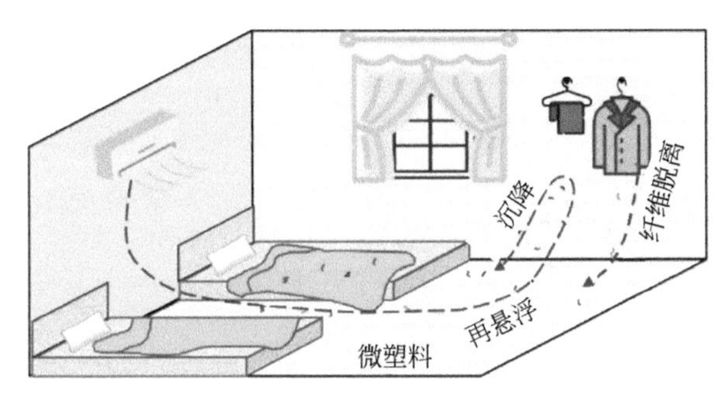

图 7.3　室内微塑料的沉降[24]

空调系统运行过程中不会从室外引入新鲜空气，而是对室内空气进行不断再循环，其过滤室内空气中灰尘的机制类似于真空吸尘器[11]。空调滤网可以成为室内微塑料纤维（MPFs）的“汇”，MPFs 在空调滤网上随空调运行时间增加而累积。这种累积效应是普遍存在的，但 MPFs 的累积量在不同的室内环境中有所不同。例如，与办公室相比，宿舍的纺织品丰富，空调滤网上的 MPFs 累计量和累积速度更高。半封闭客厅与通风的阳台相连，MPFs 在空调滤网上的堆积量较低，可能是由于室内外的空气循环[11]。

空调滤网上 MPFs 积累的速度随时间而有所改变。随着时间的增加，微塑料的累积速度增加。这可能是由于 MPFs 污染堵塞了滤网，导致更多的 MPFs 被截留。定期更换或清理空调滤网是控制 MPFs 污染的有效方法[11]。

空调滤网可以作为室内微塑料纤维的“汇”，也可以作为“源”再次释放微塑料。模拟释放实验发现附着在空调滤网上的 MPFs 可以再次有效地释放到室内空气中。有研究显示，与空调关闭时相比，空调打开时室内 MPFs 的数量增加，且房间内不同区域收集到的 MPFs 存在明显差异，靠近空调的区域 MPFs 的丰度更高。人体对微塑料的吸入暴露风险随着空调运行时间的增加而增加[11]。

在通风或空调系统中安装适当的过滤器或使用空气净化器可以减少室内微塑

料。粉尘精滤器因具有较大的比表面积，可以高效地捕捉大于 3 μm 的微塑料，但缺点是价格昂贵且会产生较大的气流阻力。大多数供热通风与空气调节（HVAC）系统中需要使用高效空气过滤器（HEPA）以满足严格的室内空气质量要求，HEPA 可以捕捉 0.3 μm 内的 MPs，去除率可达 99.97%。然而，与粉尘精滤器类似，HEPA 需要预过滤器来克服较高的气流阻力。超高效空气过滤器（ULPA）可以捕捉 0.12～0.40 μm 的微粒。但是，ULPA 的阻力比 HEPA 过滤器更高，需要经常维修和更换，成本较高。研究结果显示安装预过滤器（以捕获更大的颗粒并保护过滤器）的 HEPA 是去除室内微塑料的最佳方案，更换或清洗过滤器是确保其效率的关键[23]。

第 8 章

舌尖上的微塑料

8.1 瓶装水中的微塑料

8.1.1 瓶装水中微塑料来源及污染特征

随着人们对健康、便捷生活的追求，瓶装水已经成为人类生活的必需品，瓶装水的销量每年也在不断地增长。由于塑料具有便宜、耐用、轻便、易塑形等优点，所以瓶装水大部分采用塑料制品包装。既然瓶装水如此受人们欢迎，那么瓶装水到底“纯净”“健康”吗？近年来网上出现了许多类似“瓶装水喝一口就致癌”“喝瓶装水会同时摄入微塑料颗粒”的文章。喝瓶装水就等于喝微塑料吗？瓶装水中的微塑料从何而来？

喝塑料瓶装水可能会同时摄入微塑料（图 8.1，图 8.2）。美国纽约州立大学弗雷多尼亚学院微塑料学家谢里·梅森的研究团队对 9 个国家 19 个地区的 11 个知名品牌的 259 支瓶装水进行检测，结果发现，只有 17 支瓶装水中未检测出微塑料，93%的瓶装水中含有微塑料。每升瓶装水中含有 10.4 个直径接近人类头发丝粗细（直径大于 100 μm）的微塑料，而粒径更小的疑似塑料成分的颗粒在瓶装水中的浓度是每升含有 314 个[1]。谢里·梅森教授本人对瓶装水的态度是：如果你想知道我喝什么水，我喝城市自来水。我用不锈钢的咖啡杯和水杯[1]。因为在他之前的研究中发现，城市自来水中也被检测出含有微塑料，但是每升自来水中只有 5.45 个微塑料颗粒，是瓶装水的一半[1]。奥地利维也纳医科大学领导的一项新研究数据显示，如果全年都喝塑料瓶装水，每人每年会摄入 10 万个微塑料颗粒，一个喜欢喝自来水的人每年可以少摄入 5 万个微塑料颗粒[2]。由以上两个团队的研究结果均可知，瓶装水中确实含有微塑料，并且数量还不少，只是由于微塑料粒径小，看似没有杂质的瓶装水中的微塑料在不知不觉间就被喝进到了我们的身体中。那么最受我们欢迎的瓶装水中的微塑料从何而来呢？

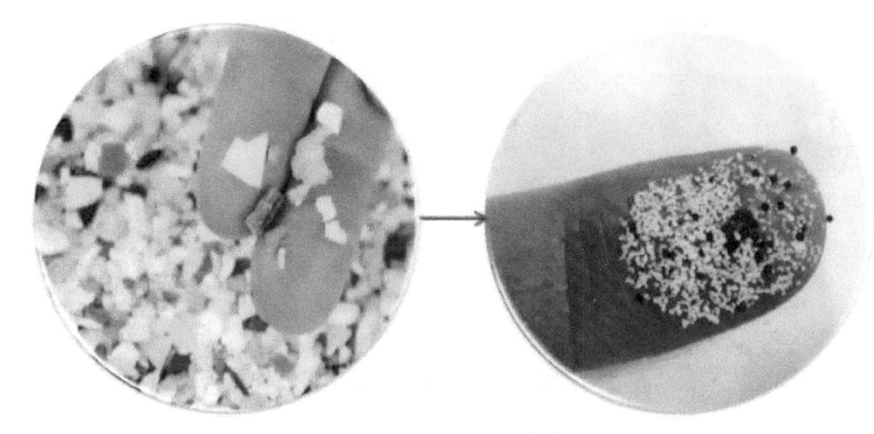

图 8.1　微塑料的模样

图 8.2　瓶装水中的微塑料

科学家的研究表明，瓶装水中的微塑料一部分来自于塑料包装，一部分来自于灌装水本身。谢里·梅森的研究发现，瓶装水中检测到的聚丙烯（PP）约占微塑料颗粒的 54%，PP 常被用来制作瓶装水的瓶盖，聚对苯二甲酸乙二酯（PET）约占微塑料颗粒的 6%，其常用于瓶装水的瓶身制作[1]。瓶装水中的微塑料有超过 60%都是塑料碎片，而非纤维[3]。梅森早期的研究发现，自来水中的微塑料主要是纤维，这说明瓶装水中约 60%的微塑料颗粒是来自于瓶装水的包装。

另外还有研究者对德国杂货店获得的 22 个可回收塑料瓶和一次性塑料瓶包装、3 个饮料纸盒包装及 9 个玻璃瓶包装饮用水中的微塑料进行分析，发现可回收塑料瓶装水中微塑料最多，其次是玻璃瓶装水，最少的是饮料纸盒包装瓶装水，可回收塑料瓶装水中微塑料约是饮料纸盒包装瓶装水中微塑料的 10 倍，80%的微塑料粒径在 5～20 μm[4]，可见瓶装水中的微塑料粒径之小，以至于不能被我们用肉眼所看见。该研究发现，可回收塑料瓶装水中的微塑料主要为 PET 和 PP，可归因于瓶装水的瓶身 PET 和瓶盖 PP 的材质[4]，这项研究的结果和梅森的研究结果一致，均表明瓶装水中微塑料的主要来源是瓶装水的包装。在一次性塑料瓶装水中，仅发现了 PET。在饮料纸盒包装瓶装水和玻璃瓶装水中，发现了除 PET 以外的颗粒，如聚乙烯（PE）或聚烯烃，主要来源于饮料纸盒内衬聚乙烯箔和瓶盖的润滑剂[4]。以上研究均表明，塑料包装可直接产生微塑料。在如今的生产生活中，大部分食品都采用塑料包装，消费者有可能直接摄入塑料包装产生的微塑料。

瓶装水中来自塑料包装产生的微塑料有部分是在工业化装瓶过程中进入水中的，还有部分是在人们拧瓶盖时，瓶颈和瓶盖内表面的微塑料掉入了水中，当然对瓶装水施加机械应力也可能会促使塑料包装向水中释放微塑料。有研究表明，随着瓶装水瓶口开关次数的增加，瓶颈和瓶盖内表面的微塑料在显著增加。原因很简单，在人们拧瓶盖时，瓶颈和瓶盖发生了摩擦，促使了微塑料的产生。在瓶装水瓶盖开关 100 次后，3 个品牌的瓶装水瓶盖产生的微塑料颗粒数可高达（6.34～122.55）万个，且 90%的微塑料粒径小于 5 μm，但对瓶装水瓶身挤压 1～10 min，对瓶身产生的微塑料无显著影响[5]。这说明，频繁开关瓶装水的机械磨损是瓶装水包装产生微塑料的主要来源。

瓶装水中的微塑料也有一部分来自于灌装的水本身。在我们的日用品中微塑料也无处不在，例如，我们每天使用的牙膏、洗面奶中就含有增加摩擦作用的微塑料颗粒，还有我们洗衣服时也会掉落塑料纤维，这些微塑料会随着水流被冲入下水道中，进入城市污水管网，目前的城市污水处理系统多采用传统的污水处理工艺，不能很好地对污水中的微塑料进行去除，并且在现在的污水排放标准中，微塑料也没有被定义为污染指标，所以这些微塑料会排入河流中，最终进入海洋。另外，人们随意丢弃塑料垃圾于河流中，塑料进入水体后，在紫外辐射、波浪击打等作用下发生碎化和降解，粒径逐渐变小，就形成了微塑料。由于现在还没有具体的标准规定饮用水中微塑料的限值，所以在给水中还没有专门的工艺对微塑料进行去除，以至于水源中还含有微塑料。有研究表明，即便是经过净化处理的自来水中也含有微塑料，且透明纤维塑料占据了主导地位，微塑料的尺寸在 0.1～1 mm，微塑料主要来自净化和输送自来水的塑料材料的磨损[6]。换句话说，灌装水本身的微塑料可能来自水体本身和装瓶前的水处理及输送等过程的塑料制品。

8.1.2 瓶装水中微塑料对人体的影响

瓶装水中检测出微塑料，引发了人们对瓶装水是否纯净的思考，同时也引起了人们对喝瓶装水是否健康的担忧。那么瓶装水中的微塑料到底对人体健康是否有影响呢？

瓶装水中的微塑料是否会危害人体健康，目前还没有明确的答案。有报告指出，人体如果摄入微塑料，其中的90%最后会通过消化系统排出[7]。在塑料的生产过程中，为了提高其特殊性能，往往会添加阻燃剂和增塑剂等物质，所以微塑料在人体内留存期间是否会释放出这些有毒有害物质也是未知的，况且被人体摄入的微塑料也不能够完全被排出体外，有一部分可能会在人体内蓄积起来，当摄入的微塑料颗粒粒径小于 20 μm 时，有进入人体血液循环系统的可能[7]。虽然瓶装水中微塑料是否对人体有害，具体有哪些危害，还有待研究者们进一步研究，但是我们可以防患于未然。有研究表明，健康的肠道系统更有可能抵抗微塑料对身体带来的负面影响[2]，所以我们需要加强自身身体素质，并且减少塑料制品的使用，从个人做起，减少微塑料向环境介质中的释放。

8.2 食盐中的微塑料

8.2.1 食盐中微塑料来源及污染特征

食盐是我们生活中不可或缺的调味品，也是人类获取矿物质元素的主要来源。根据获取途径不同，食盐可以分为海盐、湖盐和井/岩盐三种。海盐来源于海洋，湖盐来源于盐湖，而井/岩盐通常收集于地下。有研究表明，在食盐中检测出了微塑料。可想而知，在我们每天烹饪加盐时，很有可能就往菜里添加了肉眼不可见的微塑料颗粒。这藏在食盐中的微塑料从何而来？为什么会进入食盐之中？吃了这样的食盐对人体有危害吗？

微塑料在全世界的海域都能找到，海洋是微塑料的一个重要的“汇”。由于海盐的直接来源是海水，所以华东师范大学施华宏教授的研究团队假设海盐中含有微塑料颗粒，如果该假设成立，那么该项研究就填补了微塑料污染存在于非生物海产品中的空白[8]。

施华宏教授团队从中国的超市收集了包括海盐、湖盐和岩/井盐三种不同类型的 15 个品牌的食盐（图 8.3）。研究发现，收集的这三种不同类型的 15 个品牌的食盐中均含有微塑料，并且海盐中微塑料含量最多，达 550～681 个/kg，湖盐中微塑料含量次之，为 43～364 个/kg，岩/井盐中微塑料含量最少，为 7～204 个/kg，这说明了食盐中微塑料的多少与品牌没有关系，而是和来源有关[8]。海盐中微塑料含量最多是因为海盐来源于海洋，而海洋又是微塑料主要的“汇”；湖盐主要源于盐湖，盐湖通常位于蒸发量大于降水量的干旱内陆地区，人口密度、经济发展水平及微塑料排放量都远不如沿海地区[9]，但是也会有微塑料的排放，所以湖盐中的微塑料含量小于海盐；而岩/井岩常常收集于地下，深度可达数百米，微塑料难以渗透到如此深的区域，所以所岩/井盐中微塑料含量最少[8]。

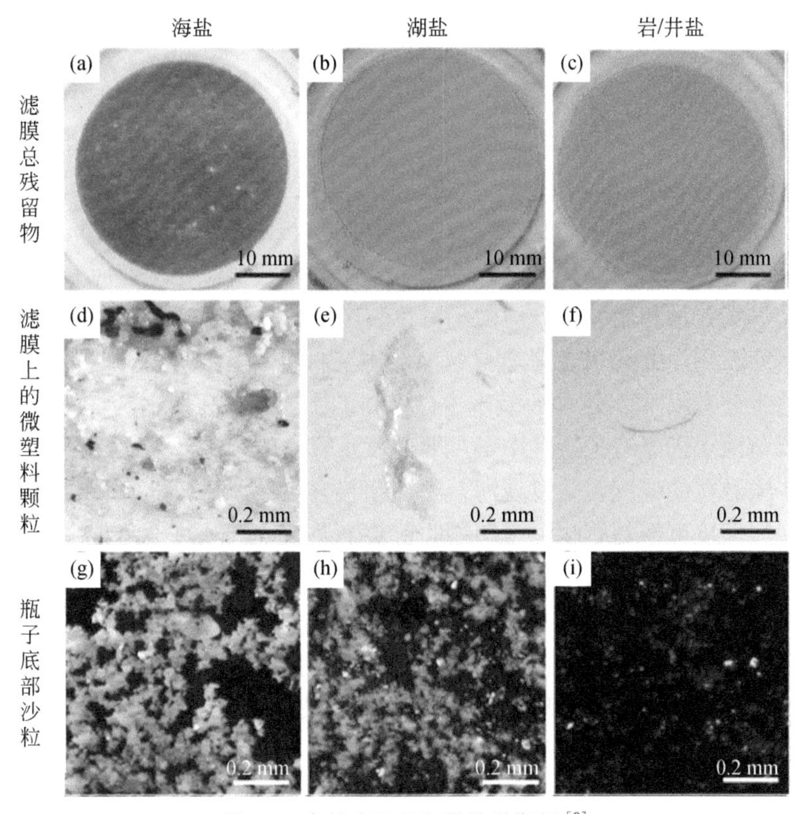

图 8.3　食盐中形状各异的微塑料[8]

施华宏教授的研究团队还发现，海盐中微塑料最普遍的类型是碎片状和纤维状，最多见的微塑料种类是 PET，其次是 PE 和玻璃纸，湖盐和岩/井盐中含量最多的是玻璃纸（图 8.4）。食盐中检测出的微塑料种类还有 PP、聚酯纤维（PES）等。食盐中微塑料的粒径在 45 μm～4.3 mm 之间，海盐中有 55%的微塑料颗粒粒径小于 200 μm[8]。

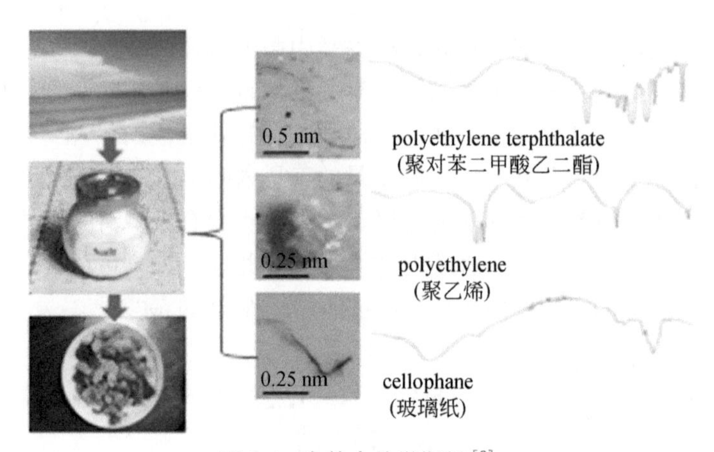

图 **8.4**　食盐中的微塑料[8]

另一项研究也表明，在全球销售的食盐品牌中，有超过 90%都被微塑料污染[10]。以上研究证实，食盐中确实含有微塑料颗粒，并且还明确知道了食盐中微塑料颗粒的主要种类及粒径范围。那么食盐中的微塑料颗粒从何而来呢？怎么会进入食盐里呢？是和瓶装水一样由塑料包装产生的吗？

有研究表明，虽然 PET 是食盐包装的主要材料，但是研究发现食盐包装产生的微塑料十分有限[11]，这和瓶装水中微塑料的主要来源有所不同。食盐中微塑料污染主要与两个因素有关，其中最主要的就是食盐的来源，其次是食盐的制备方法。施华宏教授的研究团队发现海盐中微塑料含量最多，研究人员认为，中国的沿海及河口环境可能是海盐中微塑料的首要来源，海洋环境是微塑料主要的“汇”，人们随手丢弃的塑料水瓶，海水养殖中使用的渔网、网箱、浮力材料等塑料制品长期在海水环境下经历风吹日晒而老化，就变成了海洋中的微塑料[8]，海盐直接从海水中获取，进而导致海盐中的微塑料污染。湖盐主要来源于蒸发量大于降水量的干旱内陆地区的盐湖。众所周知，塑料制品的使用已经广泛应用于工业、农业生产及人们生活的方方面面，例如，农膜、垃圾袋、塑料瓶等塑料制品被随意丢弃或随地表径流进入了河流和湖泊；衣物洗涤后排放的水中含有大量的微塑料、洗面奶和牙膏等日用品中添加了增加摩擦作用的“磨砂”微塑料颗粒来增加清洁效果，这些原生微塑料在污水处理厂内不能被完全去除进而排放到受纳水体中。塑料排入河流和湖泊后，进一步在自然力的作用下分解成微塑料颗粒。湖盐直接源于盐湖，盐湖受到了微塑料污染，进而导致了湖盐中微塑料的污染。微塑料在岩/井盐中含量最低，表明微塑料运移到地表水是微塑料进入环境的主要途径[8]。

有研究也表明，食盐的制备方法也会影响食盐中的微塑料含量。食盐的制备方法有“太阳晒干”、“精制”和“未精制”三种。太阳晒干食盐是通过利用太阳的热能蒸发含盐的卤水而制备得到；精制食盐是利用太阳热能以外的热源蒸发含盐的卤水而制备得到（高纯精制盐是利用电渗析纯化的盐）；未精制食盐是经过开采和机械粉碎后几乎未纯化的岩盐。有研究发现，在台湾购买的 1 种电渗析和真空蒸发罐法生产的食盐中未发现微塑料，而 3 种经太阳晒干的海盐中微塑料含量为 115～1674 个/kg，一种平底锅加热过滤海水蒸发获得的精制海盐中微塑料含量为（136±5.7）个/kg。与精制食盐相比，未精制食盐中微塑料含量更多[12]。这说明了精制食盐可能是降低食盐中由于源头而引入的微塑料的方法之一。

另外，食盐中的塑料微粒也有可能通过其他途径进入食盐，比如食盐加工、干燥、包装等过程[13]。虽然有研究发现食盐包装产生的微塑料十分有限，但是毕竟是塑料包装，在食盐运输等过程中对食盐进行挤压时，塑料包装多多少少也会产生一定的微塑料颗粒，不过这些途径均不是食盐中微塑料颗粒的主要来源。

8.2.2　食盐中微塑料对人体的影响

在人们最不可或缺的调味品——食盐中检测出微塑料给我们敲响了一个警钟。微塑料颗粒会随着食盐被人们直接吃进体内，一日三餐都可能通过食盐进食了微塑料颗粒。据估算，如果按照食盐摄入量为 5～10 g/d 计算，成年人每年仅仅通过食盐就摄入了 1000～2000 个微塑料颗粒[12]。

据报道欧洲人每年因食用被微塑料污染的贝类而摄入的微塑料颗粒是 11 000 个[13]，相比之下，通过食盐获取的微塑料颗粒微乎其微。目前，在海盐中存在塑料污染的话题中，施华宏教授团队发表了研究成果，但研究仅证明了在中国超市出售的食盐中存在微塑料污染，并未对食盐中所含微塑料的毒理性做进一步研究[14]，所以也无法得知食盐中的微塑料对我们人体是否会造成不利影响。食盐微塑料污染是生活产品受到微塑料影响的一个例证，对每个人都是一个警示，但也无须惊慌，专家称其影响微乎其微。

中国盐业协会副理事长兼秘书长宋占京表示：中国食盐的安全性是有保障的，如果环境受到污染，在盐的生产过程中已经最大程度把污染物去除了。从近些年食盐历史来看，也还没有关于微塑料引发健康疾病的报告。由于海水是流动的，所以不只是中国需要面对食盐中微塑料污染问题，而是全世界都要面对。

北京微量化学研究所研究员肖宏展表示：食品中或多或少存在对人体有危害的物质，只要食品是符合国家标准的，并且按不超过每日允许的摄入量食用就是安全的。食盐作为调味剂，本身食用量就少，如果按照不超过每日允许的摄入量摄入食盐，消费者无须感到恐慌[13]。但是目前并没有关于食品中微塑料的每日允许摄入量标准，所以对于食盐这种已经检测出含有微塑料的生活品的食用还需格外注意控制用量。

其他专业人士也表示，制盐选取的海域都较为洁净，并且摄入量少，对人类健康产生危害的可能性很小。食盐是否受到微塑料污染主要考虑两个方面，一是水域污染情况，二是食盐加工环节[14]。

虽然通过食盐摄入的微塑料微乎其微，但是由于食盐在日常生活中的不可或缺性，通过食盐摄入微塑料的风险较其他食品要高，因此必须引起足够的重视。目前，微塑料对人体危害的基础研究还非常少，并且国内食品安全标准中也还没有微塑料的限量标准，这是目前食品安全中不得不面对的新问题。食盐中微塑料问题既然提出来了，那么就应该引起足够的关注，以及时制定相应的国家规范标准，鼓励研究人员开展食盐中微塑料对人体毒性等的研究[15]。努力从源头上减少塑料制品的使用，做好塑料制品的回收和再利用，以减少塑料制品向环境中的排放。

8.3 海产品中的微塑料

8.3.1 海产品中微塑料来源及污染特征

海产品是人类获取蛋白质及营养的重要来源之一。近年来，随着人们生活水平的提高，各种各样的海产品已经成为了人们饭桌上的常客。其实，不仅瓶装水、食盐中被检测出微塑料，早在前些年，研究人员就已经证实了大多数海产品中都含有微塑料（图 8.5）。作为世界上最大的海鲜消费国，这无疑会给喜欢吃海

图 8.5 海产品中的微塑料

产品的中国消费者带来担忧，吃海产品就等同于吃微塑料吗？我们还能愉快地吃海产品吗？海产品中的微塑料从何而来？

海产品来自于海洋，自然海产品中的微塑料也要追溯到海洋中。海洋是微塑料的一个重要的“汇”，通过附着和吞食作用，海洋环境中的微塑料能够进入到藻类、贝类、鱼类及虾蟹类等海产品中。那为什么海洋是微塑料的一个重要的“汇”呢？

海洋是地球上最广阔的水体，其面积占地表总面积的 70.8%，平均水深约 3795 m，蕴藏着十分丰富的海洋生物资源。作为全球最重要的生态系统，海洋生态系统在支撑着全球社会经济发展的同时，也承受了人类活动带来的巨大压力。近年来，微塑料成为了海洋环境中的一类新污染物，其广泛存在于全球海洋的沿岸、边缘海、开阔大洋中，甚至在人迹罕至的深海和极地海域均发现了微塑料的存在（图 8.6）。据 2007～2013 年在大洋亚热带环流带、澳大利亚附近海域、孟加拉湾及地中海等全球 1571 个站位所搜集的数据分析，全球表层海水中约有 5.25 万亿个塑料碎片，重达 26.89 万 t，其中至少 3540 t 为微塑料[16]，可见，海洋表层海水中塑料污染的严重性。不仅在海水表层中存在微塑料，在海洋沉积物中同样有微塑料的身影。据估计，每年大约会有 1270 万 t 的塑料进入到海洋环境中，但漂浮在海洋表面的塑料每年只增加大约 30 万 t，剩下的大部分塑料被海洋生物摄食或进入到海底沉积物中[17]。有相关研究表明，海洋垃圾在进入海洋后，约有 70%沉降至海底，15%漂浮在水面上，15%滞留在海滩[18]，可见，进入海洋的垃圾绝大部分会沉入海底。美国加利福尼亚州圣莫尼卡湾的微塑料研究也表明，海底的塑料碎片最多，其次是海面，海洋水体中塑料最少[19]。以上研究均表明了海

图 8.6　海洋环境中微塑料

底沉积物是微塑料最重要的一个汇集地。海洋中的微塑料是漂浮在海水表层还是沉降至海底沉积物中，主要取决于微塑料和海水的相对密度。海水表层漂浮的微塑料主要为低密度的聚乙烯和聚丙烯等塑料碎片，海洋沉积物和水体中的微塑料主要是高密度的微塑料或附着有生物膜的微塑料[17]。

至于海洋中为什么会有如此多的微塑料，其实并不难理解。海洋中塑料垃圾的来源可以分为两种，第一种是基于陆地排放，第二种是基于海上排放。陆地上的塑料垃圾主要通过城市污水系统或人为丢弃的方式，经河流和入海口排入海洋中，据估计，每年通过河流排入海洋的塑料垃圾总量约在 115 万～241 万 t[20]。基于陆地排放的微塑料主要是原生微塑料，即人工生产过程中直接产生并最终释放到环境中的直径小于 5 mm 的塑料颗粒。我们日常使用的化妆品和个人洗护用品中就含有大量的微塑料，牙膏、洗面奶中增加摩擦作用的塑料微珠是微塑料，洗衣服过程中掉落的塑料纤维也是微塑料。研究预计，使用 5mL 的化妆品将会释放 4594～94 500 个微塑料到城市污水处理系统中[21]，由于目前城市污水处理系统还不能有效去除微塑料，所以这些排放到城市污水处理系统中的微塑料会经过河流最终进入到海洋中。在香港，由于化妆品和个人洗护产品的使用，预计每天就有 94 亿个微塑料排放到沿海水域中[22]。需要指出的是，随着国家有关化妆品和个人洗护用品中有关添加剂的各项立法，原生微塑料的数量将会大量减少，但是已经进入环境中的原生型微塑料还将在环境中长时间存在。

海洋塑料垃圾的主要来源包括海上旅游、船舶运输、油气平台、水产养殖等活动产生的废弃物，以及海上非法倾倒的固体废物[23]。人类活动频繁的近岸海域是造成大量塑料垃圾进入海洋的原因之一，早在 20 世纪 80 年代，美国洛杉矶海滨游客每周就要向近岸海域丢弃 75 t 塑料垃圾[24]，更何况在当今沿海城市旅游业快速发展的背景下，可想而知，因旅游进入海洋中的塑料垃圾将会更多。水产养殖活动产生的微塑料可能是海洋中微塑料的一大重要来源。有研究表明，在部分海域水体和沉积物中养殖活动产生的微塑料已经超过了陆源输入[25-26]。水产养殖过程中会使用大量的网片、绳索、浮球、泡沫包装盒等塑料制品，塑料制品的使用在给水产养殖业带来极大便利的同时，这些养殖使用的塑料制品会因长期在海水环境中经历风吹日晒，浪潮击打而逐渐分解破碎成为微塑料释放于海洋中形成养殖源微塑料[27]。例如，水产养殖中常用的发泡聚苯乙烯浮体，可被海浪打碎成泡沫状的微塑料滞留在海滩上[28]；在养殖区丢弃或遗失的渔具等也会随着时间的推移而逐渐裂解成微塑料进入到海洋环境中[29]。另外，养殖过程中使用到的饲料、鱼药也被证明含有微塑料颗粒，它们的使用也会导致微塑料进入到海洋中。基于海上排放的微塑料主要是次生源微塑料，即大尺寸的塑料产品在物理、化学和生物等作用下破碎并形成的直径小于 5 mm 的塑料颗粒。有研究表明，海洋中的微塑料主要是次生源微塑料，换句话说，海洋中微塑料的来源主要是基于海上排放。

海洋中的微塑料被海洋生物摄食而进入到海洋生物体内，通过食物链传递微塑料可以进入到高营养级的海洋生物中。据初步统计，海洋塑料和微塑料通过纠缠或摄食等方式已经影响了 914 种海洋生物。人类食用了被微塑料污染的海产品，其中的微塑料就进入到了人体内，可能对人体健康产生影响。

8.3.2 藻类中的微塑料

海菜是人们经常食用的海产品之一，由于在大型藻类养殖中会使用到大量的网幕、绳索和浮球等塑料制品，所以在市售的海菜中发现了大量的微塑料。有研究表明，在海州湾水产养殖的紫菜、裙带菜等我们经常食用的藻类中均检测出了包括 PE、PP 及 PET 在内的 11 种类型的微塑料，并且超过 90%的微塑料呈纤维状，其余为泡沫状和薄膜状。该研究还发现，养殖期紫菜的单位质量鲜重中微塑料丰度要高于其他非养殖期的大型藻类，与非养殖期的其他大型藻类相比，养殖期紫菜的纤维状微塑料更多[30]，这说明，海菜在不同时期其体内的微塑料含量和类型也有差异。

此外，海菜还常常被加工成干货销售。有研究发现，中国当地市场销售的 24 个品牌的干燥紫菜中有 23 个品牌被检测出了微塑料，不同海菜品牌间的微塑料含量没有显著差异，每克干紫菜中平均含有约 1.8 个微塑料颗粒[31]。市售紫菜中微塑料尺寸范围较大，在 0.11～4.97 mm 之间，其中平均 57.8%的微塑料尺寸大于 1.0 mm，并且紫菜中微塑料的主要形状是纤维状，其次是碎片状、薄膜状和颗粒状；与清洗阶段之前的干海菜相比，洗涤加工后的干海菜和干燥后的干海菜中微塑料的含量均有增加，这表明在海菜的加工阶段会引入一定量的微塑料[31]，可能是加工过程中使用的塑料制品释放的。

8.3.3 鱼类中的微塑料

海洋鱼类属于游泳动物，运动能力强，在海洋中分布广泛，从赤道海域到南北极，从近岸到大洋，从表层到万米的深渊都有鱼类的身影。微塑料在海洋的表层、中层及沉积物中也都有分布。有野外调查结果显示，不同生境（生物栖息的环境）、不同生长阶段、不同营养级、不同种类的鱼类都会摄入微塑料。在河口、沿海、港湾、海水养殖区等这些受人类活动影响大的区域，鱼类摄入微塑料的水平较高。在深海和极地这些几乎不受人类活动影响的区域所调查的鱼体内，也发现了微塑料的存在。这可以说明，海洋鱼类已广泛被微塑料污染。那么为什么众多的海洋鱼类都被微塑料污染了呢？微塑料是如何进入鱼体内的呢？

鱼类可以直接摄入或者通过捕食间接摄入水体中的微塑料。一些处于低营养级的鱼类，主要是误将微塑料当成饵料而摄入，而一些处于高营养级的鱼类，既能直接将微塑料当成食物而误食，也能通过捕食低营养级的鱼类而间接摄入微塑料，并且微塑料在鱼体内还存在生物放大现象。在亚马孙河口区，发现有 13.7%的鱼类个体有摄食微塑料的现象，并且微塑料的摄入量与鱼的体长呈现出正相关的关系，即体长越长的鱼摄入微塑料的量越高。这可以说明鱼类除了直接摄入微塑料外，还可以通过食物链传递间接摄入微塑料[32]。对珠江三角河网的 8 种野生淡水鱼微塑料的研究表明，鱼类摄入的微塑料主要是积累在鱼的胃肠道和腮部。此研究在所有调查的鱼体中共检测出 60 个微塑料，平均每条鱼摄入了 1.6 个微塑料，腮部微塑料的平均丰度为(0.638±1.276)个/g，肠道微塑料的平均丰度为(0.256±0.326)个/g，由此可以看出腮部微塑料的平均丰度要大于肠道[33]。微塑料除了在鱼的胃肠道和腮部有积累，在鱼的肌肉、皮肤和肝脏中也发现有少量的微塑料，这说明鱼类的不同器官都受到了微塑料污染的影响[34]，只是所受的影响程度不同而已。既然淡水鱼是如此，可想而知，在广泛被微塑料污染的海洋中生活的海鱼更是如此（图 8.7）。

图 8.7　生活在塑料环境中的鱼类

国内外的相关研究均表明，鱼体内的微塑料以纤维状为主，同时也有碎片状、薄膜状和颗粒状等，聚合物类型主要为聚乙烯（PE）、聚酰胺（PA）、聚苯乙烯（PS）、聚酯等。在国外拉普拉塔河口对鱼体内微塑料的研究表明，有高达 96%的鱼体内微塑料为纤维状[35]；在我国鄱阳湖流域饶河龙口入湖段对 8 种野生淡水鱼的微塑料污染研究也发现，鱼体内的微塑料主要为纤维状、碎片状、薄膜状和颗粒状四种[36]。既然鱼体内存在着形状、成分各异的微塑料，那么有哪些因素会影响鱼类摄食微塑料呢？

影响鱼类摄食微塑料的因素较为复杂，主要有环境中微塑料污染程度、生物可利用性、鱼类的摄食方式、鱼类的栖息习性及所处的营养级等。环境中微塑料的污染程度和生物可利用性越高，鱼类摄食微塑料的量也就越高。国外拉普拉塔河口和戈亚纳河口的鱼类微塑料研究均表明，在河口区排污口附近的鱼体中微塑料摄入量要高于其他地方[35，37]，这是由于在河口排污口附近的环境中微塑料浓度高。来自印度孟买海岸潮间带的一个研究表明，鱼类食物匮乏会导致鱼类误食微塑料。此研究发现所调查的虾虎鱼微塑料摄入量在五月最高，原因可能是由于五月流入潮间带的水量相对较小，减少了鱼类的食物输入，所以增加了鱼类对微塑料摄食的可能性。觅食选择度广泛的鱼类较选择度单一的鱼类摄食的微塑料更多。美国得克萨斯海湾两种不同觅食选择度的鱼类微塑料研究表明，可在海底或水柱觅食的鱼类摄入的微塑料较只摄食底栖无脊椎生物的鱼类高出 16 倍[38]。底栖鱼类可能承受着更严重的微塑料污染。有研究发现，底栖鱼类欧洲川鲽体内微塑料检出率高达 75%，而同海区的中层鱼类美洲胡瓜鱼体内微塑料检出率仅有 20%[39]。此外，中上层鱼类摄入的微塑料主要是颗粒状，可能是个人护理或化妆品中的塑料微珠通过生活污水排放进水体中从而被鱼类摄食，而底层鱼类摄入的微塑料多为碎片状，可能是塑料经过风化和光解而沉入水底后被底层鱼类所摄食[33]。所处营养级越高的鱼体内一般微塑料含量越多。北太平洋环流区的一个研究发现，采集的 1～7 cm 的海洋鱼类微塑料摄入量与鱼体规格呈现出正相关关系[40]，这是由于高营养级的鱼类除了直接摄食环境中的微塑料外，还可以通过捕食低营养级的生物而间接摄入微塑料，并且微塑料在生物体内还存在生物放大现象。综上所述，鱼类摄入微塑料的多少与其所处的营养级、栖息环境及环境中微塑料浓度等有着密切的关系，但这些因素与微塑料的摄入并不是简单的映射或者线性关系，往往是多种因素共同作用的结果。

鱼类在海洋生态系统中一般处于较高营养级地位，属于消费者，对海洋中低营养级的生物具有下行控制作用。此外，作为主要的渔业资源，海洋鱼类具有极高的经济价值，也是人类所需蛋白质的主要来源之一[41]。从这两个角度看，海洋鱼类既有着对生态系统的作用，也有着对人类的作用。近年来，由于鱼类的过度捕捞从而导致了生态系统的失衡；同时，由于鱼类普遍已被微塑料污染，使得经常出现在人们餐桌上的鱼类海产品也给人类健康带来了一定的威胁。那么在人们经常食用的海洋经济鱼类中微塑料的污染情况具体又如何呢？

华东师范大学河口海岸学国家重点实验室研究人员透露了我国的一项海洋鱼类的调查结果：在 20 多种经济价值较高的常见鱼类中，90%的鱼类样本中都发现了微塑料。这说明在几乎所有鱼类海产品中，都存在微塑料污染的情况。作为重要海水养殖鱼类的大菱鲆也被检测出含有微塑料。大菱鲆俗称欧洲比目鱼，在我国人们称它为“多宝鱼”，原产于欧洲，多分布于大西洋北海、波罗的海及地中海等海域[42]。大菱鲆生长速度快、出肉率高、味道鲜美、蛋白质含量丰富、营养价值高[43]，深受人们的喜爱。大菱鲆被引进中国后，迅速发展成了海水鱼类养殖的支柱产业之一，经常性出现在中国人的餐桌上。但在其体内检测出微塑料，给爱吃海鲜的消费者带来了担忧。大菱鲆对微塑料摄食的研究结果表明，环境中饵料浓度的变化会显著影响大菱鲆摄食微塑料的数量，当环境中饵料和微塑料同时存在、饵料浓度较低时，大菱鲆幼鱼粪便内微塑料数量较高；相反，如果饵料浓度相对较高，则幼鱼粪便内微塑料数量较低，甚至无微塑料[41]，这说明大菱鲆可能会将环境中的微塑料当成食物而误食。此外，该研究也表明，摄食微塑料会对大菱鲆幼鱼的生长发育产生影响，会增加大菱鲆幼鱼的死亡率，水中微塑料浓度越高，大菱鲆幼鱼的死亡率越高，反之，水体中微塑料浓度越低，大菱鲆幼鱼的死亡率越低。

自然海域调查结果和室内受控实验也已经充分证明了微塑料对海洋浮游动物种群的危害[44]，微塑料会对浮游动物的生长、发育、繁殖等产生影响，并且也会造成浮游动物的死亡，导致以浮游动物为食物来源的鱼类得不到充足的能量，进而导致鱼类个体质量下降和种群数量减少。鱼类食物来源不足，会增加鱼类对环境中微塑料误食的概率[41]。并且随着渔业资源的过度捕捞，处于较低营养级的小型鱼类的数量在不断减少，在这种情况下，也会增加以小型鱼类为饵料的较高营养级鱼类对微塑料摄食的概率。人类食用被微塑料污染的鱼类后，也会间接摄入微塑料，并且由于人类处于食物链顶端，微塑料在人体内还存在生物放大现象，所以可能会增加微塑料对人类健康的不利影响。

为满足人类的需求，近年来，海产品养殖业迅速发展，极大地丰富了人们餐桌上的海产品种类。养殖鱼类成为了人类获取蛋白质的重要来源之一，但是近年来的研究发现，养殖海产品中的微塑料含量可能会高于野生海产品，这无疑给爱吃鱼的人们带来了更多的担忧。那么为什么养殖海产品中微塑料的污染更严重呢？

养殖源微塑料（AD-MPs）指的是在水产养殖中使用到的塑料制品，例如，用于制作网箱的网片和网笼、渔绳、渔线、塑料膜、浮体、海绵等，在风吹日晒、波浪击打等物理作用及化学和生物作用下，逐渐分解破碎，最终变成微塑料进入水体和沉积物中，形成 AD-MPs。目前，已在全球多地近海养殖水体和沉积物中发现了大量的 AD-MPs[45]，其对海水中微塑料含量有着很大的贡献。来自中国威海[26]和杭州湾[46]养殖水体中微塑料的研究结果表明，AD-MPs 占了水体中微塑料的 70%以上。密度是决定 AD-MPs 分布的主要因素，密度大的 AD-MPs 更易沉降于海底沉积物中，而密度小的通常分布在不同水深处[45]。由于 AD-MPs 的存在加之海水养殖区是一个封闭或半封闭的状态，海水交换能力差，导致养殖区海水中微塑料含量会比开阔海域高，这也就意味着，与野生海产品相比，养殖海产品中的微塑料含量可能更高。不同养殖区的同一种鱼体内微塑料含量有差异。同样是养殖大黄鱼，来自中国舟山的大黄鱼体内微塑料约是象山湾大黄鱼的 2 倍[47-49]。这可能是与养殖区水体中微塑料水平有关。

虽然养殖活动对不同地区近海水体中的微塑料污染的贡献程度差异较大，但是在不同养殖区收集到的 AD-MPs 的成分、形状及颜色较为统一，且均与养殖用塑料制品存在密切的相关性。AD-MPs 的成分以 PE、PP 及 PS 为主，颜色多为白色、蓝色、透明色和绿色，与养殖塑料制品的成分与颜色一致[45]。

不过也有研究发现野生鱼体内微塑料含量比养殖鱼高的情况，如香港东部海域的野生鲻鱼（一种海鱼）微塑料摄入量达 4.3 个/个体，而养殖的鲻鱼微塑料摄入量仅为 0.2 个/个体[50]，相差约 20 倍。原因可能是养殖的鱼类可以人为地控制养殖条件，养殖时间一般较短，所以暴露在微塑料环境中的时间也较野生鱼类短。但总体来看，海水养殖区的鱼类摄入的微塑料丰度要大于野生鱼类，养殖海鲜可能比野生海鲜更易受到微塑料污染，进而更易通过食物链威胁到海鲜消费者，对人体健康构成潜在威胁[45]。

罐头是最常采用的鱼类保存方式之一，所以鱼类海产品常常被加工成罐头出售。鱼类罐头的制作过程十分复杂，鱼类从海洋中被捕捞上岸，会在最短的时间内进入罐头加工厂，在进行罐头加工之前，通常会对鱼类进行冷冻保存[51]。开始罐头加工时，首先对鱼进行解冻，紧接着会进行一系列的清洗和腌制处理，然后去除鱼的内脏，对鱼进行预煮后冷却，通常会冷却一夜，然后再提取出可食用的部分转移到填充区进行填充装罐，通常采用人工填充方法；下一步是向罐头中添加食盐、水、油和其他一些食品添加剂；最后，经过蒸煮和灭菌以减少罐头中的水分和灭活内源性酶和微生物的活性，然后密封形成最终的鱼类罐头产品[51-53]。

鱼类罐头中的微塑料可以分为两个部分，一部分是鱼体内本身含有的微塑料颗粒，另一部分则是在罐头加工制作过程中引入的微塑料颗粒。根据一些研究结果，可以总结出鱼类罐头加工制作过程中引入的微塑料主要有三个来源。来源一是在清洗和装罐过程中使用的接触材料，例如，在鱼类罐头的装罐过程中，多采用的是人工装罐，此时工人戴的塑料手套很有可能就成为了鱼类罐头中微塑料的污染源之一。来源二是罐头加工过程中使用的添加剂带入的微塑料颗粒，罐头加工过程中会使用到较多的食盐，由于食盐本身就含有微塑料颗粒，所以随着食盐的加入，微塑料自然就被带入到了鱼类罐头中。有国外学者专门研究了微塑料与不同鱼类罐头样品中含盐量之间的关系，结果发现微塑料与样品含盐量呈现出显著的正相关关系[51]，即鱼类罐头中的含盐量越多，检测出的微塑料越多，这也就说明了食盐很可能是罐头中微塑料的来源之一。此外，鱼类罐头通常会浸泡在油、水或者草药中，这些浸泡介质也可能含有微塑料颗粒。有国外研究者对 4 个不同品牌的金枪鱼罐头中的表面液体进行随机抽样检测，结果发现浸泡金枪鱼罐头的水和油介质中均含有微塑料颗粒（图 8.8）[54]。来源三是空气中微塑料的沉降[55]，由于罐头在加工制作过程中会较长时间暴露在空气中，例如，在对鱼类进行预煮后通常会冷却一夜，此时鱼肉就可能会受到空气中微塑料的污染。

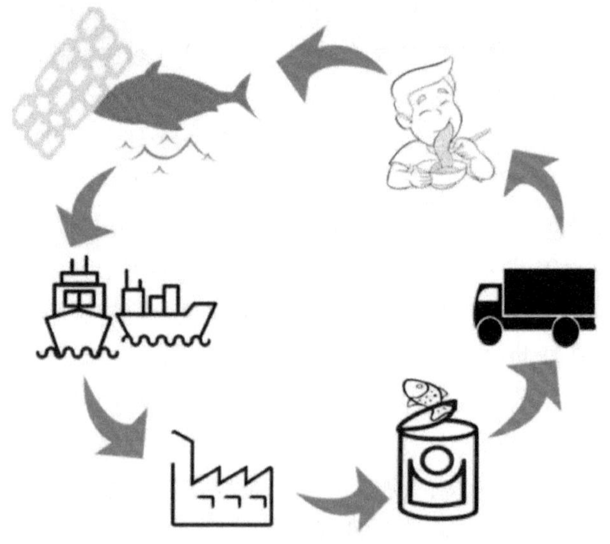

图 8.8　工业金枪鱼罐头加工步骤[54]

目前已有多种鱼类罐头产品被检测出含有微塑料颗粒，人们常吃的沙丁鱼罐头、鲱鱼罐头及金枪鱼和鲭鱼罐头也没能免受微塑料的污染。有研究者对 50 个来自 7 个流行品牌的金枪鱼和鲭鱼罐头进行微塑料研究，发现 80%的鱼肉中均含有微塑料颗粒[51]。不同浸泡介质的罐头中微塑料含量有所不同。盐水浸泡的金枪鱼罐头中每 100 g 鱼肉平均含有（692±120）个微塑料颗粒，而油浸泡的金枪鱼罐头中每 100 g 鱼肉平均含有（442±84）个微塑料颗粒[54]，可见无论是盐水浸泡还是油浸泡的金枪鱼罐头中的微塑料水平均不低。此外，人们常食用的沙丁鱼和鲱鱼罐头中也含有微塑料颗粒，但污染水平相对较低[56]。

除了被制作成罐头外，鱼类海产品也常常被加工成鱼干出售。在发展中国家，腌制的海鱼是重要的蛋白质来源。根据联合国粮农组织（FAO）2018 年的数据，在 2016 年，发展中国家使用盐腌、发酵、干燥和熏制等传统方法保存的鱼类占供人类消费的所有鱼类的 12%[57]，所以关注鱼干中微塑料污染情况十分必要。

随着对微塑料研究的深入及人们对健康的重视，越来越多的鱼干被证实存在微塑料污染。来自日本、韩国、斯里兰卡、泰国、越南及我国的 14 个不同品牌的鱼干的微塑料研究结果显示，所有国家或地区鱼干产品均含有微塑料，且在超过 80%的品牌中检测出了微塑料颗粒[57]。受人们欢迎的带鱼和孟买鸭（在中国常称龙头鱼）这两种重要的商业鱼干中微塑料含量均在 28 个/g 以上[58]。微塑料在鱼体内主要富集在胃肠道和腮中，但在鱼肉中也会有微塑料的存在。有研究也证实了鱼类胃肠道和腮中的微塑料会转移到鱼肉中[34, 59]，只是鱼肉中的微塑料含量低于胃肠道和腮中的微塑料含量[57]，所以就算是在制作鱼干的过程中去除了鱼的内脏，也避免不了爱吃鱼干的人们从鱼肉中摄食到微塑料。更何况大多数的小型海洋鱼干都是作为整条鱼食用而不会去除内脏的，所以鱼干类海产品可能会有更高的微塑料摄入风险。

8.3.4　虾蟹类中的微塑料

虾属于甲壳类动物，有近 2000 个品种，由于其营养丰富、味道鲜美，在我国海洋渔业捕获物中产量很大。FAO 发布的报告显示 2020 年世界养虾年产量约为 650 万 t，在如此大的年产量下，大虾的体内是否含有微塑料引起了国内外学者的广泛关注。那么大虾体内有微塑料吗？答案是肯定的。

来自大西洋西南部巴伊亚布兰卡河口的一个研究表明，生活在此河口的阿根廷虾（西南大西洋最重要的海鲜物种之一）体内平均微塑料含量为 1.29 个/g，这些微塑料来源于渔网、绳索、衣物和城市废弃物等[60]。此外，大虾体内微塑料丰度与人类活动密切相关，在人类活动频繁的区域，大虾组织中微塑料丰度更高。与大西洋南部巴伊亚布兰卡河口的研究相比，生活在分布了大量工业工厂和码头的穆萨河中的虎虾和短沟对虾含有更高的微塑料，其组织中微塑料平均丰度为 14.8 个/g，最高可达 21.8 个/g[34]。

不仅在海水野生虾类中检测出微塑料，在养殖大虾体内也检测出了微塑料。水产养殖场所极易受到微塑料污染的影响，养殖过程中使用的塑料制品会释放微塑料，且养殖场通常位于遮蔽区域，微塑料较难冲刷至海洋。来自墨西哥西北部的一个研究表明，商业养殖的南美白对虾中微塑料的平均丰度为（18.5±1.2）个/g，且除了在虾的消化道和鳃中存在微塑料外，虾壳中也存在着不少微塑料，丰度为（4.3±0.9）个/g（图 8.9）[61]。所以建议人们在食用虾类时，除了需要去除虾的头部外，也应该剥掉虾壳，以尽可能减少微塑料的摄入量。

中国的水产养殖产量占世界水产养殖总产量的60%以上，水产养殖业的快速发展在促进经济增长的同时也导致了一系列环境微塑料污染问题[25]。根据 2022 年发布的《中国渔业统计年鉴——2022》结果显示，2021 年中国虾类海水养殖产量达到 157 万 t，主要品种是南美白对虾，产量达到 127 万 t。随着中国水产养殖业的快速发展，人们也越来越关注中国境内养殖大虾中的微塑料污染情况及食用了这些大虾是否会对人体健康造成不利影响的问题。来自中国香山湾水产养殖场的一个研究表明，哈氏仿对虾的微塑料积累潜力低于斑鰶（一种近海中上层鱼类）[49]。但这并不意味着人们可以毫无防备地食用大虾。来自珠海养殖池的微塑料调查发现，凡纳滨对虾组织中的微塑料丰度与沉积物干样中的微塑料丰度呈现正相关关系，说明虽然大虾对微塑料的积累潜力较其他海洋生物低（如鱼类），但若环境中的微塑料丰度大，仍存在危害人类健康的隐患[62]。

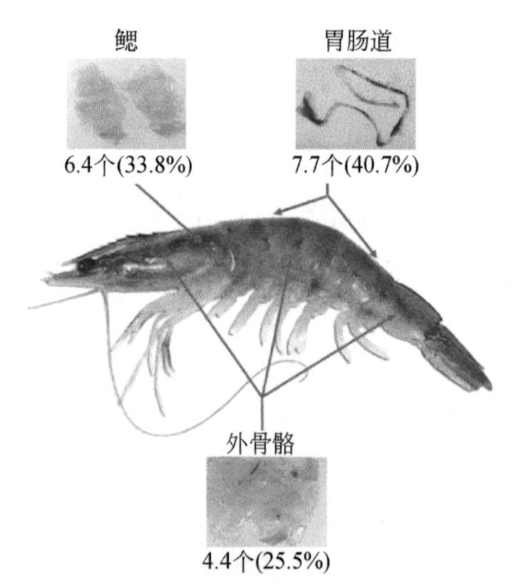

图 8.9　虾组织中的微塑料[61]

螃蟹同虾类一样，也是属于甲壳类动物，其身体被硬壳保护着，靠鳃呼吸。螃蟹栖息的河口潮间带特别容易受到微塑料污染。微塑料可以通过河流从陆地运输到沿海，也可以通过洋流和潮汐从海洋运输到沿海。相关研究表明河口沉积环境不仅是微塑料的“汇”，也是“源”[63]。海洋生物的摄食、躲避天敌等活动对微塑料在潮间带的分布也具有一定的影响，例如，螃蟹的洞穴增加了深层沉积物中微塑料的丰度，较大的洞穴可以捕获更多的微塑料，且洞穴中的微塑料颗粒比洞穴外的更小[64]。栖息在潮间带的螃蟹可以通过多种途径摄食洞穴内及周边环境的微塑料，例如，螃蟹可能会将微塑料颗粒误认为它们的食物而摄入，或者摄食含有微塑料颗粒的饵料，如海藻、有机碎屑等，进而摄入微塑料[64]。

具有商业价值的螃蟹体内含有较高含量的微塑料。来自墨西哥湾东南部的一个研究表明，两种具有商业价值且生态功能特征相反的螃蟹——石蟹（肉食性底内动物）和蓝蟹（杂食性底上动物）体内均含有较高水平的微塑料，且微塑料在两种螃蟹鳃和消化道中的丰度大于肌肉组织[65]。

《中国渔业统计年鉴——2022》统计显示 2021 年螃蟹海水养殖面积达到 5.3 万 hm^2，产量为 28.3 万 t。水生食物网中微塑料的营养转移是一个日益关注的问题，特别是考虑到具有商业重要性的不同种类的螃蟹。中国常见的螃蟹品种有梭子蟹、远海梭子蟹、青蟹和中华绒螯蟹等。这些常见的螃蟹品种也早已被微塑料污染。来自南黄海和东海三个重要渔场（海州湾、吕四、长江口渔场）的微塑料研究表明，人们常吃的螃蟹中均含有微塑料颗粒[66]。微塑料存在于螃蟹的鳃部、消化道和肌肉组织[65-66]，整体上鳃和消化道的微塑料含量比肌肉组织更高，这可能是较大的微塑料会简单地黏附在鳃的外表面，而被螃蟹摄食的微塑料需要经过消化系统吸收，通过血液运输，才最终分布到不同的组织和器官[67]。

红树林是重要的海洋生态系统，由于其高生产力和生物种类丰富，在污染物转化方面与其他沿海生态系统不同。红树林的气生根和支撑根可以有效地减少波浪能和湍流，也可以有效地拦截和维持微塑料，这也就增加了螃蟹等生物摄食微塑料的可能性。生活在人类活动频繁的北部湾红树林湿地的螃蟹组织中微塑料平均为 4.507 个/个体，最高可达 7.790 个/个体，红树林湿地微塑料可能来源于河流的排入或者人类活动，例如，沿海旅游、海水养殖和工业生产，微塑料可能通过多种方式被螃蟹摄入并积累在生物组织中[68]。

甲壳类生物组织中微塑料的丰度与环境中的微塑料丰度及生物体的生态特征有密切关系。无论是养殖还是野生品种，在大虾和螃蟹的不同组织中均检测到了微塑料，这可能与甲壳类生物的摄食方式和生活习性有关。大虾通过鳃过滤海水中的浮游植物和其他的一些有机颗粒，杂食性螃蟹的食物主要是甲壳类、软体动物（包括双壳类）和鱼类，通过食物链将微塑料从饵料生物转移至高营养级生物体内[69]。螃蟹和大虾组织中微塑料的形状主要是纤维状、薄膜状和颗粒状[61, 66, 70]，主要成分是 PE、PA 和尼龙等[60, 65]，生物体倾向食用颜色接近其优选食物的微塑料，主要是浅色（灰色、白色和透明）[68]。此外，相关研究表明螃蟹和大虾可食用组织中的微塑料低于非可食用组织[71]。因此，仅食用螃蟹或者大虾等海产品的肌肉组织更加安全。

8.3.5 贝类中的微塑料

双壳贝类是底栖滤食性生物，它们生活在微塑料的最终汇集地——海床沉积物上，其运动能力弱，活动范围有限，对环境变化敏感，并且加上其滤食食性，很容易摄食环境中的微塑料，所以经常被作为微塑料污染指示生物。同时，双壳贝类营养丰富、味道鲜美，是人们餐桌上主要的海产品[72]。但由于近年来海洋微塑料污染日益严重，贻贝、牡蛎、蛤蜊、扇贝等很多双壳贝类都普遍被微塑料污染，目前也有很多研究已经证实，这些广受人们喜爱的贝类海产品中确实存在形状各异、成分不同的微塑料颗粒。国外有研究人员对德国养殖场的贻贝和法国超市销售的牡蛎进行调查，发现人类食用的贻贝和牡蛎中的微塑料含量分别为（0.36±0.07）个/g 湿重和（0.47±0.16）个/g 湿重，按照贝类消费量为 11.8～72.1 g/d 计算，欧洲贝类消费者每年通过饮食摄入的微塑料最高可达到 11 000 个[73]。在国内也有研究者对中国渔业市场上受人们喜爱的贻贝、扇贝、牡蛎、花蛤等 9 种商业双壳类动物进行调查，发现在所有的双壳类动物中均检测出了纤维状、碎片状和颗粒状的微塑料，据估计，若中国消费者的贝类摄入量与欧洲消费者相当，那么中国消费者每年摄入的微塑料可能比欧洲（11 000 个/a）高一个数量级[74]。

联合国粮农组织 2020 年的数据显示，2018 年全球的双壳贝类产量达到了 1770 万 t，亚洲地区占世界水产养殖量的 22.6%～84.3%，其中中国占比尤其高[75]。不同年龄阶段的人食用贝类海产品的量有所差异，根据粮农组织/世界卫生组织长期个人食品消费数据库（CIFOCO）的数据，在中国，15～49 岁、50～74 岁年龄段的人每天食用贻贝的量分别为 38.72 g 和 15.12 g，而对于蛤蜊这种海产品，3～5 岁的儿童每天的摄入量在 35.42 g[76]，这些数据说明了中国不同年龄阶段的人群都摄入了一定数量的贝类海产品。此外，有数据统计，人类平均每年通过食用贝类海产品而摄入的微塑料达到了 27 825 个，当然，由于地理及饮食习惯的差异，不同地区对贝类的消费差异很大，如阿塞拜疆人每人每年仅消费 0.01 kg 的软体动物，而在中国香港特别行政区，这个值上升到了 13.38 kg[77]。中国作为海鲜消费大国，在贝类海产品中检测到微塑料，无疑给爱吃贝类海产品的人们带来了一定的担忧。

那么双壳贝类是如何积累环境中微塑料的呢？有相关研究表明，双壳贝类可以通过摄食、黏附和融合这三种途径积累环境中的微塑料[78-79]，其中摄食被认为是贝类等水生生物摄入微塑料等污染物的主要途径（图 8.10）[77]。由于滤食食性，贝类通过鳃过滤水中的浮游植物和其他的一些有机颗粒，此时环境中的微塑料很有可能会被贝类当成食物所误食，微塑料被贝类的鳃捕获后，在鳃表面，微塑料被鳃上皮细胞同化或者通过微绒毛活性和内吞作用转运到口腔和消化系统[80]，这一过程实现了微塑料从环境到贝类体内的转移。一项研究发现，双壳贝类主要从环境中摄食小型微塑料颗粒（≤1 mm）[81]，科学家推测是由于小型微塑料颗粒（≤1 mm）与双壳贝类的食物硅藻（0.002～1.000 mm）的大小相似，因此而更容易被误食[82]。根据微塑料的摄食途径，虹吸管、鳃、肠和胃是参与摄入过程的主要器官，而包括性腺、套膜、内收肌、内脏组织在内的其他器官则是负责微塑料的黏附[78]。

微塑料在全球的野生和养殖贝类中都广泛存在[83]。牡蛎由于其生长速度快、对环境的适应性强，且营养丰富，在世界上被广泛养殖和食用[84]。有研究人员对国内外野生和养殖牡蛎中的微塑料情况进行了统计和分析，综合全球数据，有92.3%的养殖牡蛎含有微塑料颗粒，95.7%的野生牡蛎含有微塑料颗粒[85]，野生牡蛎中含有微塑料的可能性更高。当比较牡蛎中微塑料负载时，综合全球数据，养殖牡蛎中微塑料含量为（1.03±0.33）个/g 湿重，而野生牡蛎中的微塑料含量为（2.18±0.77）个/g 湿重[85]，野生牡蛎中微塑料含量约是养殖牡蛎的 2 倍。对于中国来说也是如此，来自台湾和珠海的相关研究也表明，野生牡蛎中的微塑料含量远高于养殖牡蛎[86-88]。

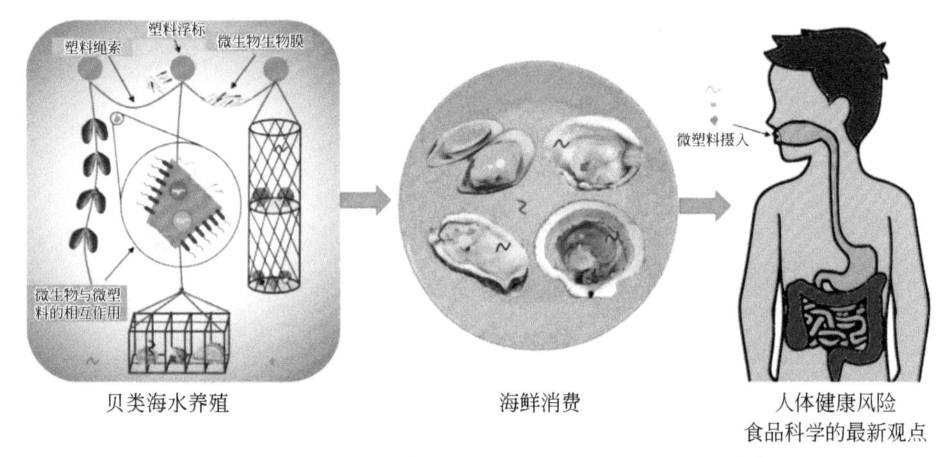

图 8.10　贝类中的微塑料污染及其对食品安全的影响[77]

为什么野生牡蛎中微塑料含量普遍高于养殖牡蛎呢？有研究人员给出的答案是，野生牡蛎通常是在潮间带上收集的，而潮间带受人类活动影响较大，导致潮间带环境中含有较高浓度的微塑料，所以野生牡蛎可能会暴露在较高浓度的微塑料环境中[86, 89-90]，相比之下，人工养殖的牡蛎通常生长在更深的水域或者悬浮在水柱中，这可能限制它们接触微塑料[90]。然而，也有部分研究表明，养殖牡蛎中微塑料含量高于野生牡蛎，这是因为养殖牡蛎是生长在塑料线上的[91-92]，养殖源微塑料的释放，导致养殖牡蛎中可能含有更多的微塑料。因此，相比于在野生和养殖群体之间进行比较，人类活动的影响、未处理的塑料垃圾和海洋垃圾在每一水域的积累量，可以更好地反映微塑料污染[88]。

国内外研究均表明，双壳贝类中微塑料的主要形状是纤维状和碎片状，粒径一般小于几百微米，主要聚合物类型为 PE、PP 及 PET（图 8.11）[88, 93]。根据双壳贝类中微塑料的主要形状、聚合物类型，微塑料的主要来源可以追溯到城市污水的排放。人们在日常生活中会使用到大量的化妆品和生活用品，如牙膏、洗面奶等，这些化妆品和生活用品中都添加了塑料微珠以增加其清洁能力，人们在使用这些产品时，微塑料颗粒会随着下水道进入城市污水管网。PET 是纤维衣服的主要成分[94]，在洗衣服过程中，衣服上的纤维也会随着下水道排入城市污水管网中，有研究表明，在洗衣服的过程中，每克衣物可以释放 175～560 个纤维[95]。

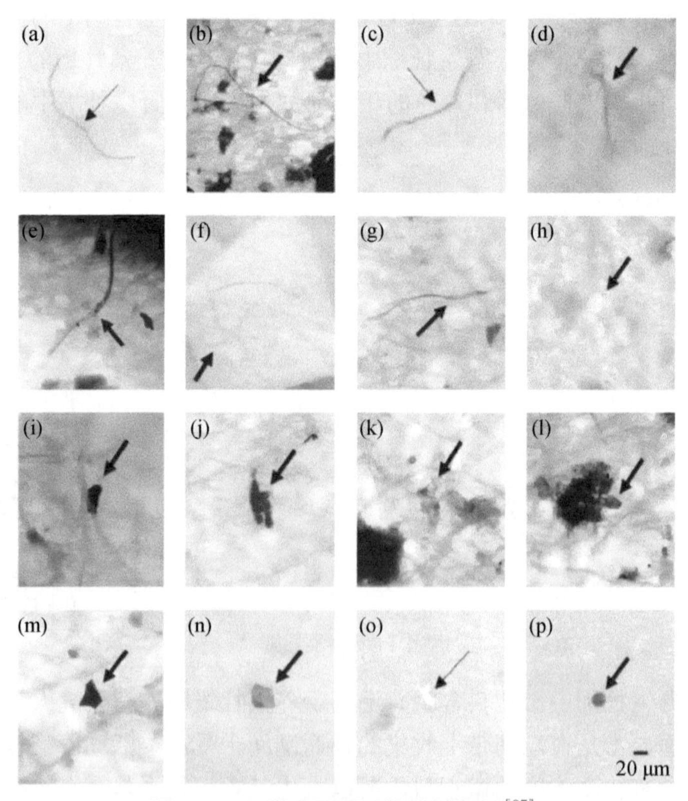

图 8.11　贝类中不同形状的微塑料[97]

（(a)～(g)：纤维状，(h)～(o)：碎片状，(p)：颗粒状）

由于目前的城市污水处理厂还没有专门对微塑料这种新型污染物进行去除，且废水处理效率还不高，所以引进先进的污水处理厂并逐渐增加其数量可能会减少该地区的微塑料污染[96]。

消化系统是贝类中微塑料主要积累的地方[83]，海鲜爱好者在食用贝类海产品时，通常是不会去除其消化道而直接将整个贝类组织一起食用[98]，增加了微塑料进入人体的风险。风险统计显示，当一个人每周吃一顿贻贝餐时，每份贻贝餐微塑料的暴露量为 252 个[96]。贝类海产品的个体大小也会影响其体内微塑料的含量，个体较小（较年轻）的贝类由于具有较高的代谢需求，所以其会过滤更多的海水以满足自身对食物需求，从而从环境中积累更多的微塑料[99]。但从另一个角度看，个体更大（更年老）的贝类由于与污染物接触的时间更长，也可能会从环境中摄食更多的微塑料[100]。

除了牡蛎和贻贝是人们经常食用的贝类海产品外，扇贝和蛤蜊也广受海鲜爱好者的青睐。目前，已有很多研究已经证实，微塑料可以作为环境中持久性有机污染物、重金属等的载体[101]，增加对生物体和人体的潜在风险。对扇贝和蛤蜊的相关微塑料联合毒性的研究均发现，微塑料的存在会增加其对十溴二苯醚、四溴双酚 A 等持久性有机污染物的积累[102-103]。此外，对贻贝中微塑料生物累积性的研究发现，微塑料不仅是 PFASs（全氟烃基物质）这种持久性有机污染物积累的载体，而且微塑料的存在会抑制贻贝对 PFASs 的清除[104]。其他一些微塑料联合毒性的研究也证实了微塑料可以吸附一些有毒微量金属，例如，镉、铬、铅等，对海洋生物，特别是水产海鲜造成更大的影响[84]。在自然环境中，微塑料对海洋生物的影响往往不是单独发生的，而是通常会和其他的一些海洋污染物相结合[105-106]，增加对海洋生物的毒性效应。人类处于食物链顶端，食用被微塑料污染的海产品，增加了人体的健康风险。

在中国渔业市场上，除了一些鲜活的贝类海产品外，还有很多被加工成干贝类的海产品。干贝类在中国，尤其是沿海地区，广受人们喜爱。但是干贝类中的微塑料含量普遍高于活贝类，增加了干贝类海鲜爱好者的健康风险。那么为什么干贝类中的微塑料含量更高呢？其原因可以追溯到干贝类的制作过程。通常，生产干贝类包括去壳、风干、干燥和包装这四个过程[76]，在去壳和风干过程中，由于空气的暴露等而导致贝类中微塑料含量增加[76]；干燥会减少贝类软组织的质量[76]，从而增加了单位质量贝类中微塑料的含量；在包装过程中，会使用到一些塑料制品从而导致微塑料污染。由此可见，这一系列制作过程都会导致干贝类中微塑料含量的增高。还有研究表明，通过冷冻、冷却或预煮等方式加工过的贻贝中所含的微塑料会明显高于超市中的活贻贝[107]。这也说明了贝类海产品的加工会格外增加其体内的微塑料含量。

不同的烹饪方法对贝类海产品中微塑料的含量和形状均有一定的影响。消费者习惯用不同的烹饪方法烹饪海鲜，蒸、煮和炸是最常见的烹饪方法[76]。有研究发现，蒸和炸会大大减少蛏子中微塑料的含量；但是与油炸扇贝相比，煮熟和蒸熟的扇贝中微塑料含量更低，且与干扇贝相比，蒸也可以显著减少扇贝中微塑料的含量[76]。此外，不同的烹饪方法对贝类中微塑料的形状也有所影响。通过蒸、煮和油炸的方法烹饪贻贝，纤维状微塑料的比例从烹饪前的45%增加到烹饪后的80%左右，相反，烹饪后碎片状微塑料的比例明显低于未经烹饪的贻贝[76]。所以，在烹饪贝类海产品时，不同种类应采用不同的烹饪方法，建议用油炸的方法烹饪贻贝，用煮的方法烹饪蛤蜊和螺，用蒸的方法烹饪扇贝[76]，这样可以有效减少海鲜爱好者微塑料的摄入量。

在烹饪过程中，食盐等调味品引入的微塑料颗粒及塑料添加剂的释放也不容忽视。海盐来源于海洋，而海洋是微塑料一个重要的“汇”，所以烹饪时使用的食盐会增加微塑料的摄入风险。烹饪中使用到的食用油也会带来微塑料引起的健康风险。有研究表明，与矿泉水相比，食用油是邻苯二甲酸酯（一种增塑剂）从塑料中迁移出来的一种更为合适的介质，且较高的温度和较长的接触时间促进了其迁移，由于热油的温度比沸水和蒸汽高，这意味着油炸过程中塑料添加剂释放风险也会更高[76, 108]。此外，还有研究证实了湍流与有机塑料添加剂的浸出量之间呈现出正相关关系，沸水可能导致强烈的湍流，会直接影响正在煮的海鲜，所以说煮也会加速塑料添加剂的释放[76, 109]。从塑料添加剂摄入风险的角度看，蒸被认为是烹饪贝类海产品的最佳方法[76]，但由于不同的烹饪方法对贝类海产品中微塑料的含量也有影响，所以在选择烹饪方法时需要综合考虑微塑料和塑料添加剂的摄入风险。

8.3.6 海产品中微塑料对人体的影响

随着地球的水循环，塑料垃圾会最终汇集到海洋，由于汇集到大海里的微塑料远远超过了微塑料降解的速度，所以海洋中的微塑料会越来越多，它们也被形象地比喻为“海洋中的 $PM_{2.5}$”。众所周知，大气中的 $PM_{2.5}$ 对人类的危害是不可忽视的，那么“海洋中的 $PM_{2.5}$”在被海洋生物摄食后会对我们人体造成什么样的影响呢？是不是吃了海产品就会对人体健康造成危害呢？

有研究表明，微塑料会使海洋生物摄食速率降低、能量缺乏，受伤甚至死亡，但是目前尚无证据表明海产品中的微塑料会对人体健康产生直接影响。

中国水产科学研究院南海水产研究所副研究员陈涛表示：“就目前的大环境来

看，自然界中的微塑料是广泛存在的，并且已经进入到了人体内，但这些微塑料是否对人体造成了实质性的伤害，依然是未知数。因为到目前为止，没有哪一项研究表明海产品中的微塑料对人体有可见的危害。”并且陈涛副研究员还认为，虽然自然状态下海产品中存在一定量的微塑料，但是海产品在经过烹饪后，微塑料实际上已经大大减少了，所以说，就现阶段而言，食用海产品依然是安全的。

谈到食品安全对人体健康的影响，就不得不谈剂量，海产品中的微塑料也是如此。北京工商大学教授王成涛认为，少量或微量的微塑料很难对人体构成实质性的伤害，这与食品添加剂的道理是相似的。并且海产品在生产、加工、运输等方面，安全性也是有保障的，是完全可以放心食用的。

虽然领域内的专家学者都认为目前海产品是可以放心食用的，且目前也还没有海产品中微塑料对人体构成实质性伤害的报道，但是近年来，海产品越来越受人们欢迎，已经成为了人们餐桌上的常客，人们通过食用海产品而摄入的微塑料在逐渐增多，所以海产品中的微塑料问题也需要引起足够的重视。并且由于微塑料的疏水性较强，可以从海洋环境中吸附污染物，特别是有机污染物，如多环芳烃（PAH）、多氯联苯（PCBs）等，微塑料成为了有机污染物的载体，在人类摄入微塑料后，微塑料上吸附的这些有机污染物可能会在人体中解吸出来，从而对人体产生不利影响。综上所述，对于海产品中存在的微塑料，人们不用过度担心，但也需引起足够的重视，可以采用一些方法来减少因食用海产品而摄入的微塑料，如在食用鱼类等海产品时，可以尽量去除内脏部分，在食用大虾时，尽量去除虾头和虾壳。但最重要的还需从源头减少塑料及微塑料的排放——减少塑料制品的使用。

第9章 微塑料生物膜

微生物在自然环境中无处不在，在大气、河流、海洋和土壤环境中都有它们的身影。微生物种类多样，稍大的肉眼可见，而有些却身材特别小，用肉眼难以看到，只能借助显微镜等工具才能够发现它。微生物将“家”安在各个地方，包括微塑料。大气、河流、海洋和土壤环境中的微塑料也因此成为微生物的家，安家后微生物会分泌出胶体物质，将周围的有机物和其他微生物黏附在一起，在微塑料表面形成生物膜。如同大气圈（atmosphere）、水圈（hydrosphere）、土壤圈（pedosphere）、化学圈（chemosphere）一样，研究人员甚至将塑料污染称之为“塑料圈（plastisphere）”，而微塑料上的生物膜也是塑料圈的重要组成部分[1]。

微塑料上生物膜群落结构具有特定的特点，其群落结构往往比周围环境的生物膜群落结构更为复杂，通常会存在一些对微塑料表面有附着能力的微生物。披上生物膜外衣的微塑料在各方面都受到生物膜的影响，例如，生物膜可以影响微塑料的物理性质和化学性质，进而影响微塑料在水体、土壤等环境的迁移和分布，原本浮在水面的微塑料可能沉入水底，从而改变了其迁移速率与迁移距离。水体中的微塑料附着生物膜以后，可以影响微塑料本身对重金属和有机物质的吸附性能[2]，从而影响污染物质的环境行为及食物链传递途径。

9.1 披着生物膜外衣的微塑料

目前，一般认为粒径小于 5 mm 的塑料为微塑料。微塑料来源于废弃大塑料的环境分解或生产生活使用的原生微塑料颗粒。那么，微塑料上一定会长生物膜吗？在自然环境中，微生物通过各种方式将家安在微塑料上。微生物一方面会沉降到微塑料表面，另一方面微塑料表面会吸附周围的有机物和微生物，微塑料表面的有机物和微生物是生物膜形成的基础。但并不是所有的微塑料都会长生物膜，生物膜的形成受到多种因素的影响，如微塑料的化学成分、环境条件等。不同类型和形状的微塑料对生物膜的形成也会有不同的影响。因此，有些微塑料表面会生长较多生物膜，如同样条件下聚乙烯（PE）和聚氯乙烯（PVC）的附着生物膜量远大于聚丙烯（PP）和聚对苯二甲酸乙二酯（PET）[3]。

实际上，微塑料上的生物膜也有它的生命周期，图 9.1 描述了生物膜形成的过程。微塑料上附着生物膜的生长过程主要包括以下几个步骤：有机物和微生物等通过吸附或沉降作用附着在微塑料表面，形成单细胞的初级附着菌群，初级附着菌群会分泌胶体物质，吸附更多的细菌、藻类和其他微生物，形成更为复杂的微生物群落，并进一步熟化成成熟的生物膜，成熟生物膜最终将消散成单个细胞或细胞聚合体。

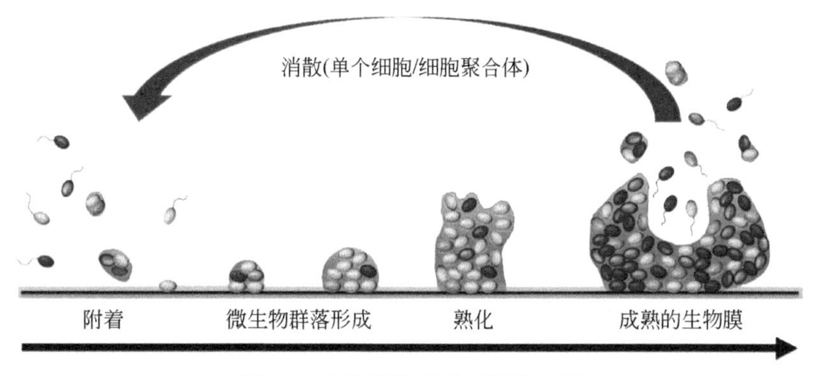

图 9.1　生物膜的形成过程示意图

微塑料上的生物膜长什么样呢？位于不同地方的微塑料生长的生物膜往往也不一样。南非研究人员将不同厚度的聚乙烯薄片剪碎成不同尺寸的碎片，然后将碎片浸泡在南非福尔斯湾（False Bay）海水中，观察微塑料上生物膜的生长情况[4]。从图 9.2 可以看出，所有样品都覆盖有不同程度的“污垢”，在 2 周时可被稀疏覆盖和缺失覆盖，在 4 周时可见表面稀疏覆盖，左侧边缘则中度覆盖，当 6 周时全部可见中度覆盖，到了 8 周之后可见密集覆盖，在 10 周时可见更大程度的密集覆盖，在第 12 周可见生物膜全部密集覆盖于塑料表面。总体来说，在南非水域微塑料表面生长的生物膜看起来比较夸张。我国研究人员在浙江宁波象山港，将高密度聚乙烯 PE-HD 纤维放置于海水中 8 周后，生物膜的生长情况如图 9.3 所示[5]。可以看到，暴露 8 周后的生物膜，在聚乙烯纤维表面被大量“污垢”（生物膜）所覆盖。

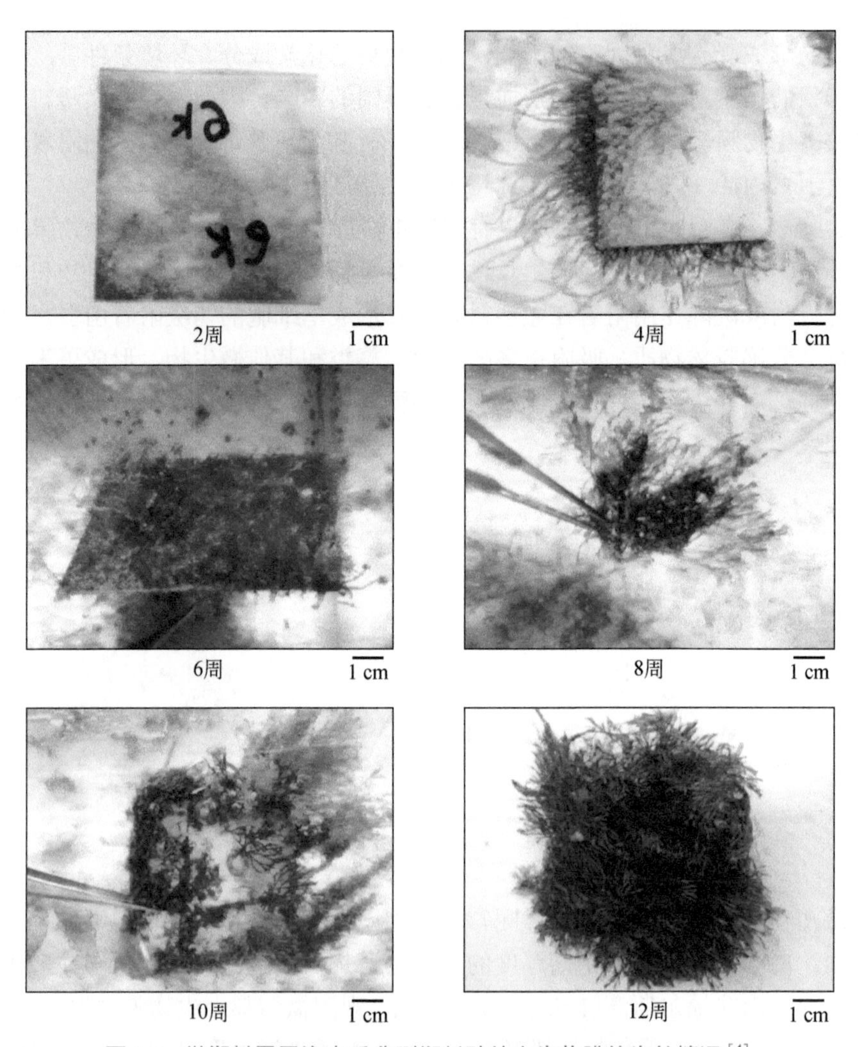

图 9.2　微塑料置于海水后典型塑料碎片上生物膜的生长情况[4]

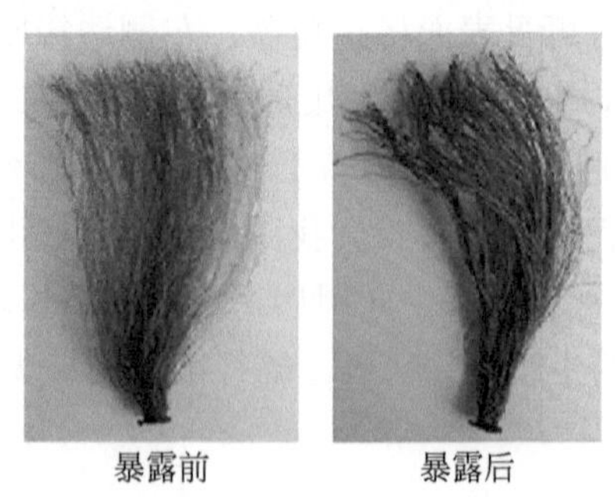

图 9.3　高密度聚乙烯纤维（**PE-HD fiber**）置于浙江象山港海水前后的照片[5]

海洋中的微塑料除来自海岸带污染以外，还来自于河流中微塑料的输送[6]。那么，河流中微塑料生物膜又长什么样？是否与海洋微塑料生物膜不同？研究人员将 PE-HD、PET 和 PS 三种微塑料分别在美国拉里坦河（Raritan River）的上游、下游及河口区域，放置 31 天后通过扫描电子显微镜（SEM）扫描微塑料表面的影像（图 9.4）。可见，微塑料生物膜的表面光滑干净，细菌细胞包裹在丝状胞外聚合物中，与来自三个不同采样区的现场水相比，每个微塑料表面上都形成了独特的生物膜群落[7]。在我国海河中，研究人员取海河水在实验室条件下将微塑料与岩石和树叶分别放在河水中，14 天后通过 SEM 观察微塑料与岩石和树叶上生物膜的不同，如图 9.5 所示[8]。

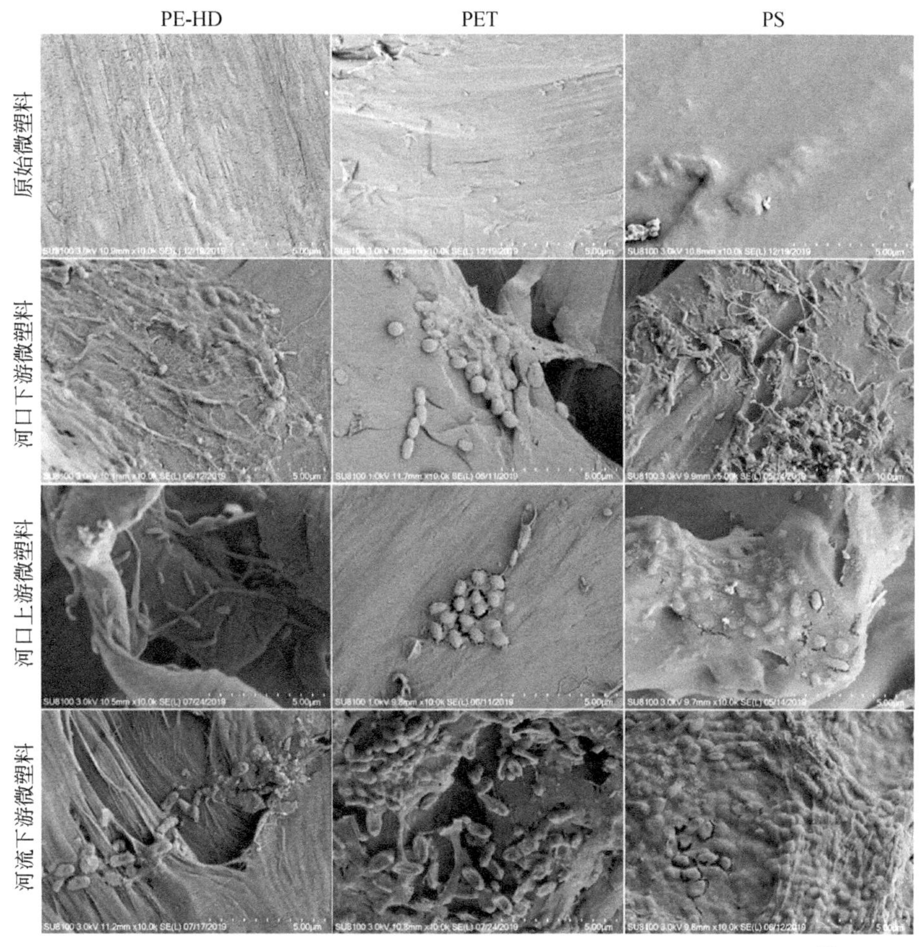

图 9.4　河水中生物膜生长 31 天前后的微塑料表面扫描电子显微镜图像[7]

PE-HD：高密度聚乙烯；PET：聚对苯二甲酸乙二酯；PS：聚苯乙烯

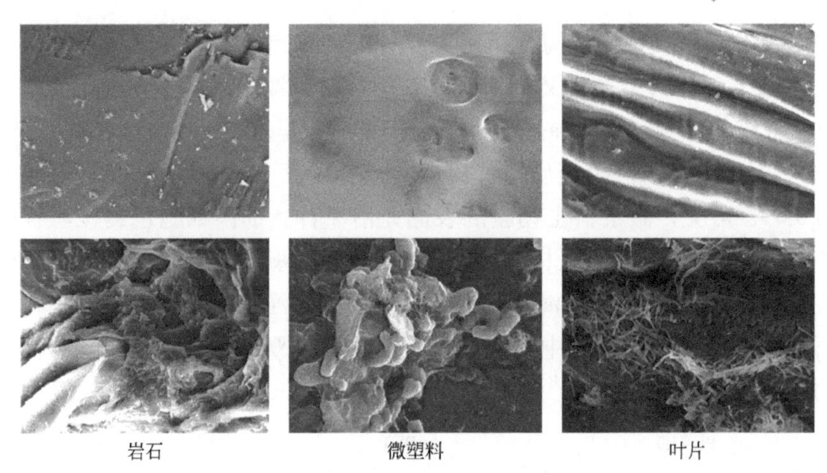

图 9.5 培养 14 天后岩石、微塑料和叶片表面生物膜的扫描电子显微镜图像[8]

土壤中微塑料生物膜的样子如图 9.6 所示。显微镜下显示真菌短密青霉附着在微塑料表面［图 9.6（a）和（b）］，移去表面真菌之后，在微塑料表面形成被真菌降解的小洞［图 9.6（c）］[9]。

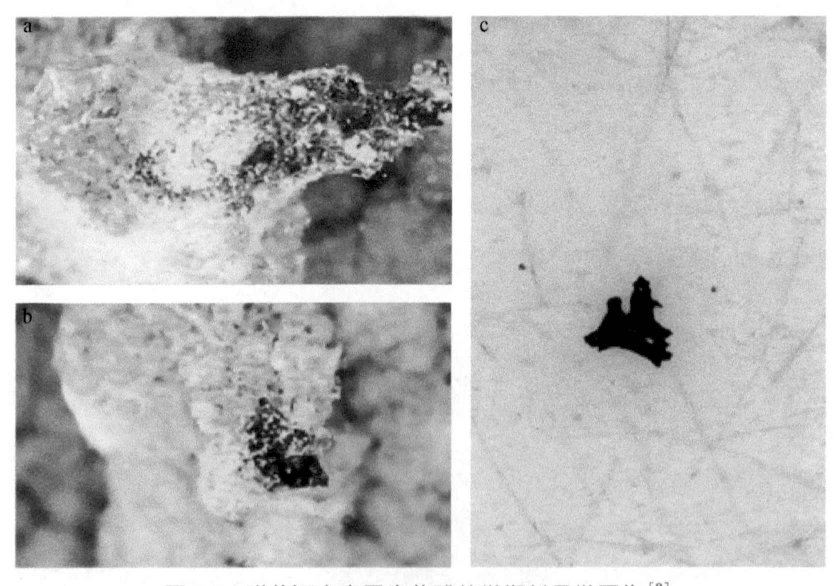

图 9.6 附着短密青霉生物膜的微塑料显微图像[9]

9.2 微塑料表面生物膜的形成机理

关于微塑料表面生物膜的研究最早起源于水环境中，也有部分研究关注于土壤沉积物中的微塑料生物膜。对于微塑料表面生物膜形成机理的研究，主要依靠模拟微塑料表面在水中形成生物膜的过程，通过将表面起始没有微生物附着的微塑料放置于野外环境，或者实验室模拟环境中，使微塑料表面从无到有形成生物膜，在放置培养不同时间后回收微塑料样品，进而分析在不同阶段微塑料表面的微生物，对形成过程进行分析，进而解释形成机理。本部分以研究最为广泛的水环境为例，以在生物膜中大量存在且研究最为广泛的细菌作为微生物的代表，介绍微塑料表面生物膜的形成过程，如图 9.7 所示。

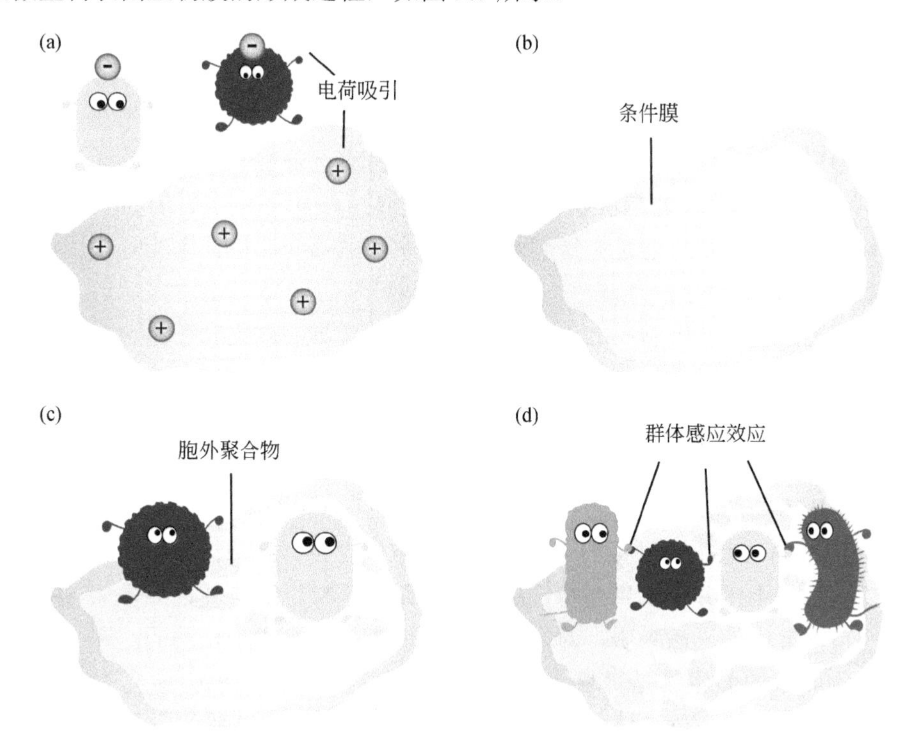

图 9.7　微塑料表面生物膜形成过程

9.2.1　发现新大陆

生物膜的形成是一个动态过程，处于不断地变化中，通常在早期阶段动态更强，此时微生物种类快速增多，即物种丰富度快速增加。生物膜形成过程一般包括微生物黏附、胞外聚合物分泌和微生物增殖三个阶段，是微生物和微塑料的互相选择过程[10]。

一般情况下，生物膜的形成最开始为微塑料和微生物之间的静电吸引和排斥。当微塑料进入到水环境中后，在环境水体与微塑料原始表面第一次接触的几秒钟内，微生物通过运动到达微塑料表面。通常微塑料表面带正电荷，细菌细胞表面带负电荷，在微塑料、微生物、中间介质间发生一系列静电吸引和排斥作用后，微生物吸附在微塑料表面，在微塑料表面形成一层包括有机和无机物质的膜，被称为条件膜（conditioning film）。此时微生物的吸附并不牢固，微生物可能再从微塑料表面脱离，即“可逆黏附”。微生物附着在微塑料表面的过程称为定植过程，而这些微生物也就被称为“植民者”[11]。

一旦生物膜的第一批“植民者”就位，基质的初始表面特性就会被修改，最初的条件膜能够改变微塑料的表面特性，进而能够间接控制后续微生物的定植。暴露在水中的表面会在几个小时内吸收大量的有机营养物质，在随后的几分钟到几小时内，条件膜会从周围环境水体中吸引利用这些营养物质的微生物。早期条件膜的形成往往是由电荷主导的简单吸附，不具有选择性，而后续的微生物定植具有了一定的选择性，通常可以被那些利用微塑料表面营养物质的微生物所定植，此时形成的生物膜很可能是微塑料与周围微生物的第一次选择性相互作用，从而使生物膜得以继续发展[12]。

微生物细胞壁和细胞膜的表面电荷和疏水性会影响微生物在微塑料表面的定植，而这些可以通过微生物形成表面结构来调节，如在外部形成菌毛和鞭毛，都可以提高微生物的附着。具有鞭毛的藻类往往是微塑料表面生长的第一类生物，在初始的可逆黏附阶段，鞭毛起着关键作用，而没有鞭毛的微生物在表面黏附和生物膜形成方面都较弱[10]。

在 24 h 内，水中的微塑料表面迅速被微生物定植。微塑料表面生物膜中的大多数微生物是不区分定植表面特性的，无论是微塑料，还是其他如木头、石头、树叶等自然界中的天然基质，对定植在表面的微生物来说是相同的，即大多数微塑料生物膜中的微生物是“机会主义”的一般定植者，有机会便会附着在基质表面。如在微塑料表面的早期生物膜中可以发现红杆菌科细菌，同时人们也发现其能够定植在其他非塑料颗粒表面，如玻璃、钢铁等，即其能够在多种基质表面参与生物膜的形成[13-14]。在生物膜形成后期，已有的生物膜将微塑料包裹，更加减弱了微塑料的表面特性，但即使是在微塑料表面生物膜形成量较少的早期，定植的微生物也可能不是被微塑料表面特性本身所吸引，而是由于早期形成的条件膜增加了微生物获取营养的途径，微生物被条件膜所吸引，进而附着在微塑料表面[15]。

9.2.2　共同完善家园的微生物

当微生物定植在塑料表面后，会继续生长，并且在生长过程中分泌由 DNA、蛋白质、脂类和脂多糖等组成的胞外聚合物，使微塑料表面更加黏稠。胞外聚合物作为微生物与微塑料之间的生物黏合剂，使更多的细菌、藻类和无脊椎动物附着在微塑料表面，促进了微塑料、微生物群落和碎屑等不同的物质聚集成为一个整体，即形成“异质聚集体”。如菌丝单胞菌科的细菌成员被发现能够在微塑料表面茁壮生长，可能是由于它们能够通过形成胞外聚合物而牢固地黏附在光滑的微塑料表面[15]。

除了发挥黏合剂的作用外，胞外聚合物也能够形成一层保护层，起到保护屏障的作用，保护内部细胞不受外界环境的影响，如能够防止定植在微塑料表面的微生物直接暴露于紫外线辐射，以及防止水分蒸发导致生物膜脱水。在整个生物膜群体中，微生物大部分嵌在胞外聚合物中，可以看作附着在微塑料表面的微生物们给自己建造了一个遮风挡雨的“房子”[16]。

在微塑料的表面，各种微生物的存在量并不是相同的，有些种类的细菌存在的比较多，在所有细菌中占的比例比较高，即这些细菌的相对丰度较高，被认为是优势菌。这些占主导地位的细菌成员有一个群体感应效应，即细菌之间的信号系统，细菌产生信号分子并对其做出反应，从而控制生物膜的形成和演替。就像这些优势细菌是军官，它们互相商议之后，向其他的细菌发号施令，来控制大家如何进行战斗。因此，最先定植的微生物会影响生物膜中后续定植的微生物，部分细菌可以在生物膜形成过程中起到桥梁作用，自发地聚集一些细菌继续定植在微塑料表面，形成共聚物[10]。

9.2.3　谁说了算?

影响微塑料表面生物膜的主要因素有两个：微塑料的自身基质特性和微塑料所接触的外界环境因素。微塑料自身基质特性方面，微塑料的聚合物种类、表面特性、添加剂都会影响表面微生物的附着。

在微塑料的自身特性中，研究普遍认为微塑料的不同材质不会造成表面整体细菌群落具有显著差异，也有研究发现不同聚合物种类的微塑料表面的代表性细菌种类不同，即某种细菌更加喜欢在特定种类的微塑料表面附着生长，但塑料种类往往是自身基质特性中影响最小的因素[17]。

表面特性方面，从微塑料作为一种附着材料的角度来看，表面形貌、表面粗糙度、表面自由能、表面电荷、表面疏水性和静电相互作用通常被认为是影响吸附过程的相关参数，特别是在生物膜发育早期影响更加明显。在体积相同的情况下，具有粗糙和不规则形状的微塑料基质有着更大的表面积，即比表面积更大，这也就为微生物定植提供了更多的生物膜附着位点，粗糙的表面有利于微塑料表面生物膜群落的形成和代谢，增加了细菌细胞的黏附力[16]。

添加剂方面，在塑料制品制造过程中，往往会为了提高材料性能而人为添加化学物质，当微塑料进入水环境中时，这些化学物质会从微塑料内渗出，这些渗出的添加剂的数量和组成也会影响在表面定植的生物的物种组成。如部分添加剂释放后可能作为营养来源促进微生物的生长，而添加的抗菌剂则可能阻碍细菌的附着[18]。

另一方面，水体盐度、营养状况、pH、季节变化、水流状态等外界环境因素都会影响微塑料表面生物膜的形成。在不同的环境中，适宜生存的微生物不同，微塑料有机会接触到的微生物也不同，进而导致生物膜的不同。如在海洋环境中，由于海水的盐度较高，微塑料表面生物膜中会出现大量喜好在高盐度环境下生长的嗜盐菌[9]。

通常认为环境条件对微塑料生物膜形成的影响大于微塑料自身基质特性，微塑料的物理化学性质在定植的早期阶段有重要影响，而环境条件对生物膜的形成有长期影响[16]。

9.2.4　各自不相同

由于存在大量具有不同性质的微塑料和微生物，因此很难对微塑料表面生物膜形成的物理化学过程得出普遍适用的结论。总体而言，微塑料表面生物膜在早期的动态变化较大，在接触到外界环境后极短时间内，微塑料表面与周围环境产生一层条件膜，虽然此时大部分微生物是不区分基质而进行附着生长，但此时基质的影响较后续阶段相对较大。随后在这层条件膜的基础上，生物膜不断发展并继续生长，微生物产生胞外聚合物使生物膜更加黏稠，进行更多地附着。后续随着时间的推移，微塑料在环境中破碎成更小的颗粒，比表面积增加，进而可被微生物定植的位点增加。在生物膜的形成过程中，环境因子发挥主要作用，且具有长期影响。总体而言，微塑料表面生物膜的形成，是一个由环境为主导因素、早期变化较快、微塑料和微生物互相选择的持续动态过程。

9.3　微塑料表面生物膜的群落结构

9.3.1　究竟一样不一样？

微塑料表面生物膜的群落结构是指在微塑料表面各种微生物的种类组成、含量、所占比例，微塑料表面生物膜是否具有特殊性，目前各研究所得结果尚未达成统一。2013 年时，最早研究微塑料表面细菌群落的学者之一策特勒（Zettler）提出了“塑料圈”（plastisphere）一词，用来描述微塑料表面所有微生物所构成的共生体，意味着与微塑料相关的微生物群落与周围水体中的不同，这一假设支持了塑料是一种新的生态栖息地的观点[19]。

目前对于微塑料表面生物膜的研究多集中于海洋环境中，在海洋中持久漂浮的塑料对光合作用活跃的微生物尤其有吸引力，如蓝藻细菌。在海洋环境中，有大量且多样的微生物被发现附着在微塑料表面，特别是刺胞动物、环节动物、软体动物、甲壳动物和苔藓动物[20]，而含量丰富的细菌大多为变形菌、拟杆菌、厚壁菌和疣微菌[12]。

微塑料生物膜中的生物群落与周围水体环境中的有显著差异，这是因为在微塑料表面的微生物是作为固着生物生活的，而在水体环境中生活的微生物是自由生活的，它们二者的生活方式不同。有研究认为微塑料表面的细菌种类更多，即具有更高的多样性，但另一些研究则持有相反的观点，不同研究观点的差异可能被解释为塑料在水体中停留时间的长短不同，以及位置的相对流动性不同[21]。

在微塑料表面生长的大多数微生物属于“机会主义植民者”，微生物定植时不区分基质是自然表面还是人造表面，也就是不区分基质是否是塑料。微塑料表面的微生物群落结构是由传统的生物膜形成过程驱动的，而不是由塑料基质导致的特异性选择。当将同样以固着方式生长的微塑料表面细菌群落和其他自然基质表面的细菌群落进行比较，如与鹅卵石、木头、羽毛、砂砾对比进行研究时，通常认为生物膜的形成更强烈地受到空间因素和时间因素的影响，而不是受它们定植的基质类型的影响。同样是微塑料，不同地理区域的微塑料表面的微生物群落之间存在较大差异；而在同一地点，微塑料和自然颗粒表面群落差异小于环境造成的差异[15]。

虽然生物膜的形成是一个明显的由所处环境所决定的位置特异性过程，而不是基质特异性过程，但在微生物定植初期，疏水性和其他基质性质确实对定植微生物群落的结构造成了影响。在生物膜中可以选取指示性物种，即这种微生物在特定基质上能够存在，或存在量所占比例较高，有研究认为微塑料表面的指示性物种与其他自然基质的不同，但仍未确定在各个环境中、在各种聚合物种类的微塑料表面都存在的通用指示性物种[12]。

目前大多研究认为微塑料表面生物膜群落结构与周围环境中自由生长的存在差异，而与其他在自然颗粒上固着生长的生物膜没有显著的差异。但如何比较细菌群落的不同，也是一个需要进一步研究的问题，是生物膜中微生物组成的不同？是各种微生物所占比例的不同？还是指示性物种的不同？这些都没有进行统一的规定。再加之所处环境对基质表面生物膜具有主要的影响作用，微塑料接触环境中的微生物不同，表面形成的生物膜群落也必然不相同，因此，对于微塑料表面生物膜是否具有特殊性，需要进一步地研究。

9.3.2 污染物的聚集地

生物膜中微生物分泌的胞外聚合物不仅能够协助微生物不断构建生物膜家园，也具有良好的吸附特性，能够从周围环境中吸附持久性有机污染物、重金属和抗生素等，为污染物的积累提供了更多的可能性。一些研究发现微塑料能够吸附其他污染物，使其自身成为一个污染物聚集的热点，导致污染物在微塑料表面的浓度远高于周围环境浓度，有时可以达到周围沉积物中浓度的 10 倍，甚至是海水中浓度的 100 倍[22]。

微塑料表面生物膜对污染物不仅是简单的吸附，生物膜和污染物之间也具有相互作用，主要可分为协同作用和拮抗作用，且大多为协同作用。协同作用是指两种或多种不同的物质或过程间起到相同且相互促进作用，达到 1+1＞2 的效果，有时微塑料会诱发和增加其他污染物的毒性，如微塑料会富集污染物菲，而且与菲有协同作用，增强菲的毒性。拮抗作用是指两种或多种不同的物质或过程间起到相反或相互抑制作用，达到 1+1＜2 的效果，这可能是由于微塑料和污染物两者之间具有高容量的螯合能力，使得微塑料吸附污染物后二者结合得非常紧密，从而减少生物对污染物的利用，减轻污染物的不良影响[23]。

9.3.3 危险的生物膜

在微塑料表面的生物膜上，发现了多种能够导致人体或动物生病的致病性微生物，包括弧菌、芽孢杆菌和球菌等，其中最典型的是弧菌。有许多研究在微塑料表面检测到了致病菌，并发现致病菌在微塑料表面的含量要高于在周围水体环境中的。如在地中海的一个名为北亚得里亚海（North Adriatic）的海湾中，研究人员从海水表面收集微塑料，在微塑料表面发现了杀鲑气单胞菌，而这种细菌正是鱼类疾病的罪魁祸首[24]。

在水环境中，微塑料不仅为病原微生物提供了新的基质，也增强了病原微生物的转运能力，病原微生物可能使用微塑料作为载体，随着微塑料的移动，病原微生物也在不同环境中发生移动。有研究在从环境中采集到的微塑料表面发现了周围环境中不存在的致病性弧菌，说明微塑料可以带着外来的细菌移动[25]。但微塑料在运输致病性微生物时，是否具有与其他颗粒不同的能力，这仍是未解之谜。

9.3.4　能够“吃”塑料的微生物

在日常生活中我们喜爱使用塑料制品，其中一个重要的原因就是塑料的耐用性，难以被生物降解。然而，塑料在方便了我们生活的同时，也导致了环境污染。由于排放、处置不当，塑料在成为废弃物进入到环境以后长期存在，并在风化、日照、磨损等作用下进一步破碎，尺寸减小形成为微塑料污染。目前发现部分微生物能够“吃”塑料，使塑料质量减少，即能够降解塑料，包括细菌、真菌等，其中研究较多的是细菌，这些细菌被认为是塑料降解菌。由于塑料内部含有大量的碳和氢元素，因此，这些具有降解塑料能力的细菌通常也被称为碳烃降解菌[26]。其发现过程如图 9.8 所示。

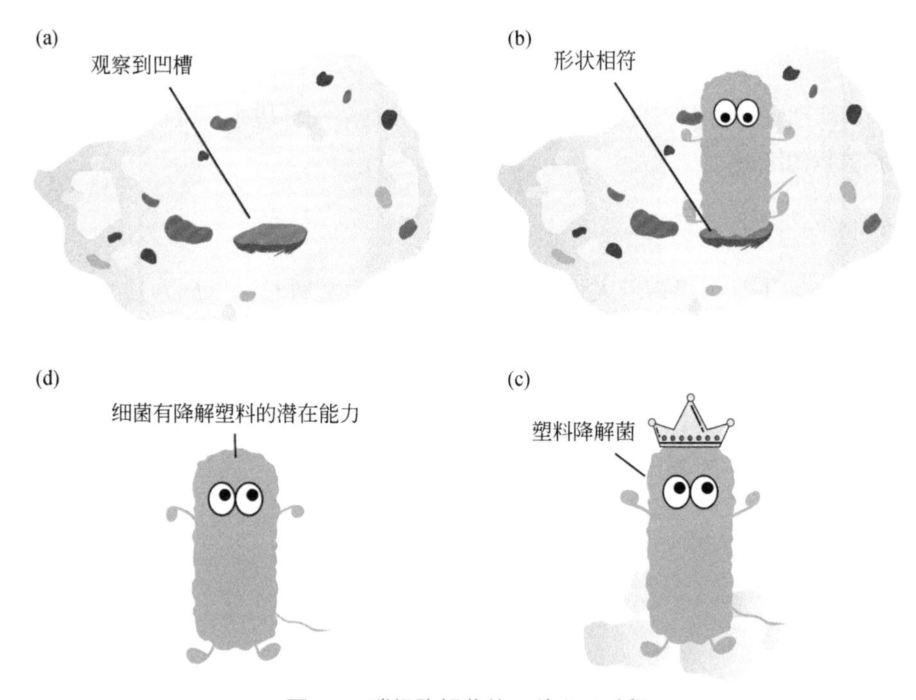

图 9.8　碳烃降解菌的一种发现过程

在 1968 年的时候，报道了关于微生物降解塑料聚合物的第一项研究，聚氨酯（PU）这种塑料很容易被真菌降解[27]。后续通过在北大西洋亚热带环流不同区域，采集海水中的聚乙烯（PE）和聚丙烯（PP）塑料片，并与周围海水中的细菌群落进行比较，发现了在塑料上存在但没有在周围水体中检测到的细菌，其中就包括能够降解烃类的假交替单胞菌属的细菌，这也是在后续研究中常见的碳烃降解菌[19]。

对于微塑料表面生物膜中塑料降解菌的研究，通常有两种方法。第一种是将生物膜从微塑料表面分离出来，然后根据扫描电镜图像观察微塑料的形态，有研究观察到了微塑料表面凹凸不平，而其中的部分缺损位置，正好与具有降解能力的细菌的形状相符合，将形貌和细菌特性结合分析，认为该种细菌降解了微塑料[19]。第二种方法是对环境中发现的不同微生物进行筛选，由于微塑料可以通过提供碳源来刺激微生物的生长，在微塑料表面生物膜中，能够降解微塑料和代谢碳氢化合物的微生物显著多于在自然环境中的[28]。将微生物在实验室中进行培养，只加入塑料作为唯一的碳源，而微生物的生长必须要利用碳，在这种情况下如果微生物想要获取碳，就必须利用塑料，那么如果这种微生物能够顺利生长，就说明其具有利用塑料中的碳的能力，即具备了降解塑料的能力[26]。

虽然地理环境总体上是微塑料表面生物膜组成的最重要决定因素，微塑料表面本身对定植过程的影响不是很大，但也有关于微塑料表面能够富集碳烃降解菌的讨论，特别是在营养不良的条件下。如在营养贫瘠的环境中，微塑料能够富集鞘脂单胞菌科的细菌[29]。

9.3.5 微生物的旅行快船

正如交通工具可以带着人们去往各处一样，微塑料也可以成为这样的“交通工具”，即作为载体携带定植在其表面的微生物在环境中发生移动（图 9.9）。同样体积大小下，微塑料通常比木头还要轻，因而能够在水中漂浮，且和自然基质相比，微塑料的难降解性使其自身在环境中不易发生变化，能够长时间存在，进而使它们能够在水环境中长距离运输[23]。

图 9.9 微塑料作为微生物“搭便车”的迁移载体

以往研究在微塑料表面生物膜中发现了周围环境介质中不存在的细菌种类，认为世界各地的各种生物能够在海洋塑料碎片上漂浮，非本地物种可以利用微塑料“搭便车”到达新的栖息地，并把塑料用作繁殖的基质[30]。微塑料作为载体，可能引入这个环境中本没有的微生物，导致物种入侵，打破环境中原有的生态平衡；也有可能引入病原体，以及有害的甲藻、硅藻等物种，对环境中原有的生物造成危害[15]。

而目前，更多的研究认为微塑料对微生物的运输载体作用并没有之前所认为的那么强。当微塑料在环境中发生移动时，其表面的微生物并不是在较长的迁移距离内保持稳定，而是将迅速调整以适应不断变化的环境，与其自身在原位置时的微生物状态明显不同，更趋向于和当前所处环境中的微塑料的表面微生物相似，呈现“本土化”的特性[31]。虽然我们不能否认在微塑料表面生物膜整体趋于本土化的基础上，存在微塑料引入部分外来物种，导致物种入侵的潜在危害，但可以表明微塑料在病原体大面积传播中起到的很小作用[32]。

9.3.6　万物无处不在，但由环境选择

微塑料作为一种新兴污染物，在生态影响上引起了大家的广泛关注。微塑料由于疏水性强、比表面积大，之前被认为是特殊的微生物载体，但随着研究的深入，人们发现，作为微生物的载体，微塑料从整体上并未表现出与其他自然颗粒的差异性。因此，理解微塑料表面微生物的一个关键问题是，著名微生物学家巴斯-贝克（Baas-Becking）早在 1934 年提出的“万物无处不在，但由环境选择”（Everything is everywhere, but the environment selects）的自然理论是否适用于微塑料，以及如何适用，进而，这也将解释微塑料作为新污染物在环境中的生态影响[33]。

9.4　生物膜改变微塑料行为

披上生物膜外衣的微塑料能够极大改变微塑料在环境中的行为。生物膜可改变微塑料的密度，导致微塑料在水体中的迁移速率、迁移距离、沉降速率发生改变，从而改变了微塑料在水体的迁移轨迹。此外，生物膜中多样性丰富的微生物能够很大程度改变微塑料的碎裂或降解行为。

海洋是塑料垃圾和微塑料的汇聚场所，塑料及微塑料将在各种作用力下破碎成尺寸更小的微塑料。因此，研究人员根据模型预测，海洋中将产生大量尺寸较小的微塑料颗粒。然而，事实情况却是海洋表层水环境中小于 1 mm 的微塑料丰

度远没有模型预测的多，可以说某种程度上“消失不见”了[34]。海洋生物吞食微塑料颗粒、风力混合引起垂直传输等因素都不能完全解释上述原因。微塑料表面形成生物膜增大了漂浮微塑料的整体颗粒密度，导致微塑料更容易沉降到水底及深海环境，可能是微塑料在海洋水体去除的重要原因之一[35]。例如，南非科学家 Fazey 等[4]在南非福尔斯湾（False Bay）海水中研究了 PE 微塑料尺寸对微塑料的漂浮时间的影响。他们发现，PE 微塑料被生物膜覆盖后沉降速度明显加快，且尺寸越小沉降速度越快。沉降时间大致与表面积/体积的对数成反比，与微塑料体积的对数成正比，与棱边长/体积的对数成反比。

在海洋中，附着生物膜的微塑料是否能够顺利下沉到海底并固定在海底，目前仍然是个未知数。研究人员认为，因海水密度随深度增加而增大，若附着生物膜微塑料的密度在某一深度与海水密度一致时，将使微塑料“悬浮”于海水中，深层海水光照减少使得微塑料表面快速脱去一定量的生物膜，然后重新上浮到浅层海水甚至海面。因此，从长的时间尺度上看，生物膜的生长和脱附使得微塑料在海水中不断地上下缓慢振荡。针对上述假设，Kooi 等[36]通过模型工具研究了生物膜的附着对微塑料在海水中的振荡轨迹的影响，基于沉降、生物膜生长、光照、海水密度、温度、盐度和黏度等变量，模拟海洋环境中微塑料随时间的垂直传输过程，并根据微塑料的尺寸和密度最终预测微塑料将上浮、下沉或者垂直振荡。例如，粒径为 100 μm 的 PE-LD 会在海水表层至约 50 m 深处反复下沉、上浮，振荡周期约为 3 d，10 μm PE-LD 垂直振荡深度约为 30 m，振荡周期约为 21 d（图 9.10），这些微塑料似乎看起来永远都可能在生物膜的作用下沉入海底。然而，科学家的研究结果并不一致，Kaiser 等[37]将微塑料在近岸海水中培养，发现生物膜附着使得微塑料沉降速率增大，在 6 周的实验周期内并未观察到微塑料重新上浮。因此，未来仍需要更多的实验证据来阐明生物膜如何影响微塑料在海洋中的环境行为。

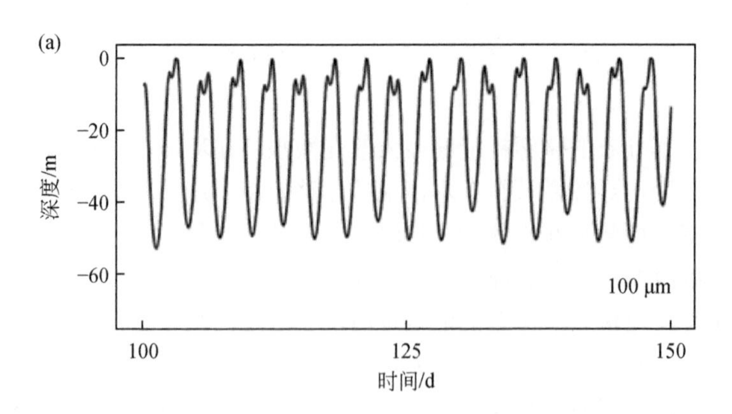

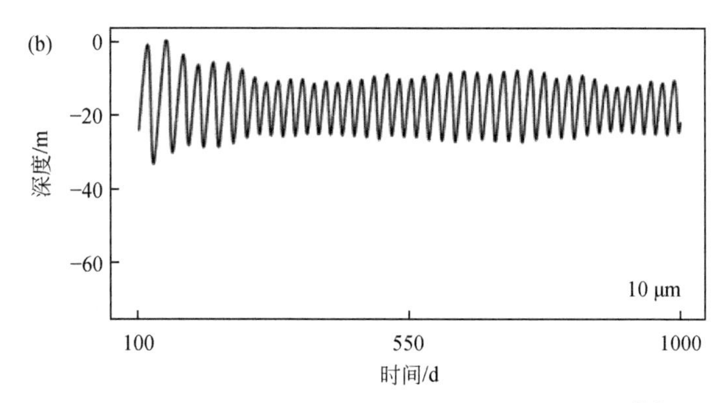

图 9.10　不同尺寸 PE-LD 微塑料在海水中的垂直振荡[36]

淡水中携带的微塑料是向海洋输入微塑料的重要途径。淡水环境中，微生物生物膜的存在可能会导致微塑料颗粒下沉，从而阻止微塑料向海洋运输。淡水环境往往与海洋生境有很大差别，那么淡水中附着生物膜的微塑料是否与海洋中微塑料具有类似的行为呢？Leiser 等[38]研究了夏末在淡水水库表层、中层和底层暴露的不同聚合物颗粒微生物定植情况，附着的生物膜含有细菌、蓝藻和藻类及氧化铁等无机颗粒，不同类型的微塑料其生物膜厚度与成分差异显著。结果发现，附着生物膜的 PE 颗粒仍然保持浮力，而附着生物膜的 PS 和 PET 颗粒则下沉水底，但下沉速度与未附着生物膜的微塑料没有显著变化。自然因素使得 PE 颗粒与有机物、蓝藻菌落和铁矿物聚集后，则会使得 PE 颗粒下沉到水底。Chen 等[39]对湖水中附着生物膜聚丙烯薄片沉降行为进行了研究，季节变化对其是否下沉具有明显的影响，漂浮的塑料在寒冷季节会在水中停留较长时间，但在温暖季节会在短时间内下沉。

生物膜也能导致环境中微塑料降解行为的改变。生物膜是微生物群落，因此也会分泌胞外聚合物，其中可能含有可降解微塑料的膜。类似污水处理厂的活性污泥，微塑料生物膜含有的微生物可将微塑料当作食物，将微塑料部分或最终分解。Oda 等发现了一种“神奇细菌”*Ideonella sakaiensis*[40]，该细菌能够通过分泌一种 PET 水解酶催化降解 PET 高分子为对苯二甲酸单乙二酯，而对苯二甲酸单乙二酯在其他酶的作用下又进一步分解为简单的对苯二甲酸和乙二醇。寻找可以降解微塑料的新型微生物菌种，提高微塑料生物膜的降解效率，是当前污水处理设施中微塑料去除的一种重要方法。但是寻找有效降解微塑料的微生物并不容易，对于污水处理厂污水中的微塑料，生物膜的作用往往是将微塑料包裹并富集起来，可以说用生物膜富集微塑料仍是目前用生物膜处理微塑料的最有效途径[41]。

第 10 章 微塑料的生物效应

微塑料尺寸小，极易被生物摄入并在生物体内迁移和累积，最终造成毒性效应。大量研究表明，微塑料能够对微生物、植物、水生动物和陆生动物等各种生物造成负面效应，其中水生动物（如鱼类等）是被研究最多的物种。微塑料对生物体的负面效应包括胃肠道堵塞、组织损伤、炎症、氧化应激、行为扰动、生长抑制和死亡等。本章将细述微塑料对各种生物的毒性效应，归纳微塑料生物效应的影响因素，并阐述微塑料生物效应的可能机制。

10.1 微塑料对生物的影响

10.1.1 微生物

微生物在环境中无处不在，并且与环境中的微塑料有密切和复杂的相互作用关系。一方面，微塑料为微生物的存活提供了栖息场所和必要的营养成分（如碳源）。微塑料的比表面积大、表面粗糙，有利于生物膜的形成。并且，微塑料能够释放可被细菌吸收的有机碳，比天然有机物更容易被微生物所吸收和利用[1]。更重要的是，在微塑料表面形成的生物膜能够为微生物提供庇护场所，抵御各种外源不利因素，如极端温度、pH、抗生素和生物杀菌剂的作用等。另一方面，微塑料能够对微生物产生直接的毒性作用，例如，引起微生物细胞膜的物理损伤、促进胞内活性氧物种（ROS）产生、增加胞内 DNA 的损伤和突变、降低微生物的活力和增殖能力等[2]。在污水处理过程中，微塑料能够干扰微生物的代谢而改变其固氮和产甲烷能力[3-4]。此外，在群落水平上，微塑料能够显著改变环境中微生物群落的组成和生态功能。

肠道微生物因对宿主健康的重要作用和对污染物暴露的高敏感性而成为近年

来毒理学研究的热点。微塑料对肠道微生物的影响已在多种水生和陆生生物中得到证实。各种聚合物类型、大小和形状的微塑料都能够改变肠道微生物的群落结构和功能。实验证明，从生物体排出的微塑料表面的微生物群落结构与生物体本身的肠道微生物群落结构显著不同，这表明肠道微生物能够选择性地定植于微塑料的表面，这可能是微塑料改变肠道微生物群落结构的一个重要原因[5]。更重要的是，通过体外模拟实验，微塑料被证实会导致人类肠道微生物的结构和功能紊乱[6]。由于人类日常会通过多种途径接触微塑料，如食物摄入、皮肤接触和吸收等，因此需要特别关注微塑料对人体肠道微生物的影响及由此引发的健康风险。

10.1.2　植物

微塑料进入土壤后可引起土壤结构和理化性质的变化，进而扰动土壤养分的循环过程，最终影响植物种子萌发和生长[7]。微塑料还可通过干扰生物因素（如土壤有机质和土壤中的生物活动）或非生物因素（如氧化物和可交换阳离子）影响土壤的稳定性及植物的生物量、光合作用、叶绿素含量、根和芽的长度等[8]。不同类型、大小和浓度的微塑料对土壤-植物系统有不同的影响[9]。例如，聚己二酸/对苯二甲酸丁二酯微塑料（PBAT-MPs）显著降低拟南芥根际土壤中细菌的α-多样性，改变土壤中细菌门和属水平的优势种群，严重破坏拟南芥的光合系统，对拟南芥抽茎、开花、结荚和叶片面积有显著抑制作用，同时改变拟南芥基因的表达水平，诱导拟南芥发生氧化应激反应，使拟南芥组织中 ROS 和脂质过氧化产物丙二醛（MDA）水平增加。此外，PBAT-MPs 还可被微生物降解而产生对拟南芥具有更高毒性的化学物质，如己二酸、对苯二甲酸和丁二醇等[10]。聚乳酸微塑料（PLA-MPs）在 0.1 %质量分数下可增加过氧化氢酶（CAT）的活性，破坏大豆的抗氧化防御系统，影响大豆的氨基酸代谢。并且 PLA-MPs 能够改变根际土壤微生物的结构和多样性，影响参与固氮作用的关键细菌丰度[11]。类似的现象在蚕豆中也有被观测到，在暴露于 100 mg/L 的聚苯乙烯（PS）微球 48 h 后，蚕豆内部的 CAT 活性显著升高，并且聚乙烯微塑料（PE-MPs）在低浓度（10 mg/kg）时对蚕豆的生长、物质积累和光合效率有促进作用，但高浓度（100 mg/kg 和 500 mg/kg）暴露下呈现显著抑制效果[12]。此外，鹰嘴豆暴露于微塑料后，发芽率急剧减少，色素、蛋白质水平和 CAT 活性增加，并且随着微塑料浓度增加，其染色体出现显著的畸变[13]。暴露于 PBAT 和 PE 微塑料的水稻与空白组相比，编码铵和硝酸盐转运蛋白的基因在营养生长阶段（vegetative stage）被显著下调，而在生殖生长阶段（reproductive stage）被上调，并且水稻的地上部分净光合速率被显著抑制，营养期光反应相关基因表达降低。这表明 PBAT 和 PE 微塑料通过氮代谢和光合作用影响水稻的生长，但两种微塑料对水稻的负面影响都会随着植株的生长而减轻[14]。此外，将鳗草暴露于微塑料（10～50 mg/L）时，叶绿素 a 和 b 的含量增加，CAT、超氧化物歧化酶（SOD）和谷胱甘肽转移酶（GST）的活性均表现出增加的趋势，表明微塑料暴露下鳗草引发了氧化应激反应[15]。

10.1.3 水生动物

微塑料在水环境中广泛存在，并且在淡水和海洋动物体内被频繁检出。例如，在北亚得里亚海采集的 180 条鱼（6 个不同物种）中，47.8%的鱼体内含有聚乙烯（PE）或聚丙烯（PP）微塑料（0.054～0.765 mm），其中鳎鱼体内微塑料的平均丰度为每条鱼（4.11±2.85）个，沙丁鱼体内微塑料的平均丰度为每条鱼（1.75±0.71）个[16]。在帕热河采集的 48 条滨岸护胸鲶（40 只雄性，8 只雌性）中，发现 83%的鱼肠道内有塑料碎片，其中大部分是微塑料（88.6%），平均丰度为每条鱼 3.6 个颗粒[17]。实验室暴露同样证实了水生动物对微塑料颗粒的摄入和累积。例如，大型溞暴露于 PS 微塑料（0.125 μg/mL、1.250 μg/mL、12.500 μg/mL）21 d 后，其消化道被大量微塑料颗粒填充，并且在清洁培养基中继续培养 96 h 后，摄入的微塑料仍停留在大型溞消化道内[18]。斑马鱼暴露于浓度为 0.001～20.000 mg/L、尺寸为 5 μm 的 PS 颗粒后，胃肠道和鳃中出现大量的微塑料累积。另一项研究发现 5 μm 的 PS 颗粒被斑马鱼摄入后，不仅累积于胃肠道中，还会进入肝脏中[19]。水生动物的进食方式对其摄入微塑料有重要的影响，例如，Wang 等[20]比较了以沉积物为食的腹足类动物泥螺和两种滤食性双壳类动物青蛤和四角蛤蜊对 PS 微塑料（<5 mm）的摄入和清除，发现滤食性双壳类，尤其是体型较大的双壳类，在暴露过程中更可能富集微塑料，而在清除过程中，双壳类的青蛤和四角蛤蜊比腹足类的泥螺更快地清除掉微塑料颗粒。

水生动物对微塑料的摄入通常不会直接造成致死效应。实验室暴露实验表明，10 μm 的 PS 颗粒在浓度达到 12.5 mg/L 时，不会造成大型溞的死亡，浓度达到 25 mg/L 时，对海鞘和海胆的存活率不产生任何影响[18]。斑马鱼在连续 30 d 摄入含有 PE 微塑料（20～27 μm，1%质量分数）的饵料后，存活率与空白组无显著的差别[21]。此外，在观测到微塑料致死效应的研究中，微塑料的暴露往往处于较高的浓度水平。例如，在尖齿胡鲶暴露于 50～500 μm 低密度聚乙烯（PE-LD）的实验中，研究人员仅在 PE-LD 浓度高达 2 g/L 的暴露组中观测到了鲶鱼的死亡，并且死亡率仅为 10%，而这一暴露浓度（2 g/L）远远高于微塑料的环境浓度[22]。

微塑料的暴露虽然不足以在水生动物个体水平上造成死亡效应，但是能够在生物体内引起氧化应激、组织损伤、炎症、行为扰动、生长和发育受阻等多种亚致死效应。其中，氧化应激是被关注最多的微塑料毒性终点。微塑料被水生动物摄入后，能够显著改变多个器官（如肠道和肝脏）中的抗氧化物酶活性，如 CAT、SOD 和 GST 等，并且显著增加脂质过氧化产物 MDA 的水平。例如，斑马鱼暴露于 5 μm 的 PS 微塑料（50 μg/L 和 500 μg/L）21 d 后，与对照组相比，其肠道内 CAT 活性在 50 μg/L 和 500 μg/L 组分别提高了 56.9%和 124.6%，SOD 活性也显著提高了 23.8%和 58.9%[23]。

微塑料被水生动物摄入后，会因物理接触而造成消化道的机械损伤，如肠道内壁固有层脱落、肠道黏膜及肠上皮细胞损伤等，继而诱发免疫反应及炎症，最终导致肠道微生物结构紊乱。水生动物摄入微塑料后，还会表现出觅食、掘穴和游泳等行为的异常。例如，斑马鱼暴露于 5 μm 的 PS 颗粒后变得过度活跃，其游泳距离比对照组增加了 1.3～2.4 倍，并且停留在狂躁和活跃状态的时间更长[24]。微塑料暴露还会对水生动物的生长和发育造成不良影响。例如，12.5 μg/mL 的 PS 微塑料显著增加了海胆的体长，并且 0.125 μg/mL 和 12.5 μg/mL 的 PS 微塑料增加了海胆的臂长，而 25 μg/mL 的微塑料则减少了海胆的体长和臂长[25]。又如，1%质量分数的 PE 微球（20～27 μm）暴露能够降低斑马鱼的体重和体长，并且影响斑马鱼的骨骼发育，引发成鱼尾鳍的骨骼缺陷。此外，微塑料长期暴露还能够损害鱼的胚胎质量、缩短孵化时间并造成幼鱼畸形等[21]。

对搁浅的鲸类和鳍足类动物进行尸检，发现几乎所有鲸类和鳍足类动物胃肠道内都存在微塑料，每只动物的微塑料丰度在 0～88 个颗粒之间[26]。

10.1.4　陆生动物

人们对微塑料的关注源于海洋中的塑料污染，但是近年来的研究不断表明，微塑料污染也普遍存在于陆地生态系统中，并对陆生动物的生存构成威胁。研究发现微塑料（特别是较小尺寸的微塑料）很容易被蚯蚓摄入[27]，虽然不足以在蚯蚓个体水平上造成死亡效应，但是能够引起物理损伤、行为扰动、氧化应激、基因表达异常和繁殖受阻等多种亚致死效应[28]。土壤中微塑料导致蚯蚓在移动过程中黏液损失，导致其表面产生烧伤和病变等损害而发生规避行为，并且随着微塑料浓度的增加，蚯蚓的规避率急剧增加[29]。蚯蚓对微塑料的规避反应能够改变后者在土壤中的迁移和生态风险，因为微塑料主要分布在表层土壤中，但蚯蚓的垂直运动增加了微塑料进入深层土壤甚至地下水的风险[30]。

微塑料能够引起蚯蚓的氧化应激并导致酶活性的变化[27]。研究表明，暴露于 PE-HD 微塑料（28～400 μm）和 PP（8～1660 μm）会降低蚯蚓体内 SOD、CAT 和 GST 的活性，并诱导 8-羟基脱氧鸟苷（DNA 损伤的生物标志物）水平升高[31]。

Chen 等[32]研究了不同浓度（0.1 g/kg、0.25 g/kg、0.5 g/kg、1.0 g/kg 和 1.5 g/kg）PE-LD 微塑料（<400 μm）对蚯蚓的影响，发现暴露于 1.0 g/kg 的 PE-LD 微塑料 28 d 后，CAT 活性和 MDA 含量显著增加。Jiang 等[33]观察到，当暴露于 100 nm 和 1300 nm PS 颗粒时，蚯蚓的 SOD 活性降低，GSH 含量增加。Wang 等[27]发现，20% PE 或 PS 微塑料显著增加了蚯蚓的 CAT 和 POD 活性及 LPO 的水平，但抑制了 SOD 和 GST 的活性。微塑料还可以影响蚯蚓的基因表达。例如，蚯蚓在暴露于 PE 衍生的微塑料纤维后，金属硫蛋白（MT）基因和 SOD 基因表达上调，热休克蛋白（Hsp70）基因表达下调[34]。微塑料对蚯蚓基因表达的不利影响最终改变细胞生长或导致细胞凋亡[28]。微塑料暴露同样对蚯蚓的繁殖产生不利影响。例如，当暴露于纯 PS 微塑料时，蚯蚓的生殖率呈现显著的剂量依赖性下降的趋势[35]。

除蚯蚓外，微塑料还会对白符跳虫、蜜蜂、桑蚕等陆生动物产生不利影响。例如，白符跳虫对加入 PE 微塑料的土壤表现出规避行为。摄入 PE 微塑料（<500 μm）显著改变跳虫肠道中的微生物群落结构，并且抑制跳虫的繁殖，生殖率随微塑料浓度的增加而降低[30]。PS 微塑料（0.1 mg/L、1 mg/L、10 mg/L、100 mg/L）被蜜蜂摄入后积累在蜜蜂中肠内，增加了蜜蜂对病毒的易感性。组织学分析表明，PS（尤其是 0.5 μm 的 PS）损伤蜜蜂中肠组织，并转移到血淋巴、气管和马氏管中，定量聚合酶链反应（qPCR）和转录组结果表明，PS 摄入后显著改变了与膜脂代谢、免疫反应、解毒和呼吸系统相关的基因表达。例如，*CYP9Q1* 和 *GSTD1* 基因显著降低，而过氧化氢酶、蜜蜂抗菌肽、防御素、PGRP-S2 显著上调[36]。此外，在桑蚕暴露于 PS 微塑料（10 μg/mL）的实验中，PS 微塑料并没有改变桑蚕的体重和存活率，但会显著改变其免疫和抗氧化系统相关基因的表达[37]。

微塑料进入动物机体后，通过血液循环蓄积于脑、心、肝、肺、脾、肾和睾丸等器官。当其粒径较小时可穿透细胞膜进入溶酶体，存在于线粒体、内质网和细胞核中，引起细胞器结构和功能改变，并通过炎症反应、氧化应激等机制对机体产生一系列毒性效应[38]。实验室以糖尿病小鼠为模式生物，研究 5 μm 和 100 nm 的 PS 微塑料（200 μg/L）通过饮水暴露 28 d 后对小鼠肾脏的毒性。结果表明，与正常小鼠相比，糖尿病小鼠对 PS 的暴露更加敏感，5 μm 和 100 nm PS 微塑料暴露均导致糖尿病小鼠肾脏出现明显的炎性细胞浸润和淤血等病理损伤，且 100 nm PS 微塑料对肾脏造成的病理损伤更为严重。此外，100 nm PS 微塑料暴露显著增加了糖尿病小鼠肾脏炎症因子（TNF-α和 IL-6）、SOD 和血清肌酐表达水平，并导致肾脏代谢紊乱。肾脏代谢通路紊乱引起的糖酵解能力受损和能量代谢水平降低进一步增加了 PS 微塑料对糖尿病小鼠肾脏的负荷[39]。

PS 微塑料还可导致大鼠精小管损伤，生精细胞凋亡，精子活力和浓度降低，精子异常增加。同时，PS 微塑料可诱导氧化应激，激活 p38 MAPK 通路，从而影响转录因子 Nrf2 的表达[40]。与对照组相比，暴露于 0.15 mg/d 和 1.5 mg/d 的 PS 微塑料时，大鼠卵巢内的 MDA 水平显著上调，CAT、谷胱甘肽和 SOD 水平下降。此外，PS 微塑料可导致血睾屏障相关蛋白表达减少[41]。

10.1.5　人体

目前，已发现微塑料存在于人类粪便、血液、结肠、胎盘和肺部，但尚不清楚这是否会导致不良的后果[42]。体外研究表明，微塑料通过氧化应激、细胞凋亡和特异性途径等引起人体细胞的炎症、代谢破坏、生殖毒性、免疫毒性等。例如，202 nm 和 535 nm 的微塑料颗粒对人肺上皮腺癌细胞系 A549 产生炎症作用，与 8 nm 的微塑料颗粒对比，202 nm 和 535 nm 的微塑料颗粒使肺细胞内的 *IL*-8 表达更高[43]。此外，原始或羧基化的 PS 颗粒在人胃腺癌、白血病和组织淋巴瘤细胞中引起了 *IL*-6 和 *IL*-8 基因的显著上调，造成免疫毒性[44]。未修饰或功能化的 PS 被证明可诱导几种人类细胞的细胞凋亡，包括原代人肺泡巨噬细胞（MAC）、原代人肺泡 2 型（AT2）上皮细胞、人单核细胞白血病细胞（THP-1）等[45-46]。此外，许多研究表明，当 PE 成分被用作假体时，它们会因磨损而破碎，并在关节中形成碎片。PE 磨损颗粒触发促炎因子（TNFα 和 IL-1）和促破骨因子，导致假体周围骨吸收，最终导致患者失去假体[47]。

除了诱导炎症和细胞凋亡外，最近的研究表明，微塑料在体外和体内模型中都会损害细胞代谢。暴露于带负电荷的羧基化 PS 纳米颗粒（尺寸为 20 nm）后，基底外侧钾离子通道在人肺细胞中被激活，纳米级的微塑料颗粒通过激活离子通道、刺激 Cl^-和 HCO_3^-离子外排，引起持续的短路电流，造成细胞代谢紊乱[48]。30 nm 的 PS 颗粒在巨噬细胞和人癌细胞系 A549、HepG-2 和 HCT116 的内吞途径中诱导大囊泡结构，造成囊泡转运和参与细胞分裂的蛋白质的分布被阻断[49]。

10.2　微塑料毒性的影响因素

微塑料对生物体的毒性作用受到多种因素调控，如粒径大小、形状、表面化学性质、聚合物类型、浸出液成分、老化过程等。下面就几种主要的影响因素展开详细介绍。

10.2.1　类型

微塑料按其化学组分可以分为：不可降解微塑料如聚氯乙烯（PVC）、聚丙烯

(PP)、聚乙烯（PE）、聚苯乙烯（PS）、聚碳酸酯（PC）和聚对苯二甲酸乙二酯（PET）；部分可降解微塑料如羟丙基甲基纤维素（HPMC）和羧甲基纤维素（CMC）；完全可降解微塑料如聚乳酸（PLA）、聚羟基脂肪酸（PHA）、聚己内酯（PCL）和聚丁二酸丁二酯（PBS）等。不同类型微塑料的密度也不同，密度较小的微塑料如 PE（0.92～0.97 g/cm^3）、PP（0.90～0.91 g/cm^3）、PS（1.04～1.10 g/cm^3）会漂浮在水面上或是悬浮在水中，随着水流长距离迁移；密度较大的微塑料如 PVC（1.16～1.5 g/cm^3）、PET（1.37～1.45 g/cm^3）易沉降最终留在沉积物中。

不同聚合物类型的微塑料对生物产生不同的毒性效应。例如，大型溞分别暴露于 PVC、PLA 和 PU 微塑料 21 d 后，PVC、PLA 和 PU 对大型溞毒性的顺序为 PVC＞PLA＞PU，其 EC_{50} 值分别为 45.5 mg/L、122 mg/L 和 236 mg/L[50]。Teng 等[51]将牡蛎暴露于 PE 和 PET 两种微塑料 21 d 后，发现 PE 和 PET 均抑制了牡蛎的脂质代谢，但是随着微塑料浓度的增加，PET 对牡蛎的毒性显著大于 PE。Sheng 等[52]在研究不同类型的微塑料对三氯生（TCS）在斑马鱼体内的吸收、积累和毒性的影响时发现，与单独 TCS 暴露相比，PE、PP 和 PVC 微塑料的影响排序为 PP＞PVC＞PE。不同聚合物类型对藻类生长的影响也有明显差异。例如，Schiavo 等[53]研究几种微塑料对海洋微藻的生长抑制作用时发现，微塑料对海洋微藻的生长抑制作用顺序为 PP＞PS＞PE。Lagarde 等[54]发现 PP 对莱茵衣藻的生长有抑制作用，但 PE-HD 在相同测试条件下对莱茵衣藻的生长没有抑制作用。类似地，在斜生栅藻的生长抑制实验中，PE 和 PVC 微塑料均能通过黏附在藻细胞表面而影响其光合作用，但 PE 对藻的生长抑制作用显著大于 PVC[55]。此外，Wu 等[56]发现，PVC 和 PP 对蛋白核小球藻和水华微囊藻的光合作用均有负面影响，在高浓度（≥250 mg/L）下 PVC 对藻类的毒性作用明显高于 PP。

10.2.2 粒径

微塑料的毒性效应与其粒径有关。大塑料可以直接缠绕在生物体表面弱化动物的行动能力、吞食造成窒息、减少植物叶片光合作用的表面积等。相比于大塑料，微塑料具有粒径小、比表面积大、吸附能力强的特性。通常认为微塑料粒径与细胞毒性大小成负相关关系。已有研究表明，0.5 μm 微塑料比 50 μm 微塑料刺激产生的斑马鱼肠道炎症反应更严重，证实了尺寸依赖性毒性的存在[57]。Yang 等[58]发现，不同粒径的微塑料单独暴露时，小球藻的生长抑制作用顺序为 PA100＜PS100≈PE100＜PA1000＜PE1000（单位：目），这说明微塑料粒径越小毒性作用越大；Hazeem 等[59]研究发现，相比暴露于 500 nm 的 PS 微塑料，暴露于小尺寸（20 nm 和 50 nm）微塑料的藻类细胞活力和叶绿素 a 浓度有所降低。

粒径达到纳米级的微塑料可以引起氧化应激和炎症反应。Moos 等[60]发现微塑料颗粒（直径小于 80 μm）能够进入贻贝消化系统的上皮细胞中，在暴露 3 h 后引起强烈的炎症反应。

微塑料的粒径还影响它与其他有机污染物的复合毒性。例如，Tang 等在研究微塑料和持久性有机污染物（POPs）对泥蚶的毒性作用时发现，较小的微塑料（500 nm）会加剧 POPs 的毒性，而较大的微塑料（30 μm）会减轻其毒性[61]；PS 的存在可以降低三苯基锡（TPT）的毒性，在 20 mg/L 0.1 μm PS 和 5 μm PS 处理下，TPT 的 IC_{50} 值分别从 0.56 增加到 0.85 μg/L[62]；由于 PA1000（单位：目）的高吸附能力，48 h 联合毒性实验抑制作用大小顺序为壬基酚（NP）＞PE100≈PS100＞PE1000＞PA＞PA1000，说明微塑料的存在降低了 NP 对小球藻的毒性，并且不同尺寸会产生不同程度的影响[58]。由此可以看出，微塑料粒径大小与生物毒性存在复杂的关系，并非简单的负相关关系。

10.2.3　形状

同种聚合物类型的微塑料也存在多种形态，常见的微塑料形状有：颗粒状/球团状、碎片状、泡沫状、纤维状及薄膜状。纤维状和碎片状是最常被报道的塑料形状和类型，在水体和大气环境中微塑料主要以纤维状为主[63]。微塑料的形状取决于微塑料的原始形态、塑料颗粒表面的降解过程及在环境中的存在时间。因此，不同的形状也可能影响微塑料的毒性[64]。

Sun 等研究四种形状的 PP 微塑料（纤维状、薄膜状、泡沫状和颗粒状）在超过 60 天的农业土壤中对土壤细菌群落的影响时发现，与颗粒状微塑料相比，纤维状、泡沫状和薄膜状微塑料对土壤细菌群落组成有显著影响[65]。不同形状的微塑料在环境和生物中被广泛检测到，其中大多数残留在肠道中，Qiao 等[5]将三种形状（颗粒状、碎片状和纤维状）的微塑料暴露在斑马鱼中，检测到微塑料在肠道中的积累和毒性的依赖顺序为纤维状＞碎片状＞颗粒状，纤维状微塑料比碎片状和颗粒状造成更严重的肠道毒性。在研究颗粒状、碎片状和纤维状的塑料颗粒对大型溞的慢性毒性作用时发现，PS 颗粒状微塑料相比于纤维状，对大型溞的测试终点产生更多不利影响[66]。与草虾体内的颗粒状微塑料和碎片状微塑料相比，纤维状微塑料具有更高的积累和更强的急性毒性作用[67]。与颗粒状微塑料相比，纤维状微塑料在两栖类动物中的肠道停留时间更长，死亡率更高[68]。在对水蚤的急性和慢性致死作用时发现，不规则微塑料比颗粒状微塑料毒性更大[69-70]。

10.2.4 基团修饰

工业生产的微塑料为满足不同的功能需求，通常在其表面携带许多官能团[71]。研究表明，塑料的风化过程会伴随表面官能团的变化，并有助于负电荷的产生[72]。许多研究已经证实，微塑料表面不同电荷性也会影响微塑料的毒性。目前的研究大多以微塑料表面带氨基修饰的正电荷或以带羧基修饰的负电荷为对象。Rossi 等发现，阴离子羧酸盐（—COOH）和阳离子氨基（$—NH_2$）表面修饰后的微塑料更容易通过细胞膜，这主要是因为修饰后的微塑料具有与蛋白质相似的分子结构[73]。另一项研究也表明，微塑料的表面电荷是其潜在毒性的一个重要因素[74]。Huang 等考察了 13 种不同表面功能化［羧基聚苯乙烯（C-PS）、氨基聚苯乙烯（A-PS）和无修饰的聚苯乙烯（PS）］微塑料对人鼻上皮细胞的体外毒性，发现 A-PS 比 C-PS 和 PS 有更高的细胞毒性，且 PS 诱导细胞凋亡，而 A-PS 会引起细胞坏死[75]。Banerjee 等发现，氨基修饰的 PS 微塑料对人肝癌细胞具有比羧基修饰或非功能化的微塑料更强的毒性[76]。Li 等研究发现，带正电的 $PS\text{-}NH_2$ 比带负电的 PS-COOH 更容易与微藻异质聚集，导致光合作用损伤引起的毒性[77]。Ning 等在研究不同粒径下氨基（$—NH_2$）、羧基（—COOH）和环氧基（—COC）修饰的纳米 PS 和红霉素（ERY）对大肠杆菌生长的毒性实验时发现，纳米 PS 的毒性取决于大小和功能修饰，30 nm 和氨基修饰的 PS（$PS\text{-}NH_2$，200 nm）表现出最大的毒性，且 $PS\text{-}NH_2$ 与 ERY 共暴露时表现出协同的毒性作用，而未修饰的 PS 没有影响[78]。Zheng 等发现 3 种表面修饰的 PS 微塑料暴露 96 h 后均显著抑制铜绿微囊藻的生长，生长抑制顺序为 $PS\text{-}NH_2$＞PS＞PS-COOH[79]。

10.2.5 老化

当微塑料进入不同环境介质中后，由于温度、湿度、pH、紫外光照、氧气或机械磨损等环境因素会发生老化作用。老化会改变微塑料的微观结构，如羟基、羧基、醛基等含氧官能团的出现或是碳碳双键的产生及含氧自由基增加，从而改变微塑料表面的化学性质进而改变毒性作用。老化微塑料通常具有比原始微塑料更大的毒性。例如，Wang 等证实了老化 PVC 微塑料比原始 PVC 微塑料对莱茵衣藻的生长抑制作用更明显，在 96 h 暴露后，老化 PVC 微塑料 EC_{50} 为 63.66 mg/L，原始 PVC 的 EC_{50} 为 104.93 mg/L，老化后微塑料毒性更大[80]。Chen 等使用秀丽隐杆线虫作为模式生物研究了光照射下来自面部磨砂膏的聚乙烯（PE）微珠上 EPFR 的形成及其毒性时发现，光老化微珠表面环境持久性自由基（EPFR）的产生会诱导氧化应激进而增强毒性[81]。由于 EPFR、ROS、过氧化物和共轭羰基的综合作用，光老化后的酚醛树脂微塑料（PF-MP）明显增加人肺上皮腺癌细胞系 A549 的毒性并降低细胞活力[82]。此外，与原始微塑料相比，老化后聚氨酯微塑料（PUF）显著抑制了小球藻的生长和光合作用[83]，大塑料制品通过机械磨损、光氧化过程和生物作用而产生的次生 PVC 微塑料比初生 PVC 微塑料对青鳉鱼胚胎的毒性更大[84]。

老化后的微塑料表面形貌会出现大面积孔隙、褶皱和裂纹，这将极大地增加其比表面积，为污染物吸附提供更多附着位点，进而改变其他有机污染物的生物暴露风险[85]。例如，Zhou 等研究发现老化后的 PVC 微塑料显著增加了对四溴双酚 A 的吸附，老化微塑料与四溴双酚 A 对斜生栅藻的联合毒性也显著增强，且明显大于二者的单一毒性之和，这种协同作用可归因于吸附作用增强，导致更多的四溴双酚 A 与斜生栅藻接触[86]。

10.3　毒 性 机 制

微塑料的主要毒性作用机制包括物理作用、氧化应激、释放有毒添加剂、吸附有毒污染物等。以下介绍了几种主要的毒性作用机制。

10.3.1　物理作用

微塑料对水生动植物的物理影响主要包括塑料纤维对生物的缠绕，塑料碎片对水生植物的遮蔽，以及水生动物对微塑料的摄入。在环境和生物中广泛检测到不同形状的微塑料，由于不同的保留时间、积累和物理损伤，这些微塑料大多会黏附在生物体内外表面、减弱过滤活性或是残留在肠道中损害肠道内壁，只有小部分微塑料会进入组织和器官，转移到周围组织和循环系统，穿过生物膜并导致全身暴露，加剧塑料污染的生物毒性，降低生物的适应性[87-88]。例如，Xia 等在研究聚氯乙烯次生微塑料（SMP）和原生微塑料（PMP）对海洋青鳉的胚胎毒性时阐明 SMP 对绒毛膜表面的物理损伤是主要的毒性机制[84]。Choi 等在比较两种不同形状的 PE 微塑料（即高密度 PE 微球和不规则研磨的低密度 PE）对细胞的毒性时发现，具有尖锐边缘和较高曲率差的不规则形状的微塑料会对细胞产生不利影响[89]。Qiao 等将三种形状的微塑料（微球状、碎片状和纤维状）暴露于斑马鱼检测肠道中微塑料的积累和毒性，结果发现肠道中形状依赖的积累顺序为纤维状＞碎片状＞微球状，并且微塑料积累在鱼肠道中引起多种毒性包括黏膜损伤、通透性增加、炎症和新陈代谢破坏，且微塑料纤维导致的肠道毒性最严重[5]。微塑料还能够影响藻类的光合作用，降低叶绿素含量及光合效率[90]。但是也有研究发现微塑料会对藻细胞产生遮蔽作用，促使藻类改变色素组成来快速适应光照的变化，最大限度地优化光合作用，以保护细胞免受光诱导的胁迫[91]。

10.3.2 氧化应激

微塑料及其吸附的环境污染物可能引起生物体内 ROS 增加[92]。Jeong 和 Choi 从生态毒性和人类健康风险评估两个方面阐述了微塑料的主要毒性机制是 ROS（即过氧化氢、单线态氧、超氧阴离子、臭氧、羟基自由基）的过量生成[93]。ROS 会损害细胞成分，包括脂质、蛋白质和 DNA，产生的不良后果是生长速度下降、繁殖失败和死亡率增加。除此之外，微塑料在风化、热氧化或光氧化过程中均可诱导 ROS 的产生，ROS 过度生成或长期增加会使细胞抗氧化系统清除 ROS 的能力不堪重负，ROS 生成和清除之间的关系失衡，最终导致细胞和组织的氧化损伤[92]。微塑料的摄取导致细胞膜完整性丧失并伴随孔隙的形成，以及线粒体产生的细胞内 ROS 增加[94]，ROS 的增多反过来导致线粒体功能障碍及促凋亡因子和促炎症细胞因子的释放，从而导致细胞死亡[95]。

一些研究表明微塑料毒性与 ROS 之间存在密切的关系，微塑料诱导的免疫反应功能障碍与 ROS 产生所引发的凋亡过程、吞噬作用降低、溶菌酶活性增加及 ROS、炎症和凋亡通路相关基因（即 *NF-kB*、*Bcl*-2 和 *Hsp*90）的转录调控有关[96-97]。Zimmermann 等发现可降解微塑料 PLA 可以激活人类 MCF-7 细胞的氧化应激反应，虽然可生物降解的 PLA 微塑料会降解产生乳酸低聚物，但降解的 PLA 同时会加剧生物体内的氧化应激反应[98]。在微塑料的作用下，抗氧化物酶活性增加，脂质过氧化产物丙二醛（MDA）含量增加。例如，降解的 PLA 可能会抑制细胞分裂，刺激海藻细胞产生 MDA，破坏 SOD 的合成途径等[99]。

10.3.3 吸附有毒污染物

微塑料与环境污染物的相互作用通常表现为以下几种：疏水作用、静电力、氢键、π-π键、范德瓦耳斯力。由于微塑料具有较大的比表面积、孔隙度、非晶态结构和疏水性等特性成为环境中污染物的优良载体，尤其对 POPs 有较强的吸附能力[100]。例如，Frias 等从葡萄牙的两个海滩收集了直径为 1～5 μm、长度为 200～500 μm 的塑料颗粒，发现这两个海滩的所有 MPs 样品都被 POPs 污染（分别为 0.01 ng/g 和 319.6 ng/g），这些污染物包括多环芳烃（PAHs）、多氯联苯（PCBs）和双对氯苯基三氯乙烷（DDTs）[101]。这表明，MPs 是 POPs 和其他有机污染物的重要载体和“汇”。Van 等在加利福尼亚州圣地亚哥采集了 PS 泡沫样品（小于 50 mm），发现未暴露的 PS 泡沫材料包装上也吸附了高浓度的 PAHs（大约

1900 ng/g）[102]。Mai 等在中国渤海和黄海地表水收集的 MPs（0.33～3 mm）中发现吸附 16 种多环芳烃的总浓度约为 3400～119 000 ng/g [103]。不同聚合物类型的 MPs（包括 PE、PP 和 PVC）都能吸附三氯生（TCS），而 PP-MP 对 TCS 的吸附能力最高（1.18 mg/g）[52]。吸附在微塑料上的有机污染物可能对生物健康造成风险[104]。进入生物体后，生物体内消化液会促进微塑料中被吸附污染物的释放[105]，进而导致生物体内污染物的暴露增加[100]。微塑料对有机污染物的这种携带作用被形象地称为“木马效应”。木马效应能够显著增加有机污染物对生物体的毒性作用。例如，PS 和 PVC 微塑料吸附毒死蜱和红霉素后，能够将有机污染物携带进入斑马鱼体内，造成有机污染物在斑马鱼体内的积累，并造成更大的毒性[19]。

10.3.4　释放有毒添加剂

为确保塑料制品在各种压力、温度、湿度、酸碱性条件下保持性能及延长使用寿命，在塑料的制作过程中会使用各种功能型添加剂，常用的添加剂有：增塑剂、阻燃剂、抗氧化剂、稳定剂、着色剂等，其中增塑剂和阻燃剂约占所有添加剂的四分之三[71]。几种常用添加剂类型及其主要成分和危害如表 10.1 所示。不同用途的塑料制品中添加剂的种类和添加量也有差别，如聚碳酸酯（PC）常添加双酚 A 作为稳定剂[106]；PVC 常添加邻苯二甲酸酯类（PAEs）增塑剂[107]；PE-LD 常添加酰胺类物质作为润滑剂[108]。这些塑料添加剂随着塑料的降解向外释放，特别是在高温或是紫外线辐射导致塑料老化的变性过程中，大量的添加剂快速释放到环境中，造成塑料污染的二次风险，同时危害生态环境和人体健康[109]。Wik 和 Dave 的研究发现轮胎微塑料（TMPs）渗滤液对斑马鱼等的毒性效应，发现斑马鱼在暴露 48 h 内死亡，根据毒性鉴定评价发现为 TMPs 联合锌与有机化合物引起[110]。不同种微塑料浸出液的成分差异很大。在不同环境条件或环境介质中，同种类型微塑料浸出液成分也有所不同，与在黑暗中浸出液相比，塑料在暴露于紫外线后，浸出液具有更高的毒性。邻苯二甲酸酯通常用作塑料的增塑剂，为塑料提供柔韧性。作为一种添加剂，它不会与聚合物化学结合，因此更有可能被微塑料释放并转移到环境中。邻苯二甲酸酯已被证明出现在家庭灰尘[49]、人的尿液[50]和母乳[51]中，并且已有研究表明邻苯二甲酸酯与哮喘和过敏存在关联，尤其是在儿童中[52]。接触邻苯二甲酸酯被证明在子宫内具有生物学效应，可能缩短怀孕时间[53]。另一种塑料添加剂双酚 A 也被证明会造成生殖毒性，可能导致不健康的婴儿出生[54]。

塑料制品主要由单体聚合而成，除此之外还包括低聚物及其降解产物，这在塑料浸出液中被大量检测到。例如，PS 可浸出致癌物聚乙烯单体和苯，可能会导致神经功能紊乱造成神经损伤[111]；双酚 A 是具有雌激素活性的单体，可用于食品包装、聚碳酸酯塑料的生产，在高温和碱性条件下可以浸出，是极强的致癌物质[112]。

表 10.1　塑料添加剂成分及危害

添加剂	主要类型	主要成分	危害	参考文献
增塑剂	邻苯二甲酸酯类	邻苯二甲酸酯、脂肪酸酯、环氧烃等	致癌性、内分泌毒性、神经毒性	[113-114]
阻燃剂	溴化阻燃剂（BFRs）	八溴二苯醚、五溴二苯醚、六溴环十二烷等	氧化应激、内分泌紊乱、神经毒性、免疫疾病	[115-116]
抗氧化剂	壬基酚	壬基酚	氧化应激、肝脏毒性	[117-118]
稳定剂	热稳定剂	无机物、金属有机化合物	重金属毒性	[119]
润滑剂	脂肪酸酰胺、脂肪酸酯	正十六烷酸（棕榈酸）、油酸、甘油三酸酯	氧化应激、抗雄性激素	[98]

第 11 章
微塑料的健康风险

11.1 微塑料的人体暴露途径

污染物的人体暴露是指环境中的有毒或有害物通过不同途径进入人体[1]。从被人熟知的无机污染物，如砒霜，到全氟表面活性剂等新污染物，其进入人体的最主要途径通常包括：经口摄入、呼吸吸入及皮肤渗透[1]。作为固态的污染物，微塑料的人体暴露途径与小分子的化学污染物既有相似之处，也存在些许不同。目前，还未发现微塑料可以通过皮肤进入人体的证据，因此在本节中我们将主要介绍经口摄入和呼吸吸入两种已知的微塑料暴露途径[2]。

11.1.1 经口摄入

前面的章节中已经介绍了环境中广泛存在的微塑料。在人类的日常生活中，食物、饮水和饮料也常常在生产、包装、运输和储存过程中受到微塑料的污染，甚至在食用的过程中也会受到含有微塑料灰尘的沾染，从而被误食。

环境中的污染物可能吸附在尘土颗粒上，并通过污染饮食、开口呼吸和说话时飘入或溅入等方式经口腔进入人体，这也是人类尤其是儿童摄入污染物的重要途径。灰尘特别是室内灰尘中存在严重的微塑料污染。室内灰尘中的微塑料主要来自衣服、地毯、窗帘等纺织品。南开大学汪磊教授团队调查了我国主要城市及全球十二个国家室内灰尘中微塑料的赋存情况，发现室内灰尘中存在高丰度的聚对苯二甲酸乙二酯（即涤纶）微塑料，其质量最高可达灰尘总质量的 12%[3]。北京市城区大气降尘中微塑料的丰度为 7～481 个/g，中心城区中微塑料以聚丙烯占比最高[4]。这表明室外灰尘中也存在普遍的微塑料污染和人体暴露风险，尽管这种风险比室内环境低得多。

11.1.2 呼吸吸入

呼吸吸入也是人体暴露微塑料的重要途径。小粒径的微塑料会飘浮在空气中，并在人类呼吸时会同时吸入呼吸道。2017 年巴黎东大学的研究团队调查了巴黎市两个公寓和一个办公室的室内外空气中塑料纤维的数量，发现在室内空气中纤维的丰度为 1～60 个/m^3，室外丰度为 0.5～1.5 个/m^3，显著低于室内空气中的丰度；室内纤维主要由天然纤维（67%）和人工合成纤维（33%）组成，而人工合成纤维中 50～250 μm 的聚丙烯纤维占比最高[5]。我国温州医科大学的研究团队也发现，在室内空气中微塑料丰度（1180 个/m^3）高于室外空气中的丰度（180 个/m^3），室内空气中微塑料主要成分为聚酯，室外空气中微塑料的主要成分为聚乙烯；研究人员还分析比较了城郊差异，发现城市空气中微塑料的丰度（224 个/m^3）高于郊区空气（101 个/m^3）[6]。1998 年的一项研究发现人肺中存在塑料纤维，且肺癌患者的肺中纤维数量多于功能正常的肺[7]。但呼吸吸入的微小颗粒，大多数能被上呼吸道的黏液和绒毛截留，并被运送至咽部。它们有些随同痰液排出体外，有些从咽部进入消化道中。

皮肤也是污染物进入人体的途径之一。虽然目前没有关于微塑料通过皮肤进入人体的报道，但是空气及灰尘中存在大量微塑料颗粒，人体皮肤难以避免会接触到微塑料，而人体皮肤的角质层可阻挡 100 nm 以上的颗粒物[8]，这使得微米尺寸的微塑料难以通过皮肤接触直接进入人体。但对于粒径更小的纳米塑料则可能会透过皮肤进入人体。对于不同途径导致的微塑料人体暴露量，可进行估算。比如，成人的日均饮水量约为 1.4 L[2]，乘以其所饮水中微塑料的平均丰度，即可得出人们通过饮水摄入微塑料的量。华东师范大学施华宏教授等总结了现有的研究，指出人体通过空气摄入的微塑料最多，约为（0～3）×10^7 个/a，而通过饮水摄入的微塑料约为（0～7.3）万个/a[2]。来自加拿大的研究人员评估了美国人群微塑料的摄入量，通过食物和饮水微塑料的摄入量为（3.9～5.2）万个/a，而在加和呼吸摄入后，摄入量为（7.4～12.1）万个/a[9]。然而，这些研究仅仅根据空气中微塑料丰度及人体呼吸量进行计算，并未考虑鼻毛和呼吸道黏膜组织等对微塑料的截留，这可能导致微塑料摄入量计算结果偏高。另外，已有研究报道了亚微米和纳米级别的微塑料可在植物体内迁移[10]，但主要农作物如水稻、小麦中微塑料的污染情况还不清楚。理论上，这些小粒径微塑料同样存在进入人类食物链并被逐级传递进入人体的风险（图 11.1）。

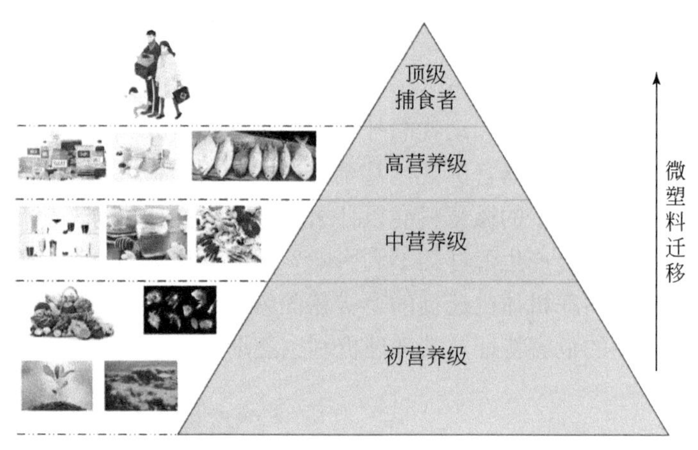

图 11.1　微塑料在不同营养级间的迁移[11]

11.2　微塑料的组织穿透性和细胞毒性

如上节所述，自然环境中分布的微塑料会伴随人和动物的摄食活动和呼吸活动进入到体内，从而对机体健康造成危害。除微塑料本身的影响外，微塑料表面还能吸附种类和数量众多的重金属或微生物等有害物质，伴随微塑料的摄入进入机体（图 11.2），并对机体产生叠加的毒性效应。

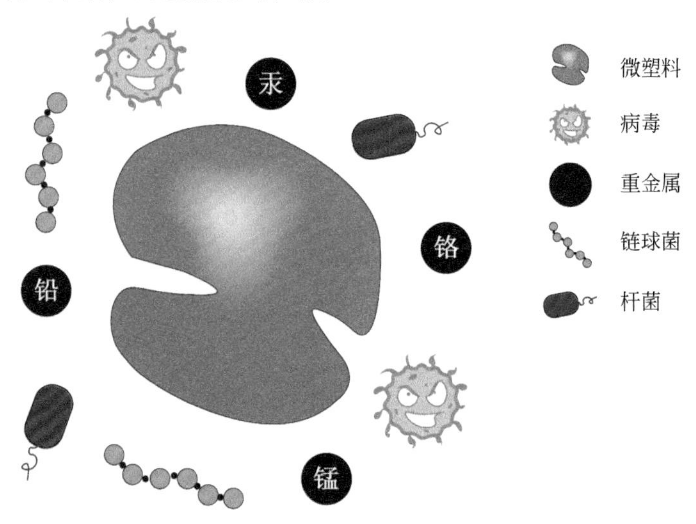

图 11.2　微塑料可携带有害物质

为了维持内环境的相对稳定，避免外界有毒有害物质直接进入和损伤体内，人类和很多高等动物都进化出了复杂的生理屏障系统，这些系统包括呼吸系统的气血屏障、神经系统的血脑屏障、生殖系统的胎盘屏障和消化系统的肠黏膜屏障等（图 11.3）。由于微塑料粒径极小，又同时具有独特的生物惰性和疏水性，当自然环境中的微塑料，伴随人和动物的呼吸或饮食活动进入到体内后，可穿透上述生物生理屏障，抵达组织器官深处，甚至透过细胞膜而进入细胞内部，对生物健康产生威胁。摄入机体中的微塑料会以什么样的方式在体内分布？这种非生物材料的侵入对机体健康会产生怎样的不利影响？随着科研人员近些年对微塑料不断深入地研究，微塑料在机体内迁徙的“神秘面纱”正在被一点点揭开，微塑料对机体组织器官产生的危害特征及其毒理机制也逐渐浮出水面。

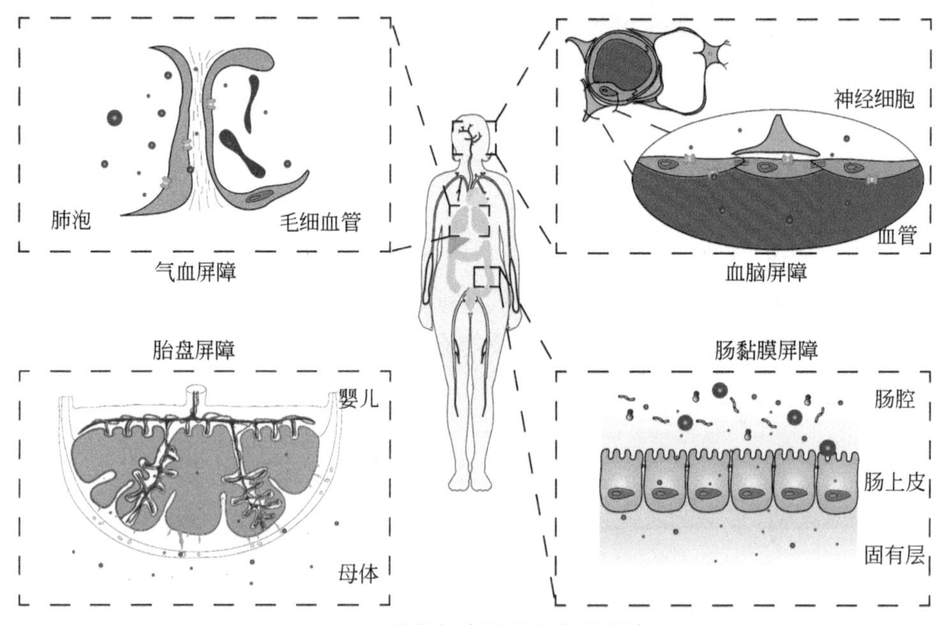

图 11.3　微塑料穿透四大生理屏障
颗粒代表微塑料

11.2.1　微塑料穿透生理屏障

早在微塑料进入公众视野前，研究人员已经发现金属银、氧化铜等金属纳米颗粒能够通过呼吸或摄食活动侵入机体，伴随着在肺部或肠道发生的物质交换进入血液，随血液循环最终到达各类组织器官，如：肝脏、脾脏、淋巴、睾丸等[12]。血脑屏障是具有选择透过性，对脑神经起保护作用的一种血液与脑组织间的动态界面，而金属纳米颗粒能够随着血液循环顺利通过血脑屏障进入大脑，影响神经组织功能，对中枢神经系统产生毒性影响[13]。不仅如此，在对一种表面分布人血清蛋白，直径约为 200 nm 的药物磁性颗粒物载体进行组织分布研究时，发现该颗粒物在经过呼吸途径暴露后，1 min 内就可以通过呼吸系统进入血液，随血液循环迁移至周身器官，1 h 内就可抵达肝脏，扩散速度十分迅速[13]。基于对纳米材料的研究结果，具备相似理化性质的微塑料，尤其是纳米塑料颗粒，很可能具有相似的生理屏障穿透能力并能够随着血液循环系统迁移到全身脏器，影响机体众多的生理功能。

荷兰阿姆斯特丹自由大学团队建立了一种双激发裂解气相色谱-质谱采样分析方法，气相色谱能够高效地分离和甄别有机化合物，质谱则能够对有机物官能团进行进一步准确鉴定，两者结合，能够更加准确鉴定复杂有机样品的组成。利用该技术，科研人员成功检测到人体血液中存在大于 700 nm 粒径的微塑料，受测的 22 名健康志愿者血液中可量化微塑料总浓度的平均值约为 1.6 μg/mL[14]，这在一定程度上说明机体对于微塑料的代谢速率要明显小于吸收速率，为微塑料在体内可能存在的积累现象提供了数据上的支持。同时，瑞士科研人员利用人类胎盘体外灌注实验，观察荧光标记的聚苯乙烯微塑料是否能够有效通过胎盘屏障。胎盘是将胎儿与母体分为两个独立循环系统的选择性半透膜，能够有效避免有害物质进入胎儿体内。实验中科研人员发现直径 240 nm 以下的微塑料能够顺利通过胎盘屏障，长时间的微塑料灌注后，可能是由于微塑料堵塞了胎盘通道，胎盘屏障的运输效率明显降低[15]。除明显观察到胎盘屏障运输效率降低外，胎盘的其他功能，如：葡萄糖的消耗率、人绒毛膜促性腺激素水平等都没有受微塑料影响而产生明显变化，实验期间胎盘组织的结构完整性及细胞或亚细胞结构没有产生明显损伤。此外，还有研究表明，直径小于 200 nm 的微塑料还能以能量依赖的运输方式穿透与胎盘屏障具有相似选择透过性功能的气血屏障，最终进入血液循环系统，在不同的组织间移动[16]，这为微塑料通过呼吸暴露途径摄入，穿过肺泡组织随着血液迁移至其他器官提供了有利证明。经研究证实，微塑料特别是粒径较小的纳米塑料，可以顺利进入机体循环系统，有效透过几大生理屏障并在部分组织器官形成积累，甚至堵塞营养运输通道，对机体的正常功能产生不利影响。

11.2.2 微塑料的细胞毒性

进入组织器官的微塑料会直接与细胞发生接触，其中粒径更小的纳米塑料更是可以通过多种途径穿过细胞膜进入细胞质甚至进入到细胞核内，对细胞功能造成严重影响，并导致不可逆的细胞损伤，如：炎症反应、凋亡坏死、氧化应激、破坏遗传物质等（图 11.4）。

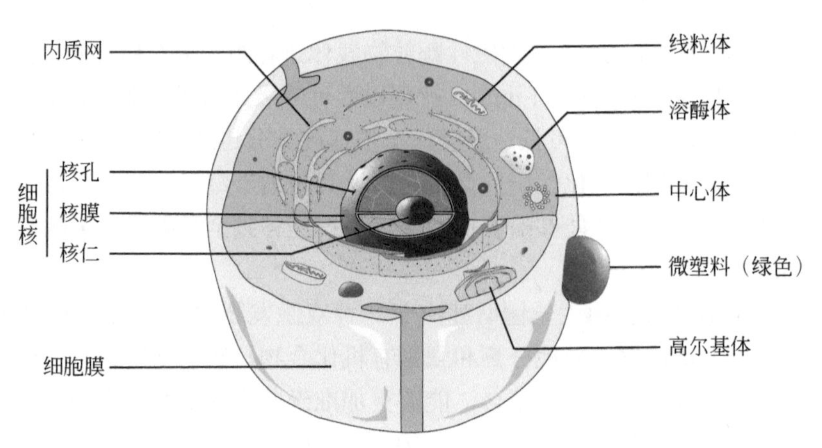

图 11.4 微塑料侵入细胞

微塑料对细胞的穿透作用，与粒径的大小、表面所带电荷及微塑料的疏水性等特征密切相关。要想彻底评估微塑料对细胞的潜在风险，必须要综合考量多方面因素，将暴露水平与毒性效应结合分析[17]。微塑料可以通过被动扩散的方式进入细胞内，胞内做布朗运动的微塑料会引起细胞遗传物质的断裂和损伤。表面特征很大程度上影响了细胞对微塑料的识别和吸收，表面带负电荷的微塑料被认为是通过在质膜上阳离子位置（比阴离子位置相对稀少）上形成非特异性结合和聚集后发生内吞作用，通过细胞膜的直接扩散被带入到细胞内部，带正电荷的微塑料通过网状蛋白介导的途径迅速内化，表现出远高于带负电荷粒子的内化效率[18]。此外，微塑料的疏水特征还会影响蛋白质在微塑料表面的吸附，疏水材料表面与蛋白质分子疏水结构域之间形成疏水键，有利于蛋白质分子在材料表面的吸附，从而形成一种独特的“电晕”。电晕的形成在很大程度上取决于微塑料颗粒的化学组成和尺寸大小，最终会影响微塑料进入细胞的过程。科研人员普遍认为，大粒径相较于小粒径的微塑料更不易被生物体内化，潜在的细胞毒性风险更低；带负电的相较于带正电的微塑料，细胞对微塑料的内化速率更低，细胞毒性更小，对细胞膜的刺激性更弱。总体来看，携带正电的小粒径微塑料对于机体的危害更大[19]。微塑料在自然界中保持一种无序运动的动态传播，传播过程中，在阳光、风、微生物等环境因素的共同作用下，不断通过物理或化学作用崩解为粒径更小的微塑料[20]，更小粒径的微塑料在自然界的存量会随塑料制品的大量使用而迅速积累，侵入机体的概率也会随之增加。塑料这种惰性材料，如果在机体内长期存在且不能被排出体外，那么其在组织器官内的富集现象就会越来越严重，当形成血管栓塞，引起炎症反应并长期存在不能得到有效缓解时，组织细胞的纤维化、癌变几率就会大大增加[15]。

微塑料在随吸入的空气接触到肺部时，极容易在肺泡内形成堆积，对肺上皮细胞形成持续性的刺激，导致细胞内线粒体功能障碍影响细胞能量代谢，诱发肺上皮细胞产生炎症并最终凋亡[21]。暴露在微塑料环境下的血细胞，特别是与纳米塑料接触后，极易出现细胞损伤。纳米塑料比正常的红细胞小百倍，这样的体积差异增加了纳米塑料与红细胞相互作用的可能。纳米颗粒与细胞蛋白、DNA 相互作用能够引起血红蛋白构象异常，影响红细胞生理功能[22]。科研人员在体外溶血实验中进一步证实了微塑料会在红细胞内部引起严重的急性毒性反应[23]。微塑料抵达组织后，对组织细胞同样会造成不良影响。当微塑料侵入脾脏细胞时会导致淋巴细胞出现氧化应激和线粒体结构损伤，明显抑制 T 细胞激活途径的关键信号分子，抑制 T 细胞表面标志物的表达，影响哺乳动物的免疫系统功能[24]。小鼠的肝脏细胞在微塑料暴露下同样会发生氧化应激反应。组胺是一种由肥大细胞等免疫细胞分泌的生物活性胺，是重要的神经递质，与焦虑、抑郁等行为密切相关，微塑料长期刺激免疫细胞会引起组胺失衡，严重时会导致精神性疾病，如：精神分裂症、行为障碍、孤独症等[25]。

哺乳动物的生殖过程也会受到微塑料暴露的干扰。微塑料不仅对胎盘的营养运输效率产生影响，在雄性生殖系统产生精子的过程中，精液质量与精子活性同样会受到微塑料的影响。在动物实验中，受到微塑料暴露的雄性动物，激素水平出现明显降低，精子数量减少，畸形精子数量大幅增加，严重者甚至出现了睾丸萎缩和功能退化[26]。

综合以上细胞毒性影响，微塑料对于细胞的伤害主要与生物体的超敏反应有着密切的联系，活性氧是细胞氧代谢的副产物，主要由线粒体产生，并由系列抗氧化酶清除。微塑料影响了细胞活性氧代谢的动态平衡，这是微塑料引起细胞毒性的重要原因之一。同时，微塑料的大小与细胞毒性密切相关，较小的颗粒可以提供更多的表面积来干扰细胞生长，颗粒越小表现出的细胞毒性也就越强。

11.3　微塑料对人体肠道消化系统的健康风险

如上所述，微塑料通过被污染的食物、食品包装及饮用水中[9, 27]，不可避免地一步步登上人们的餐桌。在就餐过程中，若空气中的微塑料沉降到食物中，也会随之被人们误食[28]。另外，空气中的微塑料被吸入后也可通过呼吸道的黏液纤毛清除机制进入消化道。可以说，无所不在的微塑料可以通过多种途径进入人体消化系统。科学家指出，从目前对空气、水、食盐和海鲜中微塑料的调查数据来看，每人每天可能摄入数十万个微塑料，在最坏的情况下，每人每年甚至会吃掉相当于一张信用卡质量的微塑料[29]。2018 年，研究人员首次在人体粪便中检测到多达 9 种微塑料，每 10 克粪便样品中就含有 20 颗塑料微粒，其中最常见的微粒是聚丙烯（PP）和聚对苯二甲酸乙二酯（PET），这些材质是塑料瓶和瓶盖的主要成分[30]。

11.3.1 微塑料在人体消化系统中的吸收和转运

微塑料被人们误食后，首先进入胃肠道，这是一个非常快速的过程。实验室研究发现，在饲喂大鼠微塑料仅 5 min 后，就在肠上皮细胞微绒毛、细胞间隙、上皮间质边界和血管中发现了微塑料[31]。微塑料在消化道内十分“顽强”，研究人员通过模拟人体口腔、胃和肠道三部分的消化液证明，多种类型的微塑料均不能被消化液降解成更小的碎片，同时，微塑料的形状和质地也不会发生变化[32]。不仅如此，由于疏水性强，微塑料还可以与脂滴和脂肪酶相互作用，从而抑制脂质消化[33]。

进入消化道后，微塑料可通过不同途径被吸收或转运。回肠（小肠的第三部分）的派氏结是摄取和转运颗粒物的主要部位[34]。小于 10 μm 的微塑料可通过覆盖在派氏结上的 M 细胞的内吞作用被转运至黏膜淋巴组织[35]（图 11.5）。派氏结的顶部穹窿就像水槽一样，可储存不可降解的颗粒。如果微塑料也在这个“水槽”中积累，它们就有可能阻碍内源性颗粒的摄取，从而干扰免疫感应，损害局部免

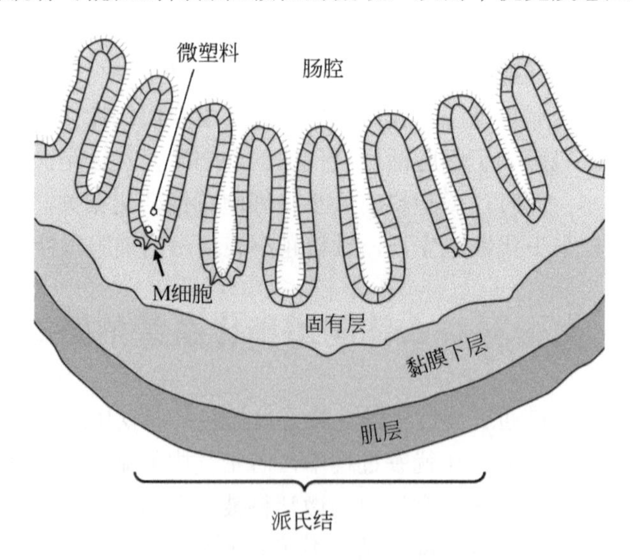

图 11.5 小肠派氏结示意图

疫。尺寸在 5～110 μm 的微塑料，可通过“渗透作用”，也就是通过肠道绒毛尖端单层上皮的间隙被摄取吸收[34]。随后，微塑料可通过巨噬细胞转移至胸段淋巴结，并通过体循环到达次要靶器官，包括肝脏、肾脏、脾脏、心脏和大脑[34]。微塑料的尺寸、疏水性、电荷、生物分子电晕等会影响人体对微塑料的摄取。目前，有限的体外和体内数据表明，随着粒径的减小，塑料颗粒对人体组织屏障的穿透能力逐渐增强，但也只有一小部分纳米塑料颗粒能够穿过胃肠道的上皮屏障，转移到下层组织。不过，考虑到人类对塑料颗粒的长期接触，以及塑料颗粒在组织和器官中可能的积累，这种低比例的颗粒内化仍然不能被忽视。

11.3.2　微塑料对人体消化系统的潜在健康风险

肠管侧的肠道屏障包括上皮细胞、黏液和微生物，它们之间相互协作，为宿主提供了一道包括物理、化学和生物三重保护的防线。然而，研究人员通过各种实验发现，微塑料进入肠道后，会从多种角度干扰这道防线（图 11.6）。例如，小鼠暴露于微塑料 5 周后，其消化系统出现明显的炎症和病理变化[36]。另一方面，微塑料进入消化系统后，与肠道内容物接触后发生物理化学转变，可能更容易穿过黏液层；而微塑料反过来也会影响肠道黏液特性，例如，小鼠胃肠道暴露微塑料后，结肠黏液分泌量明显减少[37]。

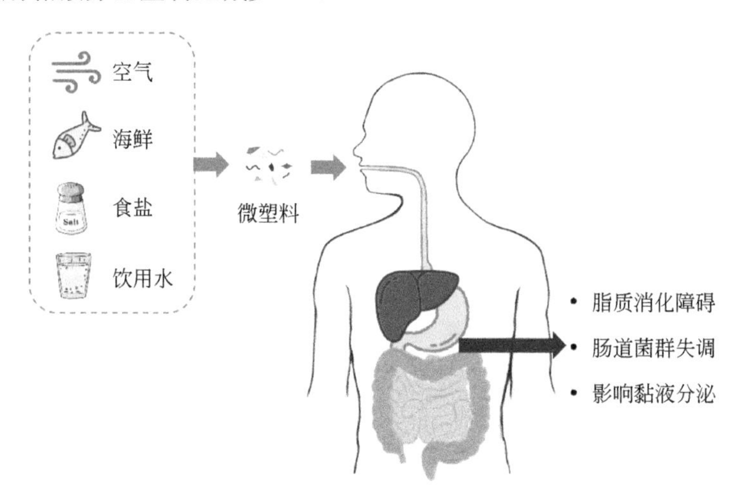

图 11.6　微塑料进入人体消化道的途径及其潜在危害

在人体肠道中，存在着由 100 万亿个细菌、真菌、古菌和病毒样颗粒组成的巨大微生物群落，这些微生物组成了肠道菌群[38]。肠道菌群具有复杂的生理功能，健康的肠道菌群能够帮助我们消化分解食物，促进营养物质吸收，合成对人体有益的代谢产物；同时，肠道菌群在免疫和抵御病原体方面也起着至关重要的作用。而肠道菌群紊乱，则可能影响人体免疫系统，甚至引起多种疾病，如肠炎、代谢性疾病等[39]。研究人员对经口暴露于微塑料的小鼠的盲肠或粪便内容物进行的研究发现，微生物群落结构发生了明显改变[37, 40]。也就是说，微塑料可通过影响肠道菌群的方式，间接影响肠道的功能甚至人体的免疫功能。

微塑料具有粒径小、比表面积大和疏水性强等特点，容易吸附环境中的污染物，如疏水性有机污染物、重金属、抗生素等[41-42]。因此，除了微塑料本身有可能对人体健康产生的影响外，微塑料与其他污染物的协同毒性，也是一个值得注意的问题。研究人员发现，不同粒径的聚苯乙烯微塑料（0.3～6.0 μm）在吸附双酚 A 后，其对结肠癌细胞的毒性作用明显增强[43]。同时，在紫外照射、生物降解等过程中，环境中的微塑料会发生老化，不同老化程度的微塑料对污染物吸附能力不同，所形成的协同毒害作用也会有所不同。此外，微塑料还可作为多种微生物和抗性基因的载体，被生物吞食后进入消化系统，影响和改变生物/人体肠道微生物群落结构和功能[44]。尤其是作为抗生素抗性基因的携带体，在肠道这种细菌密度极高且营养丰富的环境中，可能增加抗生素抗性基因水平转移的风险。这就意味着如果微塑料携带的耐药基因进入肠道后，可能转移到人体病原菌中，使病原菌具备更强的耐药性，增加临床抗感染治疗的风险。

11.3.3　微塑料消化系统健康效应研究的未来发展

尽管已有的哺乳动物、细胞及体外模型实验数据从多角度反映微塑料对消化系统的负面影响，但当前的毒理学数据也绝非一边倒地体现微塑料对人体健康产生的负面效应[45]。比如，一些研究发现，通过饲喂方式暴露微塑料给小鼠，28 天后未见组织学病变或炎症反应[32]。而微塑料对肠道细胞的“零影响”也在相关研究中有所体现[46]。因此，我们还不能清楚地确定，进入人体的微塑料对消化系统产生的毒性程度有多大，以及摄入多少量的微塑料才会引起危害。为了弄清这些问题，科学家们还在努力，尝试多种方法解开谜题。

11.4　微塑料对人体呼吸系统的健康风险

11.4.1　空气中微塑料的职业暴露

几乎无所不在的微塑料飘浮在空气中，或吸附在大气颗粒物上，很容易被人体吸入进呼吸系统中，虽然鼻腔中的鼻毛和气管上皮细胞分泌的黏液作为呼吸系统的第一和第二道屏障，可以阻挡空气中颗粒物进入，并将颗粒物随黏膜上的纤毛运动通过鼻涕或痰液排出体外，但由于微塑料的尺寸极小，能逃脱呼吸屏障进入肺组织的更深处。人肺的肺泡表面积约 150 m^2，如此大的表面积给了微塑料很大的“发挥空间”，接触肺泡细胞，穿透进入细胞并引发毒性反应。

空气中广泛存在的微塑料引发了人们对微塑料可能造成人体呼吸系统毒性风险的担忧，这种担忧源于世界各地对于空气中塑料的职业暴露调查。其中，有三个产业的工作者更易接触到高浓度的微塑料带来的职业危害：①合成纺织工业：合成纺织产业中的粉尘通常由尼龙、聚酯、聚氨酯、聚烯烃、丙烯酸和乙烯基类聚合物等组成，研究人员通过向豚鼠灌注这种合成纤维，发现豚鼠也出现了呼吸系统的病变；②植绒工业：植绒是指将合成纤维，如尼龙、聚乙烯、聚丙烯、聚酯等材料切割成 0.2～5 mm 的短纤维，通过黏合剂黏合形成的材料。短纤维在切割过程中会产生大量粉尘，这些粉尘会导致呼吸道疾病。据调查，希腊罗德岛的一家植绒工厂里，工人们患有间质性肺病的概率显著高于其他居民；③塑料合成工业：在此类工厂中，空气中的粉尘主要来自塑料粉末、合成单体及热分解产物。

综合上述，空气中的微塑料对人体健康的影响已经引起了人们的关切，需要更多的研究来深入了解其对呼吸系统的影响。

11.4.2　微塑料对呼吸系统的毒性

科学家们对微塑料的呼吸系统毒性的研究已有二十余年。微塑料对呼吸系统的毒性作用主要包括细胞膜损伤、氧化应激反应、DNA 损伤等。近期，来自中国台湾的研究人员使用人正常肺上皮细胞系 BEAS-2B 进行研究，发现当这些细胞暴露在约 2 μm 的聚苯乙烯（PS）微塑料下，仅仅 48 h 后，就有 30%～40%的细胞死亡。如图 11.7（a）中没有微塑料暴露的 BEAS-2B 细胞是密集分布的铺路石形状，从图 11.7（b）到图 11.7（d），随着微塑料暴露量依次变大，细胞也越来越松散，从多边形逐渐变成圆形小细胞，边界也变得不清晰，这说明细胞受到毒性刺激而收缩，细胞膜破损，暴露量越大，对细胞造成的毒性也越大，甚至最终导致细胞死亡[47]。最近，南开大学的汪磊教授研究团队发现，纳米级别的聚酯（PET）塑料，仅仅暴露 24 h，就已经能够激发人肺上皮腺癌细胞系 A549 的氧化应激反应，这会导致细胞活力降低，引发毒性效应[48]。

一般来说，尺寸越小的微塑料，具备越强的生物渗透性，越容易引起毒性作用。江苏省疾病控制预防中心卞倩团队，将纳米大小和微米大小的 PS 塑料滴注到大鼠的气管中，持续两周后，发现只有小于 1 μm 的塑料沉积在大鼠的肺部，病理学检查发现被滴注的大鼠肺泡明显破坏，支气管上皮细胞排列也逐渐混乱，如图 11.8 所示。除此之外，这些微塑料也影响了大鼠体内一些基因片段的表达，这可能与肺部炎症和疾病发展高度相关[49]。

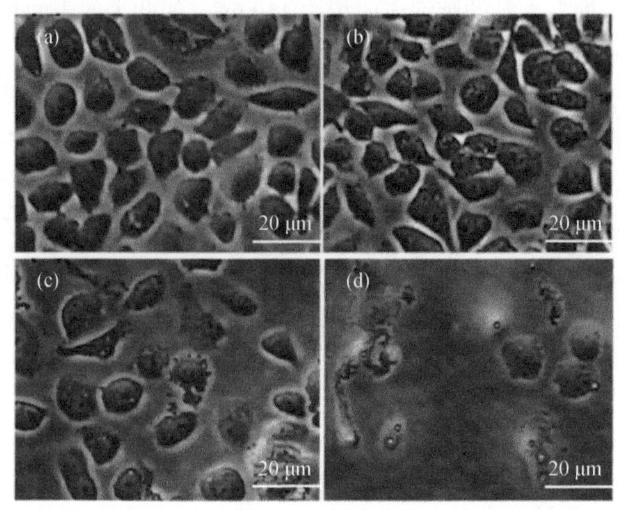

图 11.7 BEAS-2B 细胞对照组（a）和实验组（b）～（d）的光学显微镜下形态[47]

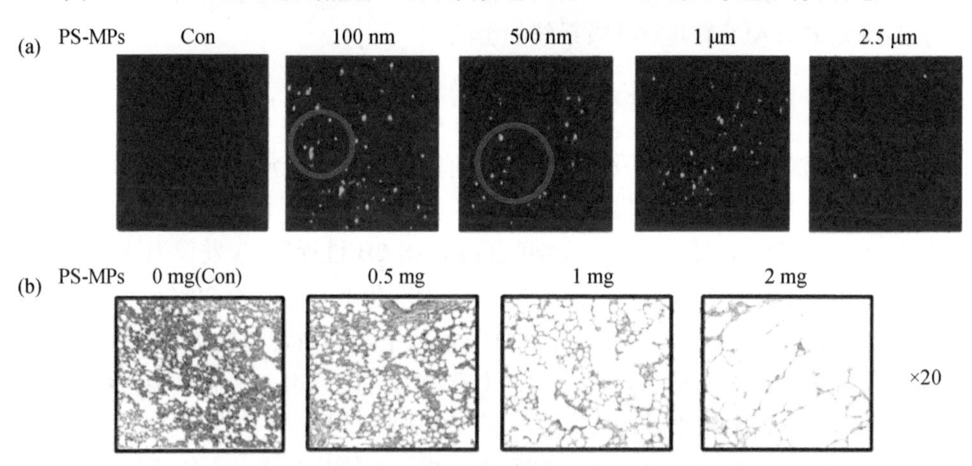

图 11.8 （a）微塑料在肺组织的分布，蓝色为肺细胞，红圈中绿色亮点为塑料颗粒；（b）肺组织病理学切片，从左到右分别为染毒浓度（0、0.5、1 和 2）mg/200 μL[49]

橡胶轮胎颗粒是一种新兴的微塑料污染物。据统计，汽车产生的微塑料污染中约有 24%～74%来源自轮胎橡胶磨损，全球人均轮胎橡胶磨损微塑料颗粒（TWMPs）排放量为 0.81 kg/a，全球轮胎磨损颗粒年排放总量约为 590 万 t（约占塑料生产总量的 1.8%）[50]。因此，轮胎磨损颗粒是一种产量大，同时又在生活中十分常见的微塑料污染来源。近年来，青岛大学的研究团队发现，小鼠若在 28

天内持续吸入 TWMPs 气溶胶，它们的肺部会发生通气功能障碍，支气管细胞灌洗液中的淋巴细胞增加，巨噬细胞减少，这表明吸入轮胎颗粒将引起肺部炎症。除了功能上的改变，染毒后小鼠的肺组织也发生明显的病理学变化，比如毛细血管充血、肺泡变得狭窄、肺泡壁增厚、肺部组织纤维化等[51]。

如前所述，微塑料由于容易吸附空气中的其他污染物，如重金属、多环芳烃、多氯联苯在内的有机污染物、细菌和病毒等，在一定程度上扮演了这些污染物的载体的角色，增加了污染物在呼吸系统中的暴露时间和剂量，进一步放大污染物的毒性效应。法国的研究团队发现，一些病毒，如 SARS-CoV-2，比起纸以及其他材料，可以在塑料表面上存活更久。因此，如果空气中存在着带有病毒的微塑料，人们大量吸入后会增加 COVID-19 在内的各种呼吸道感染疾病的传播风险[52]。

11.4.3　微塑料与呼吸系统疾病的关联

微塑料的摄入可能会引起多种呼吸系统疾病，包括哮喘、慢性肺炎、慢性支气管炎及气胸等。这些疾病目前多是由职业暴露引起的，但对于低浓度长时间暴露的日常生活环境，微塑料对人体可能造成的潜在风险也不可忽视[53]。

美国纽约州立大学在肺病病人肺组织的活检中发现合成纤维，33 个肺癌病人的肺恶性组织标本中，有 32 个标本存有吸入的纤维素和塑料纤维，检出率高达 97%，其中，鳞状细胞癌、肺腺癌、大细胞癌和类癌瘤患者的肺部组织都存在这些纤维，表明肺组织中的纤维素和合成纤维与多种肺癌发病均有相关性，它们可以逃脱巨噬细胞的吞噬和肺泡液的溶解机制，最终沉积在肺组织内部，即使是低浓度暴露，也可能由于长期存在于肺组织内造成慢性炎症而促使恶性肿瘤的产生[7]。

肺磨玻璃结节（GGN）是近年来人们最常见的肺部病变之一，确诊年龄逐渐提前，随着病程延长，有极大的癌变风险。华东师范大学施华宏教授研究团队发现，随着年龄的增长，肺 GGN 患者正常肺组织中的微塑料纤维含量显著升高，这预示着微塑料的累积可能会促使肺部形成磨玻璃结节。因此对于接触微塑料高风险的人群，尤其是年轻人，进行常规的健康检查十分必要[54]。

所以，微塑料的危害不仅仅局限于环境，也直接影响到我们的健康。作为消费者，我们应该尽可能地减少使用塑料制品，从而减少微塑料的产生和排放。同时，政府和企业也有责任采取措施限制微塑料污染的产生。综合卫生和环境保护，全力减少微塑料的影响，是社会中每一个人都应该承担的责任。

第12章 微塑料污染控制技术

市政环境工程的目的为处理人类活动产生的各类废弃物，包括污/废水、废气和固体废弃物，同时为人类提供安全的饮用水和其他用水。常见的市政环境处理设施包括污水处理厂、给水处理厂、污泥处理厂、固体废弃物处理设施、废气/臭气处理设施等。这些处理设施为人类活动保驾护航，同时也削减进入环境的污染物，是保护环境生态的重要功臣。随着人类经济社会的发展，以及对环境污染物认识的深入，“新污染物”的概念被提出。2022 年 5 月国务院公布了《新污染物治理行动方案》，将微塑料列入“新污染物”名单。微塑料其实早就存在于环境的各类介质中，但近年来才慢慢进入人们的视野，并受到广泛关注。微塑料的存在对于市政环境工程是一个新课题，各种处理方法的目标污染物并不包含微塑料，因此成为一个新挑战。目前，微塑料在市政环境工程系统中的来源、转化和去除效能仍未完全探明。本章基于目前国内外最新的研究成果，对微塑料在各种市政环境工程中的归趋进行总结；此外，研究者们针对微塑料进行了一些新技术的研发和探索，也一并在本章节中介绍。

12.1 市政环境工程对微塑料的控制技术

12.1.1 污水处理

污水处理厂作为城市污水、工业废水和部分雨水的净化终端，其接收的污废水和雨水中含有大量的微塑料。城市污水中的微塑料主要来自个人护理和衣物洗涤过程，前者来源于各种个人护理用品中添加的塑料微球，后者则来自各种化纤衣物在洗涤过程中释放的塑料丝；工业废水所带来的微塑料具有明显的行业特性，例如，制衣厂的废水中含有大量的衣物残渣塑料丝，电路厂的洗涤废水中则含有大量电路板的碎片残渣，这些都属于塑料高聚物；城市雨水，特别是初期雨水，在冲刷路面形成径流的过程中，将路面上残留的轮胎碎屑也一并冲刷进入雨水管网，根据城市排水管网的体制不同，有一部分雨水携带着这些轮胎碎屑（也属于微塑料的一类）最终进入污水处理厂。污水处理厂进水的微塑料浓度受到服务人口、接收废水类型、城市经济等因素的影响，高低不一[1-5]。例如，土耳其的一家污水处理厂的微塑料进水浓度为 135 个/L[6]，位于西班牙西南部的一家污水处理厂的微塑料进水浓度仅为 16 个/L[7]。我国厦门的一家污水处理厂中微塑料进水浓度约为 10 个/L[8]，而我国常州的一家污水处理厂的微塑料进水浓度高达 330 个/L[9]。污水处理厂会根据进水水质和污水排放标准采取不同的一级、二级和三级处理工艺，尽管污水处理厂的工艺不是以去除微塑料为目标设置的，一级+二级处理能去除 70%以上的微塑料[10]。一级处理主要以物理沉淀和机械截留为主，包括格栅、沉砂池和初级沉淀池等。由于微塑料的微小尺寸，格栅对于大部分微塑料是束手无策的；微塑料密度普遍较低，它们可以漂浮在水面上，导致沉砂池和初沉池对微塑料的拦截效率也较低。位于英国的一家污水处理厂，服务人口 6.5×10^5 人，处理能力为 2.6×10^6 m^3/d，其一级处理中的粗筛可去除约 45%的微塑料，后续的细筛、沙砾沉降、油脂去除和一级沉降共去除约 34%的微塑料[11]。

大部分污水处理厂的核心工艺是生物法，是二级处理的主流方法。活性污泥法是最常见的生物法，其典型工艺为厌氧-缺氧-好氧法（A^2O 法），在其基础上衍生了各种各样的处理工艺，如循环活性污泥技术（CAST）、序列间歇式活性污泥法（SBR）等。另一类常见的生物法为生物膜法，其主流工艺包括生物流化床、生物过滤器等。研究人员调查了南京几个采用不同二级处理工艺的污水处理厂，在进水微塑料浓度相似的情况下，发现 CAST 对微塑料的去除效率优于 A^2O[12]。研究者认为水力停留时间是二级处理过程中的一个重要因素，它直接影响微塑料在系统中的停留时间和去除率。另外一组研究者发现膜生物反应器（MBR）能去除一级出水中 99.9%的微塑料，其微塑料去除效率优于常规活性污泥法（CAS）[13]。尽管不同的二级处理技术对微塑料的去除效率存在差异，但研究者普遍认为，这些处理技术并未彻底去除微塑料，只是将微塑料从污水中转移到了污泥中[14]。

此外，一些污水处理厂为了获得更好的处理效果，在二级技术之后还会追加三级处理技术，包括高级氧化技术、膜分离技术和消毒等。三级处理技术的采用也增强了对微塑料的整体去除效率。研究者对比了位于泰国曼谷的一家污水处理厂三级处理前后的微塑料去除效率，三级处理前的总去除率为 86%，在超滤膜过滤之后去除率提升至 96%[15]。来自韩国的研究者比较了采用臭氧、膜盘式过滤器和快速砂滤技术的三座污水处理厂，发现臭氧技术对微塑料的去除率（89.9%）明显优于膜盘式过滤器（79.4%）和快速砂滤（73.8%）[16]。此外，采用圆盘过滤法和溶解气浮法作为三级处理工艺的污水处理厂，其对来自二级出水中的微塑料的去除率都能达到90%以上[13]。另外，还有研究对比了氯化消毒和紫外消毒对微塑料的去除氯，发现氯化消毒优于紫外消毒[17]。一项针对MBR的研究发现其对纤维状微塑料的拦截效率最高，但对其他形状微塑料的去除率反而降低，因此，采用其他三级处理工艺用于化纤服装制造和塑料纤维制造行业废水微塑料的处理，能获得更好的效果[12]。

一些研究对微塑料在不同处理过程中的特性变化进行了研究（图12.1）。一项研究跟踪了芬兰一家污水处理厂所采用的各项污水处理工艺对微塑料的去除能力，发现大尺寸（≥300 μm）微塑料主要被一级处理截留，小尺寸（100～300 μm）微塑料则在二级和三级处理中被去除[18]。但是，极小粒径（20～100 μm）微塑料能穿透各种处理措施，随尾水排入河流海洋中。有研究者对土耳其的三家污水处理厂的微塑料分布进行了调查，发现这三家污水处理厂中微塑料的尺寸比较接近，以颗粒状和纤维状为主，以透明、棕色和黑色为主，材质以PP和PE为主[19]。另外，还有研究比较了美国的两个污水处理厂进出水中微塑料的形状，发现进水

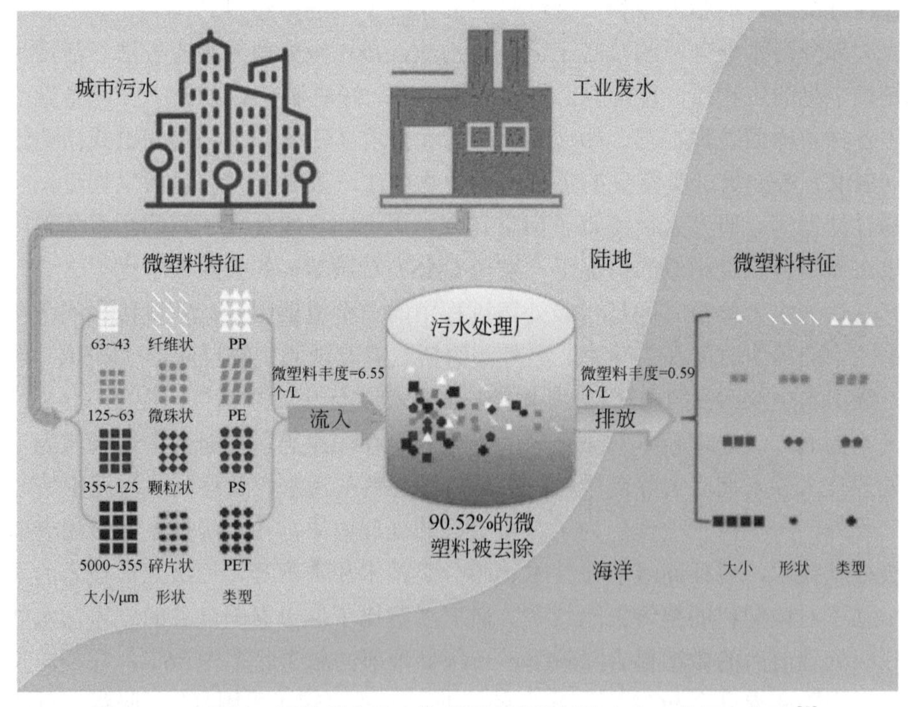

图12.1　中国某一沿海城市污水处理厂中微塑料的丰度、特征和去除[8]

中微塑料形状以纤维状为主，出水则以颗粒状为主[20]。位于中国北京的高碑店污水处理厂是一座水回用处理厂，这家污水处理厂的微塑料进水浓度约为 12 个/L，其传统 A^2O 工艺对废水中微塑料的去除率达 95%[1]。在这家污水处理厂中发现了 18 种不同聚合物，以 PET、PS 和 PP 为主，微塑料形状以纤维状占比最多。

12.1.2　污泥处理

污水处理厂一级处理和二级处理所产生的污泥中含有大量微塑料。例如，含有大量微塑料的污水原水在通过沉砂池或初级沉淀池中，一部分微塑料会沉降并进入污泥中；在生物处理阶段，活性污泥由有机质、无机质、微生物及其衍生物组成，微塑料也汇集到其中。因此，微塑料能随着污泥进入自然环境。研究表明，进入污水处理厂的微塑料，至少 80%会被保留在污泥中[21]，导致污泥的微塑料丰度达到 1000～24 000 个/kg[11, 21-22]。有研究表明，我国的 28 家污水处理厂的污泥中，微塑料的平均丰度达到（22.7±12.1）$\times10^3$ 个/kg，其材质主要为 PP 和 PE[23]。污泥中微塑料的构成受工业废水比例、服务面积、服务人口数量、污水处理工艺等的影响，例如，有研究发现经济更为发达和人口更为稠密的我国东部的污水处理厂中的微塑料数量高于经济相对落后的西部地区[23]。

在对污泥进行利用之前，会对污泥体积和质量进行压缩，并且通过消毒降低潜在的健康风险。污泥的处理过程一般包括浓缩、调节、稳定和干燥。浓缩仅仅是依靠机械外力来降低污泥中的水分，对微塑料的影响十分有限[23]。污泥稳定处理通常包括厌氧消化、好氧消化和石灰稳定，消化被认为能有助于减少污泥中微塑料的数量[24]。我国的一项研究发现了污水处理厂中出水的微塑料形状主要为纤维状，而消化后污泥中的微塑料形状为颗粒状和碎片状。研究者认为这是由于纤维状微塑料在污泥消化过程中被降解为更小尺寸的微塑料[25]。热干燥和热水解也是常用的污泥处理技术，据研究报告，热干燥对污泥中微塑料丰度几乎没有影响，但在微塑料表面发现了起泡和熔化现象，而热水解会增加污泥中微塑料的丰度[26]。然而，也有研究比较了进行热干燥前后的污泥中微塑料的数量，得到了与上述不同的结果，即热干燥前后污泥中微塑料丰度发生了变化[27]。这些截然不同的结果可能是操作条件、干燥温度、搅拌方式等因素之间的差异造成的。但是，以上的研究都说明污泥处理对微塑料产生了破坏性影响，从而改变了它们的数量、大小和表面形态，这些变化能加强微塑料在环境中的进一步降解过程。

污泥处理过程能对微塑料造成影响，但是污泥中的微塑料也会对污泥性能产生影响。有一项研究发现，微塑料的存在影响了污泥中细菌群落的丰度和多样性，研究人员得到了微塑料对污泥中微生物群落具有选择性影响的结论[28]。近几年，有不少研究表明污泥中的微塑料会影响污泥厌氧发酵过程，PE、PVC 和 PS 已被证实会对甲烷化过程造成负面影响，进而降低了甲烷的产量。例如，当污泥中的 PVC 含量分别为 20 个/g（干重）、40 个/g（干重）和 60 个/g（干重）时，甲烷的产量分别相应降低了约 10%、20%和 25%[29]。研究人员认为是 PVC 中双酚 A（BPA）的浸出造成了甲烷产量减少，因为双酚 A（BPA）对水解酸化过程有显著抑制作用。好氧颗粒污泥是具有广泛工程应用前景的一种特殊生物膜，有研究人员探究了 PET 对其造粒过程的影响。结果显示，当 SBR 系统的污泥中短时间存在 PET 能够增强污泥的表面疏水性能，促进污泥造粒；但当 PET 长时间存在系统污泥中时，会削弱系统的脱氮性能。

目前有关污泥处理中微塑料的相关研究还比较少，对微塑料在污泥处理过程中的演化了解还不够全面。污泥被处理过后，通常会用于堆肥、焚烧和改良土壤等（图 12.2）。污泥堆肥和改良土壤，都会将微塑料输送至土壤中[30]，而污泥焚烧过后，灰烬中也含有微塑料残留物[31]。微塑料一旦通过污泥进入环境，便会长期存在，而微塑料的比表面积和含氧官能团能促进其吸附环境中的有毒有害物质的能力，加剧其对环境的危害和对人类的健康风险。

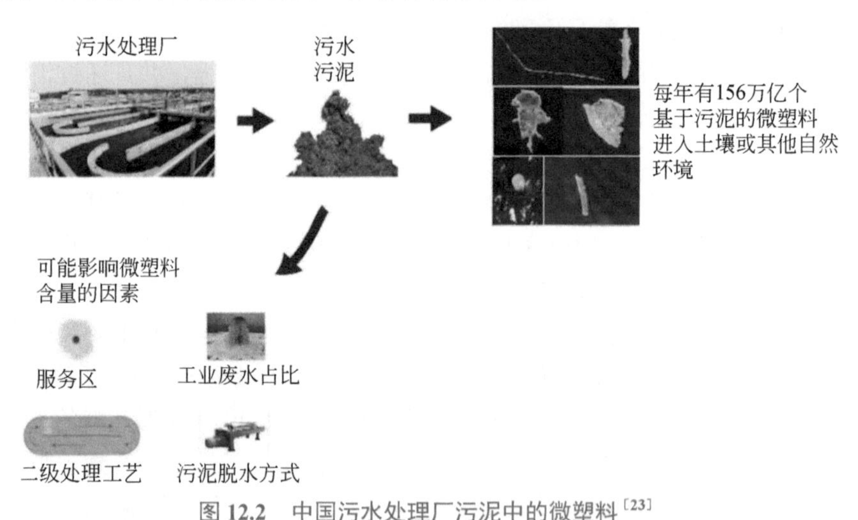

图 12.2　中国污水处理厂污泥中的微塑料[23]

12.1.3　固废处理

通常，污水处理厂的污泥经过处理后，便会作为固体废物尽可能地对其进行回收利用。堆肥，是一种常见的固体废物处理技术，可以有效地减少或消除污泥中的病原体和有机污染物[32]。固体废物经过堆肥处理后，一般会用作农业肥料，因而固体废物中的微塑料有向农业环境中迁移的风险。据报道，把不同的固体废物组合起来进行堆肥，施用由市政固体废物堆肥而来的肥料之后，土壤中的微塑料丰度会显著提高；倘若将污泥与绿色废物组合进行堆肥，其土壤中则含有较少的微塑料（图 12.3）[33]。还有研究表明，堆肥会对微塑料的大小、聚合物类型和降解性能造成影响。有研究人员往牛粪和锯末混合物中添加了 0.5% MP，以此为原料进行了为期 60 天的实验室规模堆肥[34]。他们发现堆肥后，除了 PVC 以外的微塑料的丰度和尺寸均下降了，微塑料的一些含氧官能团增加了，例如，O—H、C═O 和 C—O 官能团。这些结果表明，微塑料在堆肥后发生了分解。值得注意的是，以餐厨垃圾和食物为原料的堆肥过程，也能在反应之后的样品中检测到微塑料，研究者认为其可能来源于包装材料[35]。

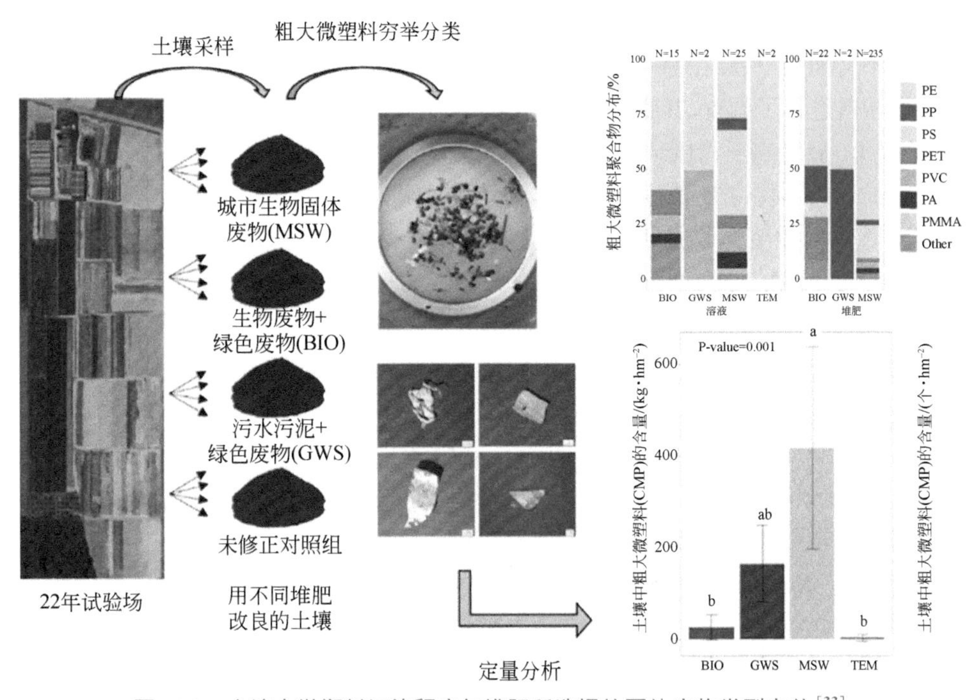

图 12.3　土壤中微塑料污染程度与堆肥所选择的固体废物类型有关[33]

垃圾填埋场是最常用的固体废物处理技术[36]，全球有 71%的固体废物都经由垃圾填埋场处理[37]。事实上，全球有 21%～42%的塑料垃圾被储存在垃圾填埋场这一数据并不令人意外[38]。垃圾填埋场中的垃圾通常处于厌氧环境，大尺寸塑料垃圾很容易分解并形成微塑料[22]。值得注意的是，垃圾填埋场产生的渗滤液已经很难处理，而其中也含有微塑料[39]。有研究者对位于中国苏州的一家处理量 480 t/d

的固体废物填埋厂的渗滤液进行研究，结果显示未经处理的渗滤液中微塑料含量约为 235 个/L，其中超过一半的微塑料≤50 μm[40]。另外，有研究显示渗滤液处理系统对微塑料的去除也比较有限。据报道，采用了预处理+生物处理+深度处理的渗滤液处理系统仅能去除 58%的微塑料，同时发现纳滤和反渗透对于微塑料的去除几乎无效[41]。含有阻燃剂、双酚 A 和邻苯二甲酸盐等有毒物质的塑料垃圾，在进行垃圾填埋处理后会浸出这些物质[42]。

垃圾焚烧是循环经济的重要组成部分，在固体废物处理中占有重要位置。人们普遍认为大部分固体废物可以通过焚烧达到永久消除，包括塑料垃圾。但最近有研究表明，焚烧并不是塑料的终结者，在焚烧炉底灰中发现了丰度为 1.9～565 个/kg 的微塑料，且底灰中具有不同形状和材质的微塑料[31]。此外，在底灰的微塑料表面发现了铜、铅、锌、镉等重金属，其作为飞灰进入到环境中，对人类健康的危害不言而喻[43]。在另一项研究中，对中国南方小城镇的生活垃圾焚烧厂底灰中的微塑料进行了调查，其底灰中的微塑料形态以碎片为主，含量达 131～176 个/kg（干污泥），显著高于周围环境中灰渣土和表层土的微塑料丰度[44]。

目前，许多国家都希望做到精准的垃圾分类，从而实现可回收垃圾的资源化利用，降低固体废弃物处理的压力，但实际上大部分地区仍难以做到。因此，产生了机械-生物处理这样一种解决混合生活垃圾的方案[45]。既能通过机械处理分离回收有用物质，再通过生物处理稳定废物垃圾中有机物质[46]。但是有研究发现，在对固体废物进行机械-生物处理的过程中有微塑料的产生。该研究结果显示，开始处理前的废物垃圾中微塑料含量为 11～48 个/kg，经筛分和粉碎后含量变为 1369～1950 个/kg，堆肥后增加至 3076～3853 个/kg，最后的机械后处理阶段上升至 8925～17 407 个/kg[47]。研究者认为是由于机械处理过程中的破碎、研磨等，以及堆肥过程中持续的垃圾翻转而导致塑料垃圾的磨损，从而导致微塑料的产生。机械-生物处理中关于微塑料的研究还没有获得足够多的注意，未来研究者们可以进一步探究和寻找这个处理过程中减少微塑料产生的方法。

市政工程中的各项工艺技术对微塑料都有着或大或小的影响，但无论是污水处理工艺、污泥处置过程，还是固体废物的处置，都无法做到消除微塑料。它们都只是将微塑料从一种基质转移到了另一种基质，最终释放到环境。但不能说这些工艺是无效的，它们会导致微塑料特性的变化，从而影响微塑料在环境中的传输和归趋。目前，各项研究已经证实这些工艺能影响微塑料的吸附和沉降行为。当然，对微塑料的行为研究是远远不够的，现在还没有方法能真正完全消除微塑料。但我们可以在当前研究的基础上，在当前市政工程的各项工艺基础上进行微调，针对微塑料研发特定的改进型技术，减少和削弱微塑料对环境的影响。

12.2　微塑料控制新技术和方法

12.2.1　膜分离技术

膜分离技术的原理是利用膜的选择性实现液体中不同组分的分离、纯化，常见的膜包括微滤膜、超滤膜、纳滤膜和反渗透膜（孔径由大到小）。目前，膜分离技术已经应用于饮用水处理和废水处理。理论上，孔径最大的微滤的表观孔径都小于 0.1 μm，说明各种膜组件可以很容易地去除大于 0.1 μm 的微塑料[48]。然而，由于制造工艺和标准不够完善，实际的膜组件上仍然有比表观孔径大得多的孔隙；因此，还是存在微塑料穿透膜组件进入尾水中的情况[49]。然而，不可否认的是，膜分离在去除微塑料方面表现出高效和理想的性能[50]。

膜材料的选择对截留效果起着至关重要的作用，多种膜材料在实验中能高效去除微塑料。有研究人员通过热诱导相分离的双向冷冻方法构建了仿生鳃激发膜，其平均孔径为 3.5～10.5 μm，对直径 700 nm 的微塑料的去除率达 97.6%[51]。此外，一项研究通过用壳聚糖改性的地质聚合物亚微粒填充玻璃纤维微滤膜，并与聚多巴胺交联制备了一种多功能膜[52]。该膜的筛选孔径为 58 nm，对微塑料的去除率能接近 90%。还有一个研究首次将 Co_3O_4 纳米颗粒嵌入在 $Ti_3C_2T_x$ 纳米片上，制备了多孔 $Ti_3C_2T_x$ 膜，研究人员以不同粒径的 PS 为目标微塑料，该多孔膜在水中对 PS 的去除率高达 99.6%（图 12.4）[53]。

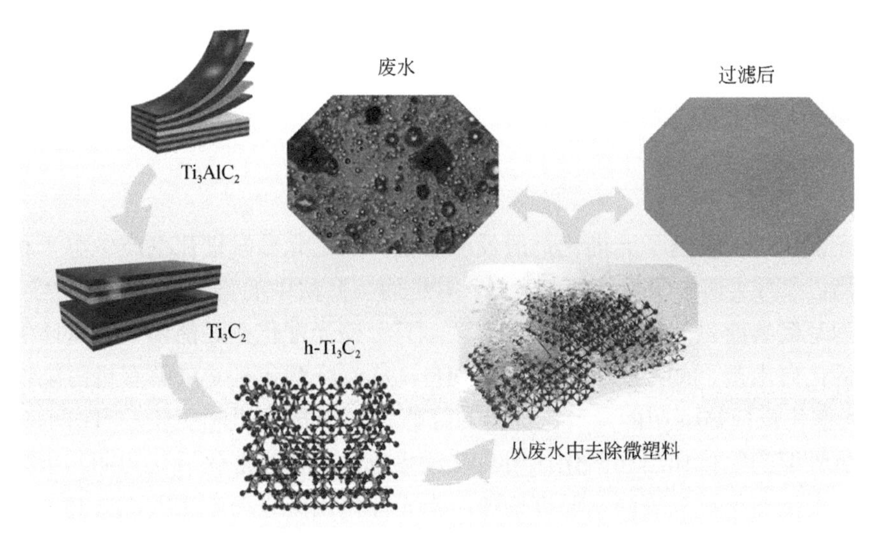

图 12.4　制作多孔 Ti_3C_2 纳米膜去除废水中的微塑料[53]

MBR 是一种结合了生物催化作用和膜分离过程耦合的系统，目前被广泛运用到水处理过程当中。MBR 去除微塑料的可行性已在中试规模和实际废水处理厂得到了验证。有研究结果显示，中试 MBR 系统对微塑料的去除率达到了 99%左右，其出水微塑料含量仅为 0.5 个/L[54]。另外一家应用 MBR 的污水处理厂对微塑料的去除效率也达到 99.5%，其出水中仅含 0.028 mg/L 的微塑料[49]。此外，研究人员发现与快速砂滤池、溶解气浮法和圆盘滤池相比，MBR 具有更高的微塑料去除效率[13]。最近，动态膜由于具有低能耗和低成本的优势，从而获得了广泛关注。动态膜是指膜上有额外的负载层，能对废水中的微小颗粒物起到过滤效果[55]。研究人员证实了动态膜对低密度、不易降解的微塑料颗粒有显著的去除效果，大约有 99.5%的微塑料能被动态膜去除[50]。

膜分离的一些缺点仍然不可忽视，如膜污染和膜老化。然而，一些研究发现微塑料的存在能加剧这些现象。在混凝过程中，微塑料和混凝剂发生反应生成絮凝物，从而被膜完全截留下来，然而，这也会加剧膜污染[48]。微塑料还对 MBR 中污泥的形成、疏水性和细胞外聚合物质的形成有负面影响[56]。有一项研究指出，在不排泥 MBR 系统中，长期的微塑料积累会使系统中污泥浓度降低，导致系统内胞外聚合物和溶解性微生物产物（SMP）浓度增加，加快膜污染速率[57]。研究人员建议在使用 MBR 系统收集处理微塑料时，需要结合实际情况进一步优化 MBR 系统运行工况（如调节污泥停留时间），做到既能截留微塑料，又能降低膜污染的效果。此外，在日常操作中也观察到膜组件中存在释放微塑料的情况。过度的膜清洗可能会导致微塑料的释放，从而污染最终出水[58]。由于膜分离技术常被设置为水处理设施的最终屏障，需要特别注意膜组件释放微塑料的潜在风险。未来可能发展更先进和具有针对性的膜分离技术，来实现对水中微塑料污染的高效去除[59]。

12.2.2 光催化技术

光催化是一种基于光催化剂的反应过程，通过光激发催化剂产生电子和空穴的分离，从而实现电子转移和能量转换，进而与介质中的物质产生各种化学反应，被认为是极具前景的环保型处理技术[60]。有一些光催化剂还能由电子跃迁生成一系列活化自由基，如羟基自由基（·OH），从而降解各种难降解有机污染物。目前，光催化反应被证明能导致微塑料的降解[61]，其降解机制主要是自由基对微塑料有机骨架的氧化作用和矿化作用。在理想条件中，光催化氧化初期，微塑料的形态会发生变化，其表面粗糙度增加；当光催化反应进一步深入，会发生质量减少，表面裂缝增多，变得更易破碎；最终，微塑料高聚合物会转化成简单的无机物进入环境，从而实现降解净化[62]。

最常见的光催化剂是 TiO_2[63]。目前已经有一些研究用 TiO_2 光催化的方法来尝试降解微塑料。此外，有不少研究研发出具有更高性能的改性 TiO_2 催化剂，来进行微塑料的降解尝试。有研究者采用溶胶-凝胶和乳液聚合工艺合成了 PPy/TiO_2 纳米复合材料作为光催化剂，在阳光照射下降解 PE[64]。结果显示，将 PE 在阳光下暴露 240 h，PE 的质量降低了 35.4%～54.4%。还有研究人员研究了紫外线照射下 TiO_2 纳米颗粒薄膜对 PS 和 PE 的光催化降解[65]。在实验开始 12 h 后，PS 的矿化率就达到了 98.40%，几乎完全被降解掉了；PE 则是在 36 h 后才呈现出较高的降解速度。研究者确认了其降解机制为自由基氧化，导致生成羟基、羰基和碳氢基团。有实验室合成了一种用纳米 TiO_2 包覆的 PP 微塑料，他们发现微塑料中的纳米 TiO_2 颗粒周围发生了光催化作用，加速了微塑料的软化和老化[66]。还有研究研发了光催化微电机（Au@Ni@ TiO_2）来去除微塑料，该策略对水中微塑料的收集和去除效果非常可观[67]。此外，研究者们发现，与原始 TiO_2 相比，N-TiO_2 更具可持续性[68]；他们从磨砂膏中提取了 PE-HD，并使用 N-TiO_2 基半导体降解 PE-HD。然而，反应过程需要优化调整环境条件、MPs/N-TiO_2 相互作用和 N-TiO_2 表面积，以保持光催化降解率[69]。在进一步的研究中，他们开发了一种生物激发的 C, N-TiO_2 光催化剂，而且低温和低 pH 有利于微塑料与 TiO_2 的相互作用[61]。这些研究表明，改性 TiO_2 光催化的应用需要对反应条件进行精细的控制和监测，以确保其效率。

目前，ZnO 催化剂因其优异的光学性能、较高的氧化还原电位、良好的电子迁移率及无毒等优点，在降解微塑料方面也受到了关注。有研究在氧化锌纳米棒（ZnO-Pt）上沉积了铂纳米颗粒，合成了 ZnO-Pt 纳米复合光催化剂[70]。通过视觉上微塑料表面发生了物理损坏及化学上羰基和乙烯基红外吸收指数的变化，证实了它能有效降解微塑料碎片。还有研究利用氧化锌纳米棒在可见光照射下的连续水流系统中检测了其对 PP 微塑料的降解效果，两周内 PP 体积减小了 65%以上[71]。研究人员还在实验中发现了 PP 光降解后的中间产物为羟丙基、丁醛、丙酮等，对人体健康和水环境的毒性较低。

除了上述材料之外，一些新型光催化材料在微塑料降解中也备受青睐。有研究者合成了新型的富羟基超薄 BiOCl 材料，它在光照下可使 PE 在 5 h 内损失 5.38% 的质量（图 12.5）[72]。还有研究者注意到自然界中广泛存在的低分子量有机酸，他们使用掺杂了 Fe^{3+} 的草酸和柠檬酸作为光催化剂来降解 PVC[73]，结果显示，在中性 pH 和模拟自然光照射条件下能显著加强 PVC 的降解。

总的来说，现有的研究已显示光催化降解微塑料的潜力，光催化技术依赖于自由基对微塑料的间接氧化。尽管在研究的最优条件下，大部分的微塑料矿化率仅达到 10%～65%。微塑料是固体有机聚合物，要实现微塑料的完全降解和矿化，需要较长的反应时间和大量的光催化剂。此外，光催化剂（包括 TiO_2）的低量子产率仍然是其应用的瓶颈。现有的研究对催化剂的选择多以 TiO_2 为主，对自然界中存在的天然催化剂的研究较少。总之，微塑料的光催化降解还需要进一步的创新研究。

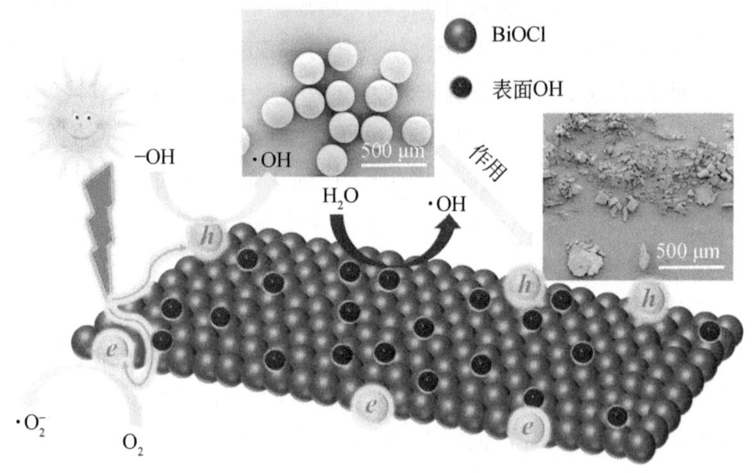

图 12.5 使用 BiOCl 材料在光照下产生的自由基降解微塑料[72]

12.2.3 高级氧化技术

高级氧化技术是新兴、高效和环境友好型技术，与光催化技术相比，在去除环境污染物方面更具有可行性[74]，常用的高级氧化技术包括芬顿氧化、真空紫外（VUV）、UV/H_2O_2，UV/氯等，其中有一部分已被用于微塑料的降解尝试。在高级氧化过程中，主要依托羟基自由基，改变功能基团（如羟基和羰基）、修饰 C—H 基团，并产生氧化作用，来实现微塑料的降解[75]。

芬顿氧化是高级氧化技术中的经典技术，它具有广泛的应用范围、简单的操作程序，能实现难降解有机物的快速降解/矿化。它的基本反应是双氧水与 Fe^{2+} 催化反应产生羟基自由基（·OH），从而氧化有机物[76]。有研究报道芬顿氧化处理后，微塑料的表面形貌、尺寸分布、疏水性和化学特征均发生了显著改变[77]。在他们的进一步研究中发现，PE 的表面变化比 PS 更强烈，这些变化还能够增强微塑料的吸附能力[78]。还有研究人员发现了基于 TiO_2/C 阴极的类电芬顿技术能成功降解 PVC，其去除率为 56%[79]，其主要降解机理是由于·OH 氧化而导致了

PVC 骨架断裂。一项研究开发了一种水热耦合芬顿体系，用其对 PE 处理 12 h，微塑料矿化效率达到 75.6%[80]。研究人员还发现，该系统在现实生活水体中对微塑料的去除也非常有效，他们认为未来可以将这项芬顿体系整合到污水处理厂的三级处理中。值得注意的是，目前芬顿氧化是广泛应用于现场样品中微塑料提取的预处理，在此过程中微塑料的降解应谨慎考虑。

紫外线能分解聚合物链，从而形成新的分子结构体、碳氢化合物及低分子质量的氧化聚合物和 VOCs[81]。因此，紫外线降解微塑料也是一种可行的方法手段。有研究人员重点研究了合成 PET 和 PA 微塑料纤维在紫外线照射下的降解情况[82]。在照射了 56 天后，紫外线降解导致 PET 和 PA 表面出现了孔或凹坑。这意味着当暴露于紫外线辐射时，微塑料会发生降解。真空紫外辐射波长为 254 nm 和 185 nm，是一种新型的水处理高级氧化技术。波长为 185 nm 的紫外线的高能辐照使水分子在水基质中裂解生成 • OH。因此，它诱导微塑料的分解，主要取决于辐照剂量。笔者应用真空紫外辐照降解了四种微塑料，他们发现微塑料表面发生了形态学和化学特征的显著变化[83]。例如，经过 VUV 处理后，PVC 表面呈现出一些气泡结构。自然条件下的紫外线剂量也能对微塑料的风化造成影响。阳光的紫外线辐射（290～400 nm）具有显著的能量（299～412 kJ/mol），可以降解微塑料的 C—C 和 C—H 键[84]。

臭氧是一种不稳定且反应性极强的气体，能与水中的各种有机物快速反应[85]。它作为一种强氧化剂，被广泛用于污染物的降解。臭氧技术被证实对于微塑料的降解是有效的。研究人员发现臭氧能够降解 PE[86]，还有研究发现，臭氧处理能够使得聚苯乙烯表面变得粗糙和不均匀[87]。为了达到更好的微塑料降解效果，高级氧化过程会和其他处理工艺联用，如臭氧预处理与生物降解联用能加速 PS 矿化的速率[87]。在臭氧处理时通电，可以加速 • O_3^-的形成，达到增强氧化能力的效果，增强了臭氧对微塑料的降解效果[88]。在一项研究中，臭氧被用作与传统废水处理工艺相结合的微塑料降解技术。相比于单独臭氧处理，臭氧与混凝联用可以将微塑料的去除效率从 89.9%提高到 99.2%[16]。最近，还有研究将臭氧与双氧水结合来用于微塑料的氧化。研究人员通过傅里叶变换红外光谱（FTIR）、X 射线衍射（XRD）和扫描电子显微镜（SEM）对微塑料进行表征，发现 PE、PS 和 PP 的物理化学特征发生了变化，臭氧与双氧水结合对这些微塑料进行了有效降解[89]。

膜分离、光催化和高级氧化等技术在微塑料去除和降解中的初步应用，表明它们在实现微塑料污染控制方面具有一定潜力（图 12.6）。膜分离对废水中的微塑料去除效率优于目前污水处理厂的其他三级处理，去除效率最高可达 99.9%。但是微塑料的存在可能会加剧膜污染和膜老化，制约了膜分离的实际应用。光催化对水中的多种微塑料包括 PS、PE、PVC 和 PET 具有降解能力，这为完全将微塑料从水中去除提供了新思路，但是目前的研究表明光催化诱导微塑料的矿化率较低，难以实现微塑料的完全矿化。光催化实际应用于微塑料污染控制还有许多技术难点需要突破。臭氧和紫外等高级氧化过程也是基于自由基反应。多数研究集中在高级氧化过程能够老化微塑料的表面，单一的高级氧化过程在何种条件下能对微塑料降解到何种程度有待进一步探讨。

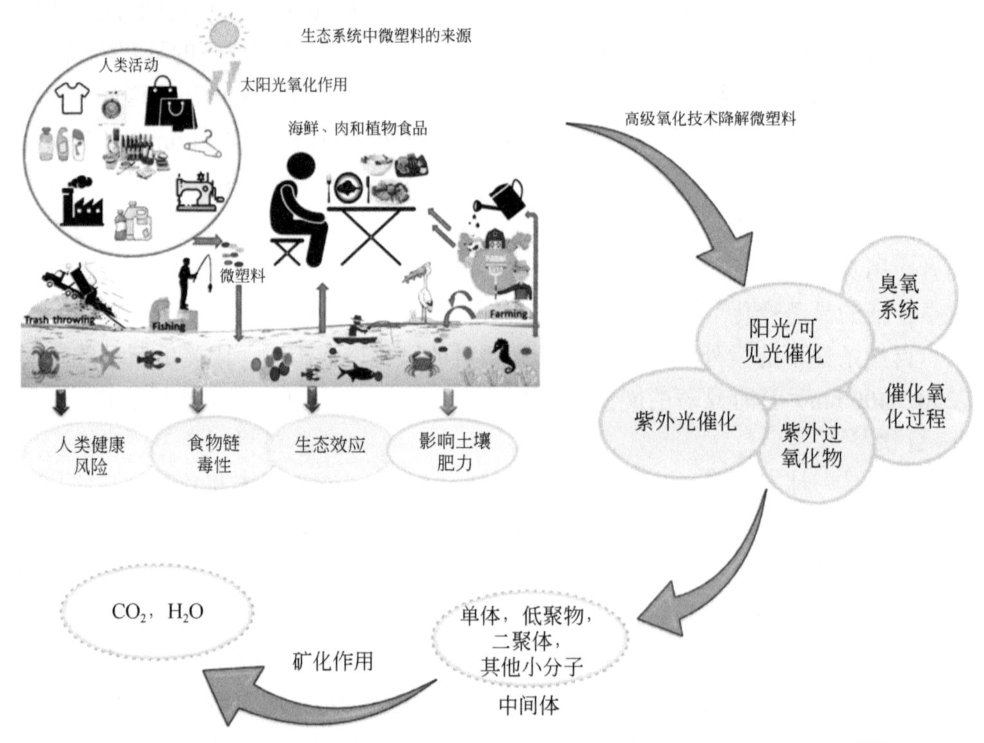

图 12.6　生态系统中微塑料的排放和运输及高级氧化技术对微塑料的降解[85]

12.3　总　　结

对于污水处理厂的进水，污水处理厂中的一级、二级和三级处理工艺能去除其中高达 90%的微塑料，大部分微塑料从污水中被转移到了污泥中。因而，污泥中的微塑料含量较高。目前常用的污泥处置技术，包括污泥浓缩、消化和干燥，对微塑料丰度虽然没有较大影响，但能改变微塑料的特性，从而加快其在环境中的降解。固体废物中的微塑料数量不可小觑，堆肥和厌氧消化技术能通过生物降解诱导微塑料的分解。值得注意的是，焚烧也并不能够完全消除微塑料。

除了研究传统工艺对微塑料的去除效率及影响，新兴的技术也被应用于微塑料的处理研究上。膜分离对微塑料的去除率高达 99%，展示了它在微塑料去除方面的巨大潜力。光催化也被证实了能对微塑料造成影响，但它的去除效率还有待提高，目前最为广泛应用的光催化材料是 TiO_2。其他的高级氧化技术也被尝试用于微塑料的降解工作上。高级氧化技术一般是通过产生自由基来氧化微塑料，但由于自由基的生成效率较低，使用其应用于实际来降解消除微塑料还有较长一段路要走。

到目前为止，各种工艺对微塑料的处理效果也存在很大差异。因此，目前还难以评估微塑料通过这些处理工程进入环境的通量和风险。微塑料大部分富集在污泥和固体废物中，研发出能够从这些基质中靶向去除微塑料的新技术对于未来环境发展和人类健康至关重要。

第 13 章

微塑料立法与宣传

塑料和微塑料污染对全球生态环境造成了严重影响，并对人体健康存在一定的风险。近年来，海洋垃圾和微塑料污染问题得到了国际社会的广泛关注，成为国际组织和会议中的重要议题。2022 年 3 月，第五届联合国环境大会续会通过了一项决议，目标是到 2024 年底前制定一项针对塑料污染具有法律约束力的协议，全球塑料污染治理即将迈入新阶段。

13.1　用法律锁住微塑料污染

13.1.1　全球层面

近年来，全球气候变暖、臭氧层破坏、生物多样性减少、酸雨、水资源危机、土地荒漠化、大气污染和固体废物污染等全球环境问题严重威胁生态系统平衡和人类生存。为了有效保护全球环境，目前国际社会已经建立了 700 余项针对环境保护的国际条约和其他协定，涉及臭氧层保护、危险废物管理、气候变化和生物多样性等多个领域[1]。国际法的形式包括具有法律约束力的“硬法”和不具有法律约束力但具有一定法律效果的“软法”。

1. 具有法律约束力的国际环境公约

从国际法来看，条约是国际法的主体按照国际法来规定其相互权利及义务的书面协议。公约是条约的一种，通常指国际有关政治、经济、文化、技术等重大国际问题而举行国际会议，最后缔结的多方面的条约。作为“硬法”，国际环境公约对于缔约国具有相对较强的法律约束力，有力约束各国行为，促进全球治理模式的形成[2]。

1）《联合国海洋法公约》

1982 年，在第三届联合国海洋法会议上通过了《联合国海洋法公约》，对当前全球各处的领海主权争端、海上天然资源管理、污染处理等海洋有关的问题提供了广泛的法律框架，并具有重要的指导和裁决作用。该公约虽然没有具体涉及海洋垃圾和微塑料污染问题，但规定了各国保护和维护海洋环境的一般义务[3-4]。

2）《伦敦公约》

部分沿海国家曾长期向海洋倾倒生活垃圾，早在 1884 年美国波士顿政府就通过垃圾倾倒船，将汇集到福特希尔码头的各种垃圾运到波士顿的内港进行倾倒。1886 年，纽约市也将海洋倾倒作为主要的垃圾处置方式，每年向海洋倾倒 100 万车垃圾。加利福尼亚州奥克兰市将垃圾运到金门海峡以外的太平洋水域进行倾倒，并持续长达 30 年[5]。为规范向海洋环境倾倒废弃物和其他物质的行为，1972 年联合国人类环境会议通过了《防止倾倒废物及其他物质污染海洋的公约》(简称《伦敦公约》)，1996 年进一步通过了《〈伦敦公约〉1996 年议定书》，明确列举了禁止向海洋倾倒的物质，包括塑料废弃物。

3）《国际防止船舶造成污染公约》

1967 年，托雷・卡尼号油轮在英吉利海峡触礁，造成 11.8 万 t 原油泄漏，导致英法两国近 300 km 海岸线被污染，15 000 只海鸟和其他海洋生物死亡。在此事件的影响下，国际海事组织（IMO）分别于 1973 年和 1978 年制定了《国际防止船舶造成污染公约》及其议定书，合称 MARPOL 73/78 公约。该公约包含了 6 个附则，其中附则Ⅴ为防止船舶垃圾污染规则，其他附则分别为防止油类、散装有害液体物质、海运包装有害物质、船舶生活污水、船舶造成空气污染等规则。2018 年附则Ⅴ修订案规定，为防止船舶垃圾污染，国际航行船舶、沿海航行船舶及固定或浮动式平台均被禁止向海洋排放塑料、合成缆绳、渔具、塑料垃圾袋、焚化炉灰和炉渣、食用油、漂浮的垫舱物料、包装材料、纸制品、破布、玻璃、金属、瓶子、陶器及类似废弃物。

4）《巴塞尔公约》

20 世纪 80 年代，随着发达国家进入信息化时代，电子技术推动了经济高速发展，同时也产生了大量电子废弃物，由于含有大量铅、汞等有毒重金属和有机化合物，这些废弃物处理不当会给环境造成极大的破坏，从而威胁人类的健康和安全。当时发达国家处理这些电子废弃物的主要途径是将其出口到发展中国家，即所谓的“洋垃圾”。1989 年，在联合国环境署（UNEP）及国际社会的积极推动下，通过了《控制危险废物越境转移及其处置巴塞尔公约》(简称《巴塞尔公约》)，旨在遏止国家之间危险废物的非法转移。长期以来，《巴塞尔公约》并未得到很好的执行，一方面是美国等经济体并未签署该公约，仍在持续向发展中国家出口“洋垃圾”；另一方面是在利益驱动下，违法进口“洋垃圾”的行为仍屡禁不止，给部分发展中国家带来严重的环境污染。2018 年，随着我国正式实施《禁止洋垃圾入境推进固体废物进口管理制度改革实施方案》（简称“禁废令”），我国进口“洋垃圾”的情况得到明显遏止，东南亚国家也相继强化“洋垃圾”进口限制。2019 年，《巴塞尔公约》缔约方会议第十四次会议审议了挪威政府有关修正《巴塞尔公约》附件二、附件八和附件九的提案，将混合、不可回收和受污染的塑料废物出口纳入《巴塞尔公约》的管制制度。根据这项提案，所有塑料垃圾出口国都必须事先获得目的地国家的许可，以限制目前猖獗的塑料垃圾出口行为。

5）针对塑料污染具有法律约束力的国际文书进程

联合国环境大会前身为联合国环境署理事会，在 2013 年举办的环境署第 27 届理事会上，成员国决定将 1972 年环境署成立以来由 58 个成员国参加的理事会，升级为普遍会员制的联合国环境大会。2014 年，第一届联合国环境大会在 UNEP 总部内罗毕举行，来自 160 多个国家、20 多个国际组织和非政府组织的 1000 多名代表出席会议，其中包括 90 余名部长级官员。第一届联合国环境大会通过了关于海洋塑料垃圾和微塑料的第 1/6 号决议[6]，呼吁各国通过立法、执行国际协定、为船只产生的废弃物提供充足的接收设施、完善废物管理做法及支持海滩清理活动，以及通过各种信息、教育和公共认识方案，解决海洋塑料垃圾和微塑料问题。在大会召开之际，UNEP 发布了 2014 年鉴，将海洋塑料垃圾列入 10 项全球新兴环境问题之一。

2016 年，第二届联合国环境大会通过了第 2/11 号决议[7]，要求对海洋塑料垃圾和微塑料的相关国际、区域和次区域治理战略和办法的有效性开展评估，进一步从国际法和政策层面推动海洋塑料垃圾和微塑料的管理和控制。在 2017 年和 2019 年分别举行的第三届、第四届联合国环境大会陆续通过决议，成立由国际组织、学者、企业、非政府组织等代表组成的海洋塑料垃圾与微塑料不限名额专家组，推进相关工作，确定国际、区域、次区域和国家等层面上的应对方案，评估不同应对方案对环境、社会和经济等多方面的影响，并审查不同应对方案的可行性和有效性[8]。

2021 年，厄瓜多尔、德国、加纳及越南联合举办了“海洋垃圾和塑料污染”部长级非正式磋商会议，编制并审议了部长级声明草案，作为会议成果提交第五届联合国环境大会秘书处，提议建立一个全面的国际合作框架，成立政府间谈判委员会，制定共同目标和行动计划，采取强有力的措施，携手应对海洋垃圾污染。

2022 年 3 月，在第五届联合国环境大会第二阶段会议上，来自 175 个国家的国家元首、环境部长和其他代表通过了第 5/23 号决议“终结塑料污染：制定一项具有法律约束力的国际文书”[9]，计划从 2022～2024 年底，制定一项以终结塑料污染（包括海洋塑料污染）为目的、具有法律约束力的国际文书。

2022 年 11 月 28 日至 12 月 2 日，塑料污染治理第一次政府间谈判委员会会议（INC-1）在乌拉圭埃斯特角城召开，来自 160 多个国家的 2335 名成员国代表，以及来自民间社会、非政府组织超过 1000 名代表参会。大会讨论了塑料污染国际文书的目标、范围、核心义务、执行手段、执行措施、成效评估、国家报告和利益相关者参与等议题。2023 年 5 月 29 日至 6 月 2 日，INC-2 在法国巴黎召开，就 INC-1 遗留的主席团成员选举和议事规则问题进行了讨论，并设立两个接触组，根据由秘书处基于成员国意见编写的国际文书潜在要素备选方案文件（UNEP/PP/INC.2/4）讨论国际文书的编写工作，重点探讨文书的目标、核心义务、执行手段、执行措施与其他事项。

2. 国际软法

“软法”文件一般是指由不具有立法权的国际会议和国际组织通过的、规范内容多原则性表述的，具有实际效力的国际宣言和决议等。国际环境软法本身不具有法律约束力，但有利于提高全球性共识，引起国际社会的广泛关注，为国际条约的形成创造了有利的条件，是国际立法的前奏或先导，对国家层面的立法具有启发和激励作用。许多国际组织或者多边会议制定了一系列包括宣言、指南、协议在内的各种国际软法。

1992 年，联合国环境与发展大会通过的《21 世纪议程》将垃圾和塑料污染与污水、有机化合物、放射性核素、石油/烃及多环芳烃等一同列为对海洋环境威胁最大的污染物之一。1995 年，联合国粮农组织（FAO）通过的《负责任渔业行为守则》中规定了各国要采取适当措施应对废弃、遗失或以其他方式丢弃的渔具问题。1995 年，通过了 UNEP 倡导的“保护海洋环境免受陆源污染全球行动计划”（GPA），提出改善固体废物的收集和回收等的管理水平，大幅度减少进入海洋的垃圾量。2012 年 6 月，UNEP 在联合国可持续发展大会（里约+20 峰会）上启动了海洋垃圾全球伙伴关系（GPML），促进各国政府、政府间组织、区域机构、私营部门、民间社会和学术界之间的合作。2022 年，GPML 更名为塑料污染与海洋垃圾全球伙伴关系，从塑料的全生命周期角度来预防和减少塑料污染。2015 年，联合国大会第 70 届会议上正式通过了《变革我们的世界：2030 年可持续发展议程》，提出了可持续发展目标（SDG），其中目标 14.1 为“到 2025 年，预防和大幅减少各类海洋污染，特别是陆上活动造成的污染，包括海洋废弃物污染和营养盐污染”。2017 年，UNEP 发起了“清洁海洋”运动，旨在让各国政府、公众、民间社会和私营部门参与清除海洋垃圾和塑料污染。2018 年，UNEP 与艾伦·麦克阿瑟基金会共同做出新塑料经济全球承诺，目标是将世界各地的政府、企业和其他组织团结起来，共同实现塑料循环经济的共同愿景。

13.1.2 区域层面和国际组织

1. 区域组织

1）UNEP 框架下的区域海洋计划

区域海洋计划（Regional Sea Programme，RSP）是 UNEP 在 1974 年发起的保护海洋和沿海环境重要的区域机制，该计划以行动为导向，开展针对特定区域的活动，汇集了包括政府、科研机构和民间社会在内的利益攸关方，区域的多边环境协定由各自的缔约方会议管辖。区域海洋公约和行动计划（RSCAP）提供了在区域层面解决海洋环境问题的政府间框架，重点关注海上污染（如石油泄漏和危险废物的转移）及陆源污染物（如塑料、废水）。目前 RSCAP 已经涵盖了 18 个区域，按照管理方式不同，分为三类。

一是 UNEP 建立并直接管理的区域，包括加勒比地区、东亚海域、东非地区、地中海地区、西北太平洋地区、西非地区和里海。UNEP 为上述区域提供秘书处职能、财务管理和技术援助。

二是在 UNEP 支持下建立，由区域机构提供秘书处和行政职能的区域，包括黑海区域、东北太平洋区域、红海和亚丁湾、海洋环境保护区域组织（ROPME）海域、南亚海域、东南太平洋区域、太平洋区域。

三是独立运营的区域，包括北极地区、南极地区、波罗的海、东北大西洋地区。这些区域不是由 UNEP 设立的，通过与区域海洋计划合作并参加定期会议。

2）欧盟

欧洲联盟简称欧盟（EU），总部设在比利时首都布鲁塞尔，创始成员国为德国、法国、意大利、荷兰、比利时和卢森堡，目前拥有 27 个成员国。经过 40 余年的发展，欧盟已逐步形成一套较为全面、充分的环境治理政策体系，在环境治理理念和政策手段创新方面始终走在世界的前列[10]。

1994 年，欧盟发布《包装及包装废弃物指令》，对包装材料的管理、设计、生产、流通、使用和消费等所有环节提出相应的要求和目标，从而限制包装材料的过度使用，促进包装废弃物的再生。2008 年，欧盟发布《废弃物框架指令》，提出废弃物管理分级策略，确立了“源头减量—重复使用—循环利用—其他方式利用一末端处置”的垃圾管理优先序原则，引入了“污染者付费原则”和“生产者责任延伸制度”。2008 年，欧盟制定了《海洋战略框架指令》，为各成员国的海洋治理提供了具有约束力的统一法律框架，促进各成员国加强区域合作及出台相关文件或计划，使海洋环境保持或实现良好的状况，海洋垃圾被列为确定 11 个定性指标之一[3, 11]。2015 年，欧盟颁布了《包装及包装废弃物指令》，要求成员国应采取措施确保到 2019 年底轻质塑料袋人均年消费量不超过 90 个，2025 年末减少至 40 个；各成员国通过制定文书，确保在 2018 年底前在商品销售点不再免费提供轻质塑料购物袋。2019 年，欧盟发布《降低某些塑料制品对环境的影响指令》，从 2021 年起大范围禁用一次性餐具、食物袋、吸管、饮料杯、塑料的棉签等 10 类抛弃式一次性塑料制品。2022 年，欧盟发布了“关于合成聚合物微粒化学品注册、评估、授权和限制的第 1907/2006 号法规附件 XVⅡ”的提案，拟限制化妆品、清洁剂、蜡、抛光剂等商品中合成聚合物微粒的使用。

2. 政府间国际组织

1）二十国集团（G20）

G20 成立于 1999 年，由中国、阿根廷、澳大利亚、巴西、加拿大、法国、德国、印度、印度尼西亚、意大利、日本、韩国、墨西哥、俄罗斯、沙特阿拉伯、南非、土耳其、英国、美国及欧盟等二十方组成。G20 的构成兼顾了发达国家和发展中国家及不同地域利益平衡，人口占全球的 2/3，国土面积占全球的约 60%，被确定为国际经济合作主要论坛。

2017 年，G20 汉堡峰会通过了《G20 海洋垃圾行动计划》，成员国将共同努力在区域、国家和地方层面采取措施和行动，防止和减少海洋垃圾污染。2019 年，G20 大阪峰会通过了《G20 海洋塑料垃圾行动实施框架》，并通过领导人宣言提出了“到 2050 年将海洋塑料垃圾污染增量降至零”的“蓝色海洋愿景”。2022 年，G20 巴厘岛峰会领导人宣言重申了制定一项关于塑料污染（包括海洋环境）的具有国际法律约束力的文书。

2）七国集团（G7）

G7 是主要工业国家会晤和讨论政策的论坛，成员国包括美国、英国、法国、德国、日本、意大利和加拿大七个发达国家。

2015 年，G7 峰会通过了《G7 防止海洋垃圾行动计划》，成员国承诺将预防、减少和清理海洋垃圾。2018 年 G7 峰会上，除美国和日本外的 G7 五国（加拿大、法国、德国、意大利、英国）和欧盟共同签署《海洋塑料宪章》，提出到 2030 年对至少 55%的塑料包装进行回收和再利用，并在 2040 年前回收 100%的塑料。2022

年，在柏林举行 G7 能源、气候和环境部长会议，会后发布公报提出，成员国将在塑料的全生命周期采取具有雄心的行动，并逐步淘汰或减少一次性塑料、不可回收塑料及含有有害添加剂的塑料的生产和使用。2023 年 4 月，G7 气候、能源及环境部长会议发表声明，承诺致力于终结塑料污染，目标是到 2040 年将塑料垃圾污染增量降至零。

3）终结塑料污染的高雄心联盟（HAC）

HAC 是在第五届联合国环境大会通过终结塑料污染的决议后，由挪威和卢旺达政府联合发起的终结塑料污染的政府间联盟，截止到 2023 年 7 月已经有 58 个成员。HAC 的目标是到 2040 年终结塑料污染，将塑料消费和生产限制在可持续水平，促进塑料循环经济以保护环境和人类健康，实现塑料废物的环境无害管理和回收利用。

13.1.3 国家层面的法律体系

1. 固体废物管理相关法律

美国《资源保护和恢复法》（1976）是该国固体废物管理的基本法，其目标是保护人类健康和环境免受废物处置的潜在危害，节约能源和自然资源，减少废物产生量，以及确保环境无害的方式管理废物。

日本在 1970 年出台了《废弃物处置和公共清扫法》，将城市生活垃圾和工业垃圾纳入管理范围。并于 1991 年出台了《废弃物处置和公共清扫法修正案》和《资源循环和再利用推进法》，旨在促进生产、消费过程的物质再循环，有效利用资源并减少废弃物产生，控制废弃物的排放。

我国 1995 年通过了《固体废物污染环境防治法》并于次年施行，2020 年完成第二次修订。该法是为了防治固体废物污染环境，保障公共利益和人民健康，促进经济可持续发展而制定的。主要内容包括固体废物的管理、固体废物的处置、固体废物的污染防治、监督管理和法律责任等方面，约束了随意倾倒、堆放和丢弃生活垃圾等违法行为。此外，我国 2003 年起施行《清洁生产促进法》，2009 年起施行《循环经济促进法》，旨在促进清洁生产，促进循环经济发展，提高资源利用效率，减少和避免污染物的产生，保护和改善环境。

2. 海洋环境保护相关法律

韩国 1977 年颁布了《海洋污染防治法》，并于 1991 年进行了修订，是韩国海洋环境保护管理中运用范围最广的法律，明确了韩国海洋环境保护管理行为的权责。2008 年，该法被重新修订为《海洋环境管理法》，增加了环境管理海域的指定和管理、各种海洋环境调查等有关污染和环境管理的内容，明晰了国家、地方和个人防止海洋污染的义务，并授权制定《海洋垃圾管理计划》。2019 年，韩国出台《减少海洋塑料污染综合对策》，制定更加具体的海洋污染对策，通过减排、回收与处理及提高公众意识等方案，设定了 2022 年海洋塑料垃圾量减少 30%，2030 年减少 50%的计划目标。

日本 1970 年出台了《海洋污染防止法》，提出禁止垃圾排入海洋。2009 年，日本议会通过了《海岸漂浮物处理推进法》，对海岸漂浮物的处理作出了明确规定，明晰了国家、地方和公民这三个层级在海洋垃圾处理方面的主体责任划分。2009 年，日本通过了《促进海洋垃圾处置法》，旨在控制和减少海洋垃圾的产生，明确海岸管理者、辖区和其他各方在海洋垃圾处置方面的责任。

我国 1982 年通过了《海洋环境保护法》，对中国海洋环境保护作出了综合性法律规定。2023 年 6 月，第十四届全国人大常委会第三次会议审议了《海洋环境保护法（修订草案二次审议稿）》，并公开征求意见。修订草案第五十五条提出，沿海县级以上地方人民政府负责其管理海域的海洋垃圾污染防治，建立海洋垃圾监测、清理制度，明确有关部门、乡镇、街道、企业事业单位等的海洋垃圾管控区域，建立海洋垃圾监测、拦截、收集、打捞、运输、处理体系并组织实施，采取有效措施鼓励、支持公众参与上述活动。

3. 国家行动计划

2017 年，印度尼西亚政府发布了《印度尼西亚海洋塑料垃圾行动计划（2017—2025）》，并制定了实现 2025 年减少 70％海洋塑料垃圾排放的目标。该计划从国际层面、国家层面、地方政府层面、工业部门、学术和社区服务组织推动 5 个方面实施。同年，印度尼西亚政府发布《国家海洋塑料垃圾管理行动计划》，计划通过采用 5 项主要内容开展海洋塑料垃圾的管理工作，包括提高公众意识、促进行为改善，减少陆源排放，减少海源排放，减少塑料的生产和使用，加强政府部门之间的合作及非政府利益攸关方和全国范围内的跨部门合作。

2023 年 6 月，美国环境保护署发布了《防止塑料污染国家战略（草案）》，以美国环境保护署的国家回收战略为基础，重点关注减少、再利用、收集和捕获塑料废物。该战略的三个关键目标是，减少塑料生产过程的污染，改善使用后的材料管理，防止垃圾和微纳米塑料进入水道并清除环境中泄漏的垃圾。

2020 年，我国国家发展改革委和生态环境部联合印发并实施《关于进一步加强塑料污染治理的意见》，对加强塑料污染治理作出总体部署，提出禁止、限制部分塑料制品的生产、销售和使用，推广应用替代产品和模式，规范塑料废弃物回收利用和处置。2021 年，国家发展改革委、生态环境部印发《“十四五”塑料污染治理行动方案》，进一步完善塑料污染全链条治理体系，细化塑料使用源头减量，塑料垃圾清理、回收、再生利用、科学处置等方面的部署，压实部门和地方责任，推动塑料污染治理在“十四五”时期取得更大成效。

13.2　追本溯源管控塑料污染

13.2.1　源头禁止、限制部分塑料制品的生产使用

1. 塑料购物袋

塑料购物袋在 20 世纪 70 年代开始逐步在全球被广泛应用，由商店超市免费向顾客提供这种廉价的购物袋，并替代了传统的购物篮。目前全球塑料购物袋的年产量已高达 1 万亿个。世界各国认识到塑料购物袋对环境的严重影响，逐步采取政策措施来禁止或限制塑料购物袋的生产及使用。

目前世界上已有 77 个国家通过了某种形式的全面或部分塑料购物袋禁令。2002 年，孟加拉国因在洪涝灾害中塑料袋堵塞排水系统，率先实施塑料购物袋禁令。欧洲有 32 个国家通过收取费用或者税收等手段来限制塑料袋的使用。

早在 2007 年，我国国务院就发布了《关于限制生产销售使用塑料购物袋的通知》，在全国范围内禁止生产、销售、使用厚度小于 0.025 mm 的塑料购物袋，在所有超市、商场、集贸市场等商品零售场所实行塑料购物袋有偿使用制度。2020 年，我国在主要城市建成区的商场超市等禁止使用不可降解塑料袋；2022 年，将实施范围扩大到全国地级以上城市建成区和沿海县城建成区。2025 年，上述区域的集贸市场禁止使用不可降解塑料袋。

2. 化妆品中的塑料微珠

塑料微珠曾广泛应用于洗面奶、牙膏和沐浴乳等化妆品和个人护理用品中，可以起到去除角质、油脂，增加美观度等作用。塑料微珠在清洗过程被冲入污水系统，并间接进入水体，对水生生物构成严重威胁。联合国环境署在 2015 年 6 月 8 日世界海洋日发布报告，倡议世界各国和地区逐步淘汰并禁止塑料微珠用于个人护理品和化妆品[12]。

2015 年，美国通过《无微珠水域法案》[13]，规定自 2017 年起，个人护理品

厂商不得再生产含有塑料微珠的水洗类个人护理产品（含牙膏）等，并在 2018 年起全面禁止销售。此外，加拿大、法国、新西兰、韩国和英国等国家也已采取政策措施，禁止生产、销售和进口塑料微珠。

2019 年，我国国家发展改革委修订发布《产业结构调整指导目录（2019 年本）》，提出到 2020 年底禁止生产含塑料微珠的日化产品，到 2022 年底禁止销售含塑料微珠的日化产品。

3. 一次性塑料制品

一次性塑料制品包括食品袋、食品包装、瓶子、吸管、容器、杯子和餐具等。一次性塑料制品占塑料制品的比例高达 50%[14]。按照海滩垃圾清理的情况来看，一次性塑料占海滩垃圾的 49%[15]。随着各国政府和国际组织对一次性塑料制品的管理不断加强，各国逐渐采用纸、玻璃等材质的吸管、杯子来代替塑料，以积极改变终端消费习惯，减少一次性塑料污染问题[14]。

2019 年 3 月，欧盟通过了禁止 10 种一次性塑料制品的法案，包括一次性塑料餐具、一次性塑料盘子、塑料吸管、塑料棉签、塑料气球棒和发泡聚苯乙烯杯等，到 2021 年正式实施[16]。

2020 年，我国国家发展改革委和生态环境部联合印发《关于进一步加强塑料污染治理的意见》，提出到 2020 年底，禁止生产和销售一次性发泡塑料餐具、一次性塑料棉签，并对一次性塑料餐具、宾馆和酒店一次性塑料用品、一次性塑料编织袋等进行了严格的禁止或限制使用的规定，促进一次性塑料制品减量、替代。

13.2.2　塑料制品的产品替代

1. 可重复使用的物品

人类历史上曾长期使用陶器、金属、玻璃等材料制成的可以被重复使用的容器，由于塑料具有成本低、质量轻、耐腐蚀等特点，目前食品和饮料的包装盒和包装袋普遍改为采用塑料制品。随着环保意识的提升，公众重新重视起可重复使用的容器。

在部分国家和地区，提倡使用可重复使用的环保购物袋来代替一次性塑料购物袋（PE），例如，纸袋、纯棉布袋、无纺布袋（PP）、帆布袋等。有部分商家尝试使用饮料分配机来销售饮料，需要消费者自带饮料容器。

2. 可降解塑料制品

早在 20 世纪 70 年代，国际上就开展了光降解塑料的研究工作；80 年代起，转向对生物降解塑料的开发研究。目前，可降解塑料的研发和使用得到了公众的广泛关注。根据欧洲塑料协会的数据，2021 年全球生物基塑料产量约为 586 万 t，占比为全球塑料产量的 1.5%。目前由于成本仍明显高于传统的塑料制品，在一定程度上限制了可降解塑料产品的推广。

聚乳酸（PLA）是一种新型的生物降解材料，使用可再生的植物资源提取出淀粉原料，淀粉原料经由糖化得到葡萄糖，再由葡萄糖及一定的菌种发酵制成高纯度的乳酸，再通过化学合成方法合成一定分子量的聚乳酸。其具有良好的生物可降解性，使用后能被自然界中微生物完全降解，是公认的环境友好材料。

淀粉是地球上产量仅次于纤维素的天然高分子，其来源丰富、成本低廉，通过改性可用于生产淀粉基聚合物。淀粉基聚合物能够完全生物降解，对环境无污染，废弃物可堆肥，已经成功实现产业化生产和应用，是技术最成熟、产业化规模最大、市场占有率最高的一种生物降解塑料。

3. 天然材料制品

可以替代塑料的天然材料包括是植物来源的木质素、纤维素和角质，以及动物来源的甲壳素和蛋白质纤维[17]。

植物来源的材料中，木材和竹子长期用于建筑、家具和餐具等，纸类可替代塑料购物袋等塑料制品，海藻基材料可用于生产食品包装。动物来源的材料中，获得的纤维都是蛋白的形式。动物的毛的主要成分是角蛋白，常用于针织品、地毯、服装等。蚕丝的主要成分是丝素蛋白，常用于服装等纺织品。牛奶和酸牛奶中的酪蛋白，也可用于制作服装等。此外，真菌基聚合物可制取运输商品的填充材料，用来替代聚苯乙烯泡沫塑料。

2022 年，中国政府与国际竹藤组织共同发起倡议，在全球深化“以竹代塑”合作，推进竹制品在一定程度上替代塑料制品。竹子生长周期短、种植便捷，且具有韧性好、可塑性强的特点，具有替代塑料的优势。

13.2.3 塑料废弃物的回收利用与处置

1. 开展塑料废弃物分类收集及回收利用

在全球范围内，46%的塑料废弃物被填埋，22%因管理不善泄漏进入环境，

17%被焚烧，15%被收集用于回收，但损失后实际回收的比例不足 9%[18]。开展垃圾分类收集是实现塑料废弃物回收和再利用的重要途径。

瑞典在垃圾分类管理的过程中采用了押金回收制度和生产者责任延伸制度。居民负责将可回收垃圾、厨余垃圾和其他垃圾进行分类，住宅区周边建设有回收中心，以保障居民可以便利并妥善地回收废物。到 2020 年，86%的饮料瓶和 61%的包装材料得到了回收。

日本在制定和完善垃圾处理相关法律法规的同时，地方政府成立了应对垃圾处理的专门机构，规定了在使用再生产品、垃圾分类和减少垃圾排放等方面公众应承担的责任。日本垃圾管理具有分类精细、定时回收等特点，通过对学校和社区的宣传教育，极大加强了公众的垃圾分类意识[19]。

我国自 20 世纪 90 年代以来开始重视垃圾分类，逐步开展垃圾分类收集设施建设及宣传教育工作。2016 年，中央财经领导小组（现中央财经委员会）会议研究普遍推行垃圾分类制度。2017 年，国务院办公厅转发了《生活垃圾分类制度实施方案》，各直辖市、省会城市、计划单列市等 46 个重点城市率先建立生活垃圾分类处理系统。2019 年起，在全国地级及以上城市全面启动生活垃圾分类工作。

2. 加强塑料废弃物无害化处理

传统的生活垃圾无害化处理技术主要为卫生填埋、焚烧及堆肥等。由于塑料废弃物无法快速实现降解，近年来极大限制了堆肥技术的应用。

对于无法回收利用或混入生活垃圾中的塑料废弃物，焚烧处理可以实现塑料废弃物的能源化，并消除其对环境的长期影响，并获得更多的经济利益。垃圾焚烧过程伴随烟气和飞灰的产生，需要建设配套环保设施对烟气和飞灰进一步无害化处理，以减少对环境的污染。

卫生填埋是在垃圾填埋的过程中，通过防渗、覆盖等措施降低生活垃圾填埋过程对周边环境的影响，并对垃圾渗滤液和填埋气进行无害化处理的垃圾处理方式。在垃圾填埋的过程中，塑料废弃物并无法实现降解，仍对环境存在潜在风险。

近年来，我国生活垃圾处理结构不断优化，回收利用后的生活垃圾处理方式由填埋为主转变为焚烧发电为主。根据《2021 年中国城市建设状况公报》，2021 年我国全国城市生活垃圾无害化处理量 2.5 亿 t，生活垃圾无害化处理率 99.88%，生活垃圾无害化处理能力 105.7 万 t/d，焚烧处理能力占比为 68.1%。根据《“十四五”塑料污染治理行动方案》，“十四五”期间我国进一步提升塑料垃圾无害化处置水平，全面推进生活垃圾焚烧设施建设，大幅减少塑料垃圾直接填埋量，禁止随意倾倒、堆存生活垃圾，防止历史填埋塑料垃圾向环境中泄漏。

3. 开展塑料废弃物清理整治

对于因管理不善而泄漏进入环境的塑料废弃物，开展清理整治是末端治理的重要方式。按照清理区域划分，可分为陆源垃圾清理、河流垃圾拦截打捞，以及海滩垃圾与海面漂浮垃圾的清理打捞。

对于陆源垃圾清理整治，我国住房建设部（现住房与城乡建设部）等部门于2018 年印发了《关于做好非正规垃圾堆放点排查和整治工作的通知》，对城乡垃圾乱堆乱放形成的各类非正规垃圾堆放点及河流（湖泊）漂浮垃圾进行地毯式排查，对全国非正规垃圾堆放点建立工作台账，系统开展整治工作。截止到 2020 年底，全国排查出 2.4 万个非正规垃圾堆放点已整治完成 99.95%。

对于河流垃圾清理整治，2018 年我国住房建设部（现住房与城乡建设部）和生态环境部联合印发《城市黑臭水体治理攻坚战实施方案》，提出加强水体及其岸线的垃圾治理，以及时对水体内垃圾和漂浮物进行清捞并妥善处理处置，建立健全垃圾收集（打捞）转运体系。2022 年，国家发展改革委和生态环境部联合发布《江河湖海清漂专项行动方案》，组织相关沿海地方开展为期一年的拉网式江河湖海塑料垃圾清理、转运和处置，大幅减少水域存量塑料垃圾，有效控制塑料垃圾进入江河湖海。

对于海滩垃圾和海面漂浮垃圾，我国厦门在 1994 年率先建立了“海上环卫”工作机制，建立海上环卫站，购置清扫船，负责打捞九龙江入海口和厦门湾的海面漂浮垃圾。2018 年，生态环境部、国家发展改革委、自然资源部联合印发《渤海综合治理攻坚战行动计划》，提出在环渤海的沿海城市全部建立“海上环卫”工作机制，具备海上垃圾打捞、处理处置能力。2020 年，福建省、海南省分别印发《进一步加强海漂垃圾综合治理行动方案》《海南省建立海上环卫制度工作方案（试行）》，全面启动海上环卫工作机制。

13.3 防“微”杜渐科普宣传

科普宣传教育是改善环境和可持续发展的基础，有助于普及环境保护知识，激发公众保护环境的意识，加强其参与环境保护行动的积极性，进而改变消费行为，自觉养成垃圾分类收集的习惯。

13.3.1 环保宣传日

1972 年 6 月 5 日，联合国在瑞典首都斯德哥尔摩举行了第一次人类环境会议，通过了《联合国人类环境宣言》及保护全球环境的"行动计划"。全体代表建议将大会开幕日定为"世界环境日"。同年 10 月，第 27 届联合国大会根据斯德哥尔摩会议的建议，决定成立联合国环境规划署，并正式将 6 月 5 日定为"世界环境日"。我国自 2005 年起每年确定世界环境日国家纪念活动主题，并从 2014 年通过并规定每年 6 月 5 日为环境日，即"六五环境日"。2023 年，我国"六五环境日"主题为"建设人与自然和谐共生的现代化"，以促进全社会增强生态环境保护意识，广泛动员全社会参与生态文明建设、践行绿色生产生活方式，引导全社会做生态文明理念的积极传播者和模范践行者。

1992 年加拿大在里约热内卢联合国环境与发展会议上发出创立"世界海洋日"的倡议。2008 年第 63 届联合国大会上通过并确立每年的 6 月 8 日为"世界海洋日"，呼吁世界各国采取措施维护海洋生态系统，提醒人们注意保护海洋环境，提高公众对海洋可持续发展的认识[20]。2023 年，我国世界海洋日的主题为"保护海洋生态系统，人与自然和谐共生"。

国际海岸清洁日是由美国海洋保护协会发起的净滩活动。国际海岸清洁日是在每年九月的第三个星期六，主要目标是清理海滩和记录研究清理过程中收集的垃圾类型。自成立以来，来自世界各地的 1700 万志愿者从海滩和海岸线上清除了至少 15.79 万 t 垃圾。

13.2.2　环保公益行动

2021 年 11 月，中华环境保护基金会、生态环境部宣传教育中心等联合启动了"无废校园建设和公众教育项目"，计划在中国 7 个城市约 50 所学校开展"无废公众教育"项目，通过建立"无废学校"试点和在全国范围内传播"无废"理念和知识，助力"无废城市"建设。

2022 年 6 月 8 日，我国中华环保联合会、山东环保基金会联合举办 2022"清洁美丽海湾，促进人海和谐"净滩活动，旨在倡导社会各界积极参与海洋塑料污染治理，更加全面深入地支持和参与净滩公益活动和美丽海湾建设。

2022 年 9 月 17 日，中国海洋发展基金会主办的第六届全国净滩公益活动在 20 个沿海城市同时举行，有 400 多个单位、数十万志愿者参加，号召全社会共同行动起来，清洁海洋垃圾，共同守护美丽海洋。

2023 年 6 月 8 日，北京市企业家环保基金会与蚂蚁森林"神奇海洋"项目联合启动净滩行动，与海南省蓝丝带海洋环境保护协会、深圳市蓝色海洋环境保护协会、舟山千岛海洋公益发展中心等公益伙伴定期开展净滩活动，倡导公众关注海洋垃圾问题，并通过行动改善沿海环境。

参考文献

本书参考文献请扫二维码查阅